U0306457

贵州常见野生牧草营养价值评定

韩　勇◎著

中国农业科学技术出版社

图书在版编目（CIP）数据

贵州常见野生牧草营养价值评定 / 韩勇著. —北京：中国农业科学技术出版社，2020.11
ISBN 978-7-5116-5069-6

Ⅰ. ①贵… Ⅱ. ①韩 … Ⅲ. ①天然牧草－营养价值－评定－贵州 Ⅳ. ①S54

中国版本图书馆 CIP 数据核字（2020）第197614号

责任编辑 张国锋
责任校对 李向荣
出 版 者 中国农业科学技术出版社
北京市海淀区中关村南大街12号 邮编：100081
电 话 （010）8210 6636（编辑室） （010）8210 9702（发行部）
（010）8210 9709（读者服务部）
传 真 （010）8210 6631
网 址 http://www.castp.cn
经 销 者 各地新华书店
印 刷 者 北京东方宝隆印刷有限公司
开 本 710 mm × 1 000 mm 1/16
印 张 21
字 数 400千字
版 次 2020年11月第1版 2020年11月第1次印刷
定 价 128.00 元

作者简介

韩勇，贵州织金县人，中共党员，1978年生，博士后，副研究员。2009年贵州省人才办公室引进高层次人才，硕士研究生导师，贵州省千层次科技人才，2014年获贵州省高层次人才服务绿卡。现任贵州省畜牧兽医研究所副所长、党委委员。

主要从事动物营养、康体养生畜产品、生态养殖投入品研究工作，先后主持完成国家自然科学基金、国家重点研发计划子项目、贵州省重大科技专项、贵州省农业攻关等各类项目17项；参与各级各类项目近30项。

先后获国家发明专利3项、实用新型专利1项。先后获北京市科技进步二等奖、贵州省科技进步三等奖、大北农科技奖各1项；独立或合作发表研究论文56篇，其中SCI论文7篇、国家一级学报3篇、核心期刊15篇；副主编《羔羊早期断奶与高效育肥技术》、参编专著《贵州饲用植物彩色图谱》。

前　　言

贵州独特的气候蕴育了丰富的野生牧草资源，据不完全统计，贵州有维管植物203科1 025属4 725种（包括变种），其中可饲料化利用的有86科1 410种，经济价值较大的仅禾本科和豆科就有260余种，但由于营养价值系统评定等研究缺乏、野生牧草筛选驯化不够等原因，丰富的牧草资源未得到科学合理利用。

牧草资源是发展草牧业的物质基础，草畜平衡、草畜配套、草畜互促，实现“产业生态化，生态产业化”，是贵州山地特色草牧业发展的根本准则。饲草料营养价值的科学评估是实现科学利用、生态文明建设与产业高质量发展的前提之一。在国家重点研发计划(2018YFD0501902)、贵州省科技计划（黔科合服企〔2020〕4009）、肉羊培育与产业化学科团队建设项目（黔牧医所团队培育〔2018〕03号）等项目的资助下，结合作者多年来的研究成果编著此书。书中对贵州常见野生牧草生物学特征、概略养分（feed proximate）、营养价值聚类分析及瘤胃降解率和体外产气等方面进行了详细阐述，图文并茂，力求对牧草资源的科学利用、生态建设和草畜经济互促共赢等方面有一定参考作用。在写作过程中，力求兼具科学性、综合性、适用性。

由于作者水平有限，尽管做了很大努力，书中不当之处仍在所难免，希望广大读者不吝批评指正。

韩　勇

2020年5月

目　录

第一章　适口性评价与样品采集

第一节　适口性评价

一、禾本科适口性评价

1. 矛叶荩草

嫩枝多，叶量大，牛、羊喜食，适口性好。产量高、再生力强，年产鲜草约12 375千克/公顷，折合干草3 750千克/公顷，一年可收割5次。

2. 野古草

幼嫩时牛、羊喜食，营养价值较高，老化后营养成分和适口性下降。

3. 扁穗雀麦

牧草产量较高，草质柔软，牛、羊喜食，适口性很好。在贵州冬春季节生长良好，对草畜季节平衡有重要意义。

4. 拂子茅

牛、羊喜食其嫩叶，粗蛋白含量较高，开花抽穗后营养价值下降，适口性下降。

5. 细柄草

黄牛、水牛等家畜喜采食，山羊适口性很好，为南方群众刈青或刈制干草牧草之一。

6. 竹节草

牛、羊喜食，营养价值高，适口性好，放牧、刈割皆可。根茎发达且耐贫瘠土壤，为较好的生态建设牧草。

7. 薏苡

牛、羊喜食其嫩叶，幼嫩期适口性较好。贵州主要在收获种子后进行秸秆青贮，在冬春季节缺草期进行补饲，因茎秆木质化高且较硬，影响牛羊采食。

8. 青香茅

幼嫩时牛、羊喜食，适口性好。但老化后适口性差，应经常放牧或者刈割利用防止其老化。

9. 橘草

营养期草质柔软，牛、羊采食，适口性中。后期生殖枝抽出后，基部叶片部分干枯，并有一种香味，适口性随之下降。一般作放牧或割草利用。在我国南方次生丘陵草丛植被中占据一定地位。

10. 狗牙根

牛、羊喜食其叶，适口性良好。开花抽穗后营养价值下降，适口性下降。近年广泛应用于草坪或运动场，以及城市绿化和边坡治理。

11. 鸭茅

春季发芽早，生长繁茂，至晚秋尚青绿，含丰富的脂肪、蛋白质，是一种优良的牧草，但适于抽穗前收割，花后质量降低。鸭茅草质柔软，牛、羊喜食，适口性很好。叶量丰富，叶占60%，茎约占40%。鸭茅可用作放牧或制作干草，也可收割青饲或制作青贮料。亩（1亩≈667米^2）产鲜草3 000千克以上。生长在肥沃土壤条件下，亩产鲜草可达5 000千克左右。此外，鸭茅较为耐阴，与果树结合，可建立果园草地。

12. 马唐

草质多汁柔嫩，牛、羊喜食，适口性好。可作为栽培牧草，籽粒可制淀粉。

13. 黑穗画眉草

抽穗前牛、羊采食，适口性好。抽穗后粗纤维含量高，适口性下降。由于扎根深，耐践踏，可作为运动草坪和边坡绿化。

14. 旱茅

幼嫩时牛、羊喜食，适口性良好。易老化，适口性和营养价值下降很快。

15. 拟金茅

牛、羊喜食其嫩叶，适口性好。抽穗开花后牛羊不喜食，放牧和刈割利用皆可。

16. 白茅

春季返青时营养价值较高，牛、羊较喜食，适口性较好。老化后粗纤维含量增加，适口性较差。

17. 刚莠竹

抽穗前叶片宽大繁茂，质地柔嫩，分枝多，产量大，牛、羊喜食，适口性好。抽穗后营养价值和适口性随之下降。

18. 芒

幼嫩时牛、羊喜食，适口性中。抽穗后适口性和营养价值迅速降低。

19. 类芦

密丛状，宜刈割。亩产鲜草600千克左右。冬春草质粗糙，夏秋牲畜采食幼嫩部分，适口性中。

20. 毛花雀稗

牛、羊喜食，适口性好，营养价值较高，常引种栽培。

21. 双穗雀稗

秆叶柔软，营养价值高，牛、羊喜食，适口性良好，可放牧刈割兼用。

22. 狼尾草

产量较高，营养价值一般，牛、羊采食其嫩叶，适口性中，生产中多采用杂交狼尾草种植。

23. 象草

产量高，牛、羊喜食，适口性好。刈割青饲，制青贮。但生长后期粗蛋白含量较低，应配合豆科牧草。

24. 毛竹

嫩竹及笋味美，营养价值较高。牛、羊采食，适口性中。粗老后营养价值下降。

25. 早熟禾

该草是重要的放牧型禾本科牧草。耐践踏，营养价值高。从早春到秋季，营养丰富，各种家畜都喜采食。在种子乳熟、青草期，牛、羊喜食，适口性很好；成熟后期，上部茎叶牛、羊仍喜食，适口性好；夏秋青草期是牛、羊的抓膘草；干草为家畜补饲草。

26. 金发草

幼嫩时牛、羊采食，适口性中。老化快，营养价值和适口性下降快。

27. 棒头草

牛、羊喜食，营养价值较高，适口性好。但草层低，产量低，只能放牧利用。

28. 斑茅

嫩叶可作为牛、羊的饲料，适口性中。粗老后营养价值和适口性差。本种是甘蔗属中茎秆不具甜味的种类，在育种有性杂交上可利用其分蘖力强、高大丛生、抗旱性强等特性。

29. 甘蔗

甘蔗梢含糖量高、纤维少、适口性好、产量高，在贵州低热地区常用来制作青贮饲喂牛羊。

30. 金色狗尾草

牛、羊喜食，营养价值高，适口性好。

31. 棕叶狗尾草

茎叶幼嫩时牛、羊喜食，适口性好。抽穗开花适口性较差。其茎叶比在拔节期为37：63。具有适应性广、抗逆性强、生产力高、再生力强、蛋白质含量较高等特性，可建植人工草地。

32. 狗尾草

牛、羊喜食，抽穗前营养价值较高，适口性好。抽穗后营养价值和适口性下降。可放牧也可刈割利用。

33. 鼠尾粟

幼嫩时牛、羊喜食，营养价值较高，适口性好。开花结实后变粗老，适口性下降。

34. 黄背草

幼嫩时牛、羊采食，适口性中。老化快，抽穗开花后尖锐的基盘和长芒对牲畜有害，适口性与营养价值较低。

35. 荻

幼嫩时营养丰富，牛、羊采食，适口性良。抽穗后营养成分与适口性下降。可作为防沙护坡等生态建设植物。

二、豆科适口性评价

1. 合欢

牛、羊皆喜食，营养价值良，适口性良。幼树可放牧，成年后树干高大，只能刈割利用。

2. 紫穗槐

春季返青时适口性较好，营养价值高，牛、羊较喜采食其嫩枝叶。老化后粗纤维含量增加。栽植于河岸、河堤、沙地、山坡及铁路沿线，有护堤防沙、防风固沙等生态建设作用。

3. 紫云英

全株质地柔嫩，营养价值高，牛、羊喜食，适口性好，是贵州省冬闲田土种草的主要豆科牧草。我国各地多栽培，为重要的绿肥作物和牲畜饲料。嫩梢亦供蔬食。

4. 鞍叶羊蹄甲

牛、羊喜采食其嫩枝叶，营养价值高，适口性好。由于攀援于灌木，难于收获利用。

5. 杭子梢

春季返青时营养价值较高，牛、羊喜食其嫩枝叶，适口性较好。老化后粗纤维含量增加。

6. 紫荆

营养含量较高，牛、山羊采食，适口性良好。幼树可放牧利用。

7. 长波叶山蚂蝗

贵州常见豆科灌木，牛、羊喜食其嫩枝叶，适口性良好，以放牧为主，也可刈割利用。

8. 野大豆

春季返青时牛、羊较喜食，适口性较好。全株为牛、羊喜食的饲料，可栽作牧草、绿肥和水土保持植物。种子含蛋白质30%～45%，油脂18%～22%，供食用、制酱、酱油和豆腐等，又可榨油，油粕是优良饲料和肥料。

9. 多花木蓝

牛、羊采食其嫩枝叶，适口性中。叶片较小，生物量有限，营养价值优。贵州广泛用于水土保持、石漠化治理及观赏等生态建设。

10. 胡枝子

春季营养价值高，牛、羊喜食其嫩枝叶，适口性良好。开花后营养价值和适口性下降快。可用于天然草地改良。性耐旱，是防风、固沙及水土保持等生态建设植物，为营造防护林及混交林的伴生树种。

11. 百脉根

优良豆科牧草，茎叶柔软多汁，牛、羊喜食，适口性很好。生长期长，能抗寒耐涝，在暖温带地区的豆科牧草中花期较早，到秋季仍能生长，茎叶丰盛，年割草可达4次。具有根瘤菌，有改良土壤的功能。也是优良的蜜源植物之一。

12. 天蓝苜蓿

草质柔嫩，营养价值高，牛、羊喜食，适口性很好。

13. 紫花苜蓿

草质柔嫩，营养价值高，适口性很好。与无芒雀麦等禾本科牧草混播的草地可放牧，也可刈割青饲或调制青干草、青贮。全年利用期可达8个月，粗蛋白含量高。

14. 老虎刺

山羊喜食其嫩枝叶，营养价值良，适口性中。由于有长刺，不利于刈割利用。可建植草地生物围栏。

15. 葛

春季返青时牛、羊较喜食其嫩枝叶，适口性较好，是喀斯特地区一种良好的水土保持植物，国内已经培育出栽培种。

16. 刺槐

优良豆科饲用灌木，营养价值高，牛、羊喜食，适口性好。但春季过后叶片易老化，应经常刈割利用。常作为草地改良灌木，也是优良固沙保土树种。

17. 白刺花

牛、羊采食其嫩枝叶，营养价值高，适口性好。同时也是水土保持、石漠化治理的良好植物，也可供观赏。

18. 黄花槐

营养价值高，牛、羊喜食，适口性良。以放牧为主，也可刈割利用。

19. 红三叶

贵州中高海拔地区主要豆科牧草之一，可单播或与鸭茅、多年生混播，刈割或放牧皆可。可用于建植优质高产蛋白饲草料基地。再生能力强，花期5—10月，茎叶柔嫩，饲用价值优，牛、羊适口性很好，但单播白三叶不可作放牧地，否则牛、羊易发生臌胀病。

20. 白三叶

白三叶茎叶柔嫩，牛、羊适口性很好，在1/10开花时，茎占48.7%，叶占51.3%。在草层高度达到20厘米以上时即可利用。但单播白三叶不可作放牧地，否则牛、羊易发生臌胀病。白三叶最宜与多年生黑麦草、鸭茅、无芒雀麦等禾本科牧草混播作刈牧兼用地。混播时，白三叶种子用量与禾本科牧草的比例为1∶3。白三叶是贵州最重要的豆科牧草。

21. 野豌豆

营养价值高，牛、羊喜食，适口性好。可放牧也可刈割利用。

三、蓼科适口性评价

1. 金荞麦

营养丰富，幼嫩时牛、羊喜食，适口性中，是肉猪养殖优质牧草。贵州省畜牧兽医研究所选育国家审定品种。

2. 细柄野荞麦

牛、羊采食。适口性中，营养价值优良。传统的“猪草”。

3. 何首乌（首乌藤）

首乌藤营养丰富，牛、羊喜食，适口性很好。可刈割、放牧利用，亦可作蔬菜。

4. 萹蓄

营养价值良，牛、羊采食，适口性中。

5. 水蓼

幼嫩时营养价值高，牛、羊采食，有辣味，适口性中。开花后营养价值和适口性差。刈割或者放牧利用。

6. 尼泊尔蓼

营养价值高，牛、羊采食，适口性良。可刈割、放牧利用。

7. 杠板归

营养价值中，山羊采食，适口性中。由于全株被刺，影响利用。

8. 酸模

嫩茎、叶可作饲料，牛、羊采食，适口性中。幼嫩时营养成分高，尤其粗蛋白含量与豆科牧草相当。结种后营养价值与适口性下降快。刈割和放牧利用。

四、菊科适口性评价

1. 清明菜

牛、羊采食，营养价值高，适口性良。草层低矮，只能放牧利用。嫩叶可作野菜，在清明节前后制作清明粑，故叫清明菜。

2. 大籽蒿

开花前草质柔嫩，牛、羊采食，特别是秋季下霜后适口性好。

3. 一年蓬

春季幼嫩时牛、羊采食，适口性中。老化后适口性与营养价值下降快。

4. 牛膝菊

草质柔嫩，营养价值高。牛、羊采食，适口性良。

5. 抱茎苦荬菜

牛、羊采食，营养价值高，适口性良，嫩叶可作野菜。

6. 马兰

营养价值较高，开花前牛、羊采食，适口性良。放牧刈割均可，饲用价值良。幼叶可作蔬菜食用，俗称“马兰头”。

7. 千里光

山羊采食，营养价值较高，适口性好。

8. 腺梗豨莶

幼嫩时营养成分较高，牛、羊也采食，适口性中。可刈割、放牧利用。老化后营养价值与适口性下降快。饲用价值良。

9. 苦苣菜

幼嫩时牛羊采食，营养价值高，适口性中。春季可做蔬菜。

10. 蒲公英

牛、羊采食，营养价值高，有苦味，适口性中。草层低矮，只能放牧利用。

11. 苍耳

幼嫩时牛、羊采食，营养价值高。结实后有刺，适口性和营养价值降低。

12. 黄鹌菜

牛、羊采食，营养价值良，适口性良，可做蔬菜。

五、蔷薇科适口性评价

1. 平枝栒子

山羊采食。适口性差，营养价值中，可放牧利用。秋季花果红艳，可作为园林观赏植物。

2. 蛇莓

幼嫩时牛、羊采食，适口性较差。

3. 扁核木

幼嫩时营养较丰富，山羊喜食，适口性好。茎有长刺，有碍利用。嫩尖可当蔬菜食用，俗名“青刺尖”。

4. 火棘

山羊采食其嫩枝叶，营养价值良，适口性良。我国西南各省区田边常见栽培作绿篱，是草地生物围栏的优良植物，具有育种价值。果实磨粉可作代食品，果实可酿酒。

5. 小果蔷薇

嫩枝叶牛、羊采食，老化后不食。粗脂肪含量较高，氨基酸总量、必需氨基酸含量较高。饲用价值中。可作为草地生物围栏。

6. 野蔷薇

营养价值良，山羊采食，适口性中。可作为草地生物围栏。各地主要作为观赏植物栽培。

7. 峨眉蔷薇

山羊采食，适口性中。营养价值中。只能放牧利用。可作为草地生物围栏。果实味甜可食。

8. 缫丝花

幼嫩时叶片营养含量较高，山羊采食。有刺，影响家畜采食。果实味甜酸，含大量维生素，可供食用及药用。贵州安顺等地大面积种植。花美丽，可栽培观赏，或作绿篱。

9. 白叶莓

春季嫩叶营养含量较高，山羊采食。全株被刺，影响采食。适口性中，饲用价值低。果酸甜可食。

10. 红泡刺藤

嫩枝叶山羊采食。营养价值中，适口性差。可作为草地生物围栏。果实可食。

六、其他科饲用植物适口性评价

1. 化香树

春季幼嫩时营养成分高，牛、羊采食，适口性中。低矮株丛可放牧利用。

2. 垂柳

嫩枝叶营养丰富，牛、羊采食。适口性中。英国有农民种植垂柳维持低矮状态用于放牧。在我国主要为道旁、水边等绿化树种，多用插条繁殖。

3. 榛（川榛）

嫩枝叶牛、羊采食，适口性良，营养价值较高。种子可食，并可榨油。

4. 白栎

嫩枝叶牛、羊采食，适口性中。已有研究表明，树叶含蛋白质11.80%，栎果实含淀粉47.0%。

5. 楮

嫩叶营养成分丰富，特别是粗蛋白含量接近紫花苜蓿。牛、羊采食其嫩叶。低矮时放牧采食，高树只能人工刈割利用。嫩叶可作蔬菜食用。

6. 地果

牛、羊采食其嫩叶，适口性中。榕果成熟时家畜喜啃食。是边坡水土保持植物。

7. 桑

叶为养蚕的主要饲料，也是牛、羊的优质饲草料。营养价值优良，适口性好，贵州多地作为饲用植物种植。桑葚可以酿酒，称桑子酒。

8. 长叶水麻

嫩茎、叶可作饲料，营养价值高，山羊采食。有异味，被毛，适口性中。

9. 荨麻

叶和嫩枝营养价值高，由于被刺毛，易引起荨麻疹，牛、羊不能采食。嫩叶可作蔬菜。

10. 落葵薯

营养丰富，牛、羊采食，适口性中。攀援生长很高，可放牧，刈割比较费力。嫩叶可作蔬菜。

11. 繁缕

牛、羊采食，适口性良，营养含量中，可作蔬菜。

12. 藜

营养丰富，幼嫩植株牛、羊采食，适口性中。可食用，可炒食、凉拌、做汤。

13. 地肤

幼嫩时牛、羊喜食，适口性中，营养价值高。幼苗可做蔬菜。

14. 莲子草

牛、羊采食，适口性良。幼嫩时营养价值好，粗蛋白含量类似于豆科牧草。由于繁殖迅速，处于失控状态，已经作为有害生物入侵。

15. 苋

幼嫩时牛、羊采食，适口性好，营养价值高。种子营养丰富，可作为精料。茎叶作为蔬菜食用。

16. 香叶子

嫩枝叶山羊采食，营养价值中，适口性较差。枝、叶和花可提芳香油。叶片常作为香料。

17. 扬子毛茛

幼嫩时牛、羊有时采食。含原白头翁素，有毒。营养价值中，适口性差。

18. 三颗针

嫩枝叶羊采食。营养价值良，适口性中。被尖锐针刺影响采食，主要为中药材。

19. 南天竹

山羊喜食，营养价值中、适口性中。现主要作为城市绿化和风景植物栽培。

20. 贵州金丝桃

适口性中，山羊采食。有芳香味。开花后营养价值和适口性下降。

21. 荠

牛、羊喜食其嫩叶，营养价值良，适口性中。草层矮，只能放牧利用。贵阳等地作蔬菜栽培。

22. 豆瓣菜

幼嫩时营养价值高，牛、羊喜食，适口性好。可作为蔬菜。

23. 诸葛菜

牛、羊采食，适口性良，饲用价值良。嫩茎叶用开水泡后，再放在冷开水中浸泡，直至无苦味时即可炒食。在贵州威宁一带用种子榨油。

24. 枫香树

嫩枝叶牛、羊采食，营养价值良，适口性中。

25. 檵木

营养价值中，适口性中，山羊采食。

26. 海桐

山羊采食，营养价值中，适口性中。

27. 野花椒

春季营养价值高，山羊喜食，适口性良。可作为草地生物围栏。民间用春季嫩叶凉拌和炒菜。

28. 马桑

营养成分较高，嫩叶牛、羊采食。全株含马桑碱，有毒，不可多食。

29. 盐肤木

幼嫩时牛、羊采食。营养含量中，适口性一般。

30. 南蛇藤

牛、羊采食，幼嫩时营养价值较高，适口性良。饲用价值良。春季嫩叶可作蔬菜。

31. 黄杨

山羊采食。因其冠幅整齐，一年四季均生长，无刺，贵州省草地站把其用作饲用灌木研究的模式灌木。

32. 异叶鼠李

嫩枝叶山羊采食。营养价值低，适口性中。果实含黄色染料；嫩叶可代茶。

33. 崖爬藤

幼嫩时营养价值高，山羊采食，适口性中。可用于城市立体绿化。

34. 毛葡萄

山羊喜食，营养价值较高，适口性中。是水土保持、石漠化治理的良好植物，也可供观赏。果可生食。

35. 牛奶子

嫩枝叶可作牛、羊等家畜饲料。有芳香味，适口性好。果实可吃。

36. 戟叶堇菜

牛、羊采食，营养价值高，适口性良，饲用价值良。全草供药用，能清热解毒，凉血消肿。嫩叶可作野菜。可作早春观赏花卉。

37. 白栎

山羊采食。营养价值中，适口性较差。

38. 刺楸

幼嫩时营养价值高，特别是粗蛋白含量接近白三叶。羊喜食，适口性良，因有长刺，且树干较高，影响利用。嫩叶可食，可作为蔬菜。

39. 竹叶柴胡

嫩叶营养成分丰富，粗蛋白含量与紫花苜蓿相当。幼嫩时牛、羊采食，适口性中。幼嫩苗常作蔬菜。

40. 小果珍珠花

山羊采食，营养价值较低，适口性中。放牧利用。

41. 云南杜鹃

春季幼嫩时山羊喜食，老化后适口性和营养价值差。

42. 杜鹃

春季幼嫩时山羊采食，老化后适口性和营养价值差。营养成分与云南杜鹃相近。

43. 小叶女贞

山羊采食，营养价值良，适口性较差。多作为绿化与观赏植物种植。

44. 迎春花

山羊采食，营养价值中，适口性中。主要作为观赏、绿化和石漠化治理。

45. 密蒙花

营养价值良，山羊采食。有异味，适口性较差。

46. 猪殃殃

为传统“猪草”。幼嫩时猪、牛、羊采食。适口性中。营养含量良。

47. 鸡矢藤

山羊喜食，营养价值高，适口性良，唯攀援生长收获难度大。

48. 金剑草

幼嫩时煮熟喂猪，牛、羊采食，适口性中，营养价值中。

49. 篱打碗花

牛、羊采食。营养含量高，特别是粗蛋白含量相当于白三叶。适口性中。

50. 蕹菜

牛、羊采食。营养含量高，适口性好，可刈割也可放牧利用。是贵州常见蔬菜。

51. 圆叶牵牛

山羊采食。营养价值中，适口性较差。

52. 黄荆

营养成分较高，山羊采食。有异味，适口性中。

53. 臭牡丹

山羊采食。微有臭味，适口性差。

54. 香薷

牛、羊采食，营养价值良，适口性良。

55. 益母草

嫩茎叶牛、羊采食，饲用价值中，适合性中。

56. 假酸浆

牛、羊采食，营养价值高，适口性中。成熟果实叫冰粉籽、木瓜籽，是威宁等地制作木瓜凉粉的原料。

57. 洋芋

嫩叶牛、羊采食，粗蛋白含量很高。为传统猪饲料。含龙葵素，适口性有一定影响。块茎富含淀粉，可供食用，为山区主粮之一，并为淀粉工业的主要原料。

58. 平车前

营养价值高，牛羊喜食，适口性良。放牧利用，新西兰已经培育出车前牧草种，贵州大部已人工栽培作放牧草地。也可建植草坪。

59. 金银花

营养含量较高，特别是粗脂肪含量很高。营养价值优良，山羊采食，适口性中。金银花性甘寒，功能清热解毒、消炎退肿，对细菌性痢疾和各种化脓性疾病都有效，是常用中药。

60. 红泡刺藤

山羊采食，适口性中。营养价值高，特别是粗蛋白和粗脂肪含量比较高。饲用价值中。果实人可食。

61. 烟管荚蒾

幼嫩时山羊采食。营养价值中等，粗脂肪含量高，但适口性较差。饲用价值低。

62. 阿拉伯婆婆纳

牛、羊采食其嫩叶。适口性中，营养价值中。饲用价值中。

63. 沿阶草

山羊采食。营养价值中，适口性差。饲用价值差。现主要作为草坪绿化植物栽种。

64. 菝葜

以春季嫩枝叶营养价值为高，山羊喜食。适口性良。饲用价值中等。春季嫩枝可作特色蔬菜。

65. 鸭跖草

牛、羊采食。适口性中，营养价值良，为良等牧草。

66. 一把伞南星

煮熟可喂猪。有毒，不可多喂。不可让牛、羊采食。

67. 芭蕉

茎叶切碎煮熟可喂猪，是贵州省黔东南养猪的主要饲料之一。营养价值中，适口性中，饲用价值中。

68. 马尾松

曾经有人用马尾松加工马尾松粉作饲料喂猪。山羊采食。营养价值中，适口性中。饲用价值中。

69. 银杏

营养含量较高，特别是粗脂肪含量很高。适口性中，山羊采食。营养价值中。

70. 问荆

煮熟喂猪，牛、羊采食。营养价值中等，适口性一般。饲用价值中。

七、常见毒害草适口性评价

1. 紫茎泽兰

紫茎泽兰可快速侵占草地，造成牧草严重减产。天然草地被紫茎泽兰入侵3年就失去了放牧利用价值，牛羊误食过多，会导致中毒。紫茎泽兰入侵农田、林地、牧场后，与农作物、牧草和林木争夺肥、水、阳光和空间，并分泌克生性物质、抑制周围其他植物的生长，对农作物和经济植物产量、草地维护、森林更新有极大影响。紫茎泽兰对土壤养分的吸收性强，能极大地损耗土壤肥力。另外，紫茎泽兰对土壤可耕性的破坏也较为严重。

2. 泽漆

泽漆的乳状汁液对皮肤、黏膜有很强的刺激性。接触皮肤可致发红，甚至发炎溃烂。如家畜误服鲜草，口腔、食管胃黏膜均可发炎、糜烂，有灼痛、恶心、呕吐、腹痛、腹泻水样便，严重者可致脱水，甚至出现酸中毒。是草地退化的标志性植物之一。

第二节　样品采集

根据适口性判断，在贵州选取具有代表性的区域，采集常见野生禾本科植物35种，豆科植物21种，蓼科植物8种，菊科植物12种，蔷薇科植物10种，其他科饲用植物70种，常见毒害草2种，共158种。其中，每种样品分3个点采样，草本类牧草留茬10厘米，木本牧草根据放牧肉羊采食习惯，采集当年萌发嫩枝叶，将3个点所采样品混合均匀，取3千克左右鲜草样品用于检测分析。

一、禾本科样品采集（表1-1）

表1-1　禾本科样品采集

序号	中文名称	拉丁文名称	采样部位	生长期	采集地
1	矛叶荩草	*Arthraxon lanceolatus* (Roxb.) Hochst.	地上部分	开花期	安顺
2	野古草	*Arundinella anomala* Steud.	地上部分	蜡熟期	安顺
3	扁穗雀麦	*Bromus cartharticus* Vahl.	地上部分	开花期	花溪
4	拂子茅	*Calamagrostis epigeios* (Linn.) Roth	地上部分	开花期	赤水
5	细柄草	*Capillipedium parviflorum*（R. Br）Stapf	细柄草	开花期	安顺
6	竹节草	*Chrysopogon aciculatus* (Retz.) Trin.	地上部分	抽穗期	普安
7	薏苡	*Coix lacryma-jobi* L.	叶片、梢	成熟期	兴仁
8	青香茅	*Cymbopogon caesius* (Nees ex Hook. et Arn.) Stapf	地上部分	蜡熟期	关岭
9	橘草	*Cymbopogon goeringii* (Steud.　) A. camus	地上部分	蜡熟期	安顺
10	狗牙根	*Cynodon dactylon* (Linn.)Pers.	叶片	开花期	花溪
11	鸭茅	*Dactylis glomerata* Linn.	地上部分	初花期	花溪

（续表）

序号	中文名称	拉丁文名称	采样部位	生长期	采集地
12	马唐	*Digitaria sanguinalis* (L.) Scop.	地上部分	蜡熟期	安顺 西秀
13	黑穗画眉草	*Eragrostis nigra* Nees ex Steud.	地上部分	抽穗期	清镇
14	旱茅	*Eramopogon delavayi* (Hack.)	地上部分	开花期	黔西
15	拟金茅	*Eulaliopsis binata* (Retz.) C. E. Hubb.	地上部分	初花期	安顺
16	白茅	*Imperata cylindrica* (L.) Beauv.	地上部分	初花期	龙里
17	刚莠竹	*Microstegium ciliatum* (Trin.) A. Camus	地上部分	营养期	望谟
18	芒	*Miscanthus sinensis* Anderss.	地上部分	开花期	安顺
19	类芦	*Neyraudia reynaudiana* (kunth) Keng	地上部分	开花期	关岭
20	毛花雀稗	*Paspalum dilatatum* Poir.	叶片	成熟期	关岭
21	双穗雀稗	*Paspalum distichum* L.	双穗雀稗	初花期	龙里
22	狼尾草	*Pennisetum alopecuroides* (L.) Spreng	地上部分	初花期	惠水
23	象草	*Pennisetum purpureum* Schum.	地上部分	1.5 米	晴隆
24	毛竹	*Phyllostachys heterocycla* (Carr.) Mitford cv. *Pubescens*	叶片	开花期	碧江
25	早熟禾	*Poa annua* L.	地上	初花期	龙里
26	金发草	*Pogonatherum paniceum* (Lam.) Hack.	地上部分	开花期	安顺
27	棒头草	*Polypogon fugax* Nees ex Steud.	地上部分	开花期	花溪
28	斑茅	*Saccharum arundinaceum* Retz.	叶片	营养期	荔波
29	甘蔗	*Saccharum officinarum*	梢、叶片	成熟期	关岭
30	金色狗尾草	*Setaria glauca* (Linn.) Beauv.	叶片	开花期	关岭
31	棕叶狗尾草	*Setaria palmifolia* (Koen.) Stapf	地上部分	开花期	安顺
32	狗尾草	*Setaria viridis* (Linn.) Beauv.	地上部分	抽穗期	清镇
33	鼠尾粟	*Sporobolus fertilis* (Steud.) W. D. Clayt	地上部分	乳熟期	安顺
34	黄背草	*Themeda japonica* (Willd.) Tanaka	地上部分	抽穗期	关岭
35	荻	*Triarrhena sacchariflora* (Maxim.) Nakai	地上部分	成熟期	道真

二、豆科样品采集（表 1–2）

表 1-2　豆科样品采集

序号	中文名称	拉丁文名称	采样部位	生长期	采集地
1	合欢	*Albizia julibrissin* Durazz.	叶片嫩枝	初花期	关岭
2	紫穗槐	*Amorpha fruticosa* Linn.	叶片嫩枝	初花期	龙里
3	紫云英	*Astragalus sinicus* Linn.	地上部分	结实期	丹寨
4	鞍叶羊蹄甲	*Bauhinia brachycarpa* Wall. ex Benth.	叶片嫩枝	结实期	罗甸
5	杭子梢	*Campylotropis macrocarpa* (Bunge) Rehd.	叶片嫩枝	初花期	安顺
6	紫荆	*Cercis chinensis* Bunge	叶、花、嫩枝	春季初花期	花溪
7	长波叶山蚂蝗	*Desmodium sequax* Wall.	叶片嫩枝	开花期	安顺
8	野大豆	*Glycine soja* Sieb. et Zucc.	地上部分	初花期	关岭
9	多花木蓝	*Indigofera amblyantha* Craib.	叶、嫩枝	开花期	花溪
10	胡枝子	*Lespedeza bicolor* Turcz.	叶片、枝条	开花期	安顺
11	百脉根	*Lotusc orniculatus* Linn.	地上部分	开花期	黔西
12	天蓝苜蓿	*Medicago lupulina* Linn.	地上部分	开花期	碧江
13	紫花苜蓿	*Medicago sativa* Linn.	地上部分	初花期	威宁
14	老虎刺	*Pterolobium punctatum* Hemsl.	叶片嫩枝	春季返青期	贵定
15	葛	*Argyreia seguinii* (Levl.) Van. ex Levl.	地上部分	初花期	龙里
16	刺槐	*Robinia pseudoacacia* Linn.	叶片嫩枝条	春季返青期	花溪
17	白刺花	*Sophora davidii* (Franch.) Skeels	叶片	开花期	关岭
18	黄花槐	*Sophora xanthantha* C. Y. Ma	叶片、花	开花期	关岭
19	红三叶	*Trifolium pratense* Linn.	地上部分	春季返青期	威宁
20	白三叶	*Trrifolium repens* Linn.	地上部分	初花期	龙里
21	野豌豆	*Vicia sepium* Linn.	地上部分	开花期	赫章

三、蓼科样品采集（表 1–3）

表 1-3 蓼科样品采集

序号	中文名称	拉丁文名称	采样部位	生长期	采集地
1	金荞麦	*Fagopyrum dibotrys* (D. Don) Hara	地上部分	营养期	龙里
2	细柄野荞麦	*Fagopyrum gracilipes* (Hemsl.) Damm. ex Diels	地上部分	开花期	花溪
3	何首乌	*Fallopia multiflora* (Thunb.) Harald.	地上部分	春季返青期	贵定
4	萹蓄	*Polygonum aviculare* L.	地上部分	初花期	龙里
5	水蓼	*Polygonum hydropiper* L.	地上部分	春季营养期	龙里
6	尼泊尔蓼	*Polygonum nepalense* Meisn.	地上部分	初花期	花溪
7	杠板归	*Polygonum perfoliatum* L.	叶、嫩枝	营养期	花溪
8	酸模	*Rumex acetosa* Linn.	地上部分	营养期	花溪

四、菊科样品采集（表 1–4）

表 1-4 菊科样品采集

序号	中文名称	拉丁文名称	采样部位	生长期	采集地
1	清明菜	*Anaphalis flavescens* Hand.-Mazz.	地上部分	营养期	花溪
2	大籽蒿	*Artemisia sieversiana* Ehrhart ex Willd.	地上部分	初花期	威宁
3	一年蓬	*Erigeron annuus* (L.) Desf.	地上部分	春季返青期	花溪
4	牛膝菊	*Galinsoga parviflora* Cav.	地上部分	初花期	龙里
5	抱茎苦荬菜	*Ixeris polycephala* Cass. ex DC.	地上部分	开花期	花溪
6	马兰	*Aster indicus* Heyne	地上部分	初花期	龙里
7	千里光	*Senecio scandens* Buch. ~ Ham. ex D. Don	叶片嫩枝	春季返青期	龙里
8	腺梗豨莶	*Siegesbeckia pubescens* Makino	地上部分	初花期	花溪
9	苦苣菜	*Sonchus oleraceus* L.	地上部分	开花期	花溪
10	蒲公英	*Taraxacum mongolicum* Hand.-Mazz.	地上部分	开花期	花溪
11	苍耳	*Xanthium strumarium* L.	叶片	初花期	花溪
12	黄鹌菜	*Youngia japonica* (Linn.) DC.	地上部分	开花期	花溪

五、蔷薇科样品采集（表 1–5）

表 1-5　蔷薇科样品采集

序号	中文名称	拉丁文名称	采样部位	生长期	采集地
1	平枝栒子	*Cotoneaster horizontalis* Dcne.	叶片嫩枝	开花期	威宁
2	蛇莓	*Duchesnea indica* (Andr.) Focke	地上部分	开花期	平坝
3	扁核木	*Prinsepia utilis* Royle	叶片嫩枝	初花期	龙里
4	火棘	*Pyracantha fortuneana* (Maxim.) Li	叶片嫩枝	春季返青期	江口
5	小果蔷薇	*Rosa cymosa* Tratt.	叶片嫩枝	挂果期	安顺
6	野蔷薇	*Rosa multiflora* Thunb.	叶片嫩枝	营养期	花溪
7	峨眉蔷薇	*Rosa omeiensis* Rolfe	叶片嫩枝	开花期	威宁
8	缫丝花	*Rosa roxburghii* Tratt.	叶片嫩枝	春季返青期	关岭
9	白叶莓	*Rubus innominatus* S. Moore	叶片嫩枝	春季返青期	龙里
10	红泡刺藤	*Rubus niveus* Thunb.	叶片嫩枝	春季返青期	安顺

六、其他科样品采集（表 1–6）

表 1-6　其他科饲用植物样品采集

序号	中文名称	拉丁文名称	采样部位	生长期	采集地
1	化香树	*Platycarya strobilacea* Sieb. et Zucc.	叶片嫩枝	返青期	花溪
2	垂柳	Salix babylonic	叶、嫩枝	初花期	花溪
3	川榛	*Corylus heterophylla* Fisch.	叶、嫩枝	初花期	威宁
4	白栎	*Quercus fabri* Hance	叶片嫩枝	结果期	关岭
5	楮	*Broussonetia kazinoki* Sieb.	叶片	春季返青期	花溪
6	地果	*Ficus tikoua* Bur.	全株	开花期	安顺
7	湖桑	Morus alba var. multicaulis (Perrott.) Loud.	叶、嫩枝	营养期	普安
8	长叶水麻	*Debregeasia longifolia*(Burm.f.) Wedd.	叶、嫩枝	开花期	龙里
9	荨麻	*Urtica fissa* E. Pritz.	地上部分	春季	花溪

（续表）

序号	中文名称	拉丁文名称	采样部位	生长期	采集地
10	落葵薯	*Anredera cordifolia* (Tenore) Steenis.	落葵薯	开花期	花溪
11	繁缕	*Stellaria media* (L.) Cyr.	地上部分	春季开花期	龙里
12	藜	*Chenopodium album* L.	地上部分	幼苗	龙里
13	地肤	*Kochia scoparia* (L.) Schrad	叶、嫩枝	初花期	普安
14	莲子草	*Alternanthera philoxeroides* (Mart.) Griseb.	全株	春季开花期	龙里
15	苋	*Amaranthus tricolor* L.	叶、穗	开花期	花溪
16	香叶子	*Lindera fragrans* Oliv.	叶、嫩枝	春季	碧江
17	扬子毛茛	*Ranunculus sieboldii* Miq.	地上植株	开花期	龙里
18	三颗针	*Berberis julianae* Schneid	叶、嫩枝	开花期	威宁
19	南天竹	*Nandina domestica.*	叶、嫩枝	春季返青期	龙里
20	贵州金丝桃	*Hypericum kouytchense* Levl.	叶、嫩枝	开花期	安顺
21	荠	*Capsella bursa~pastoris* (L.) Medic.	地上部分	开花期	花溪
22	豆瓣菜	*Nasturtium officinale* R. Br.	地上部分	初花期	花溪
23	诸葛菜	*Orychophragmus violaceus* (Linn.) O. E. Schulz	地上部分	营养期	花溪
24	枫香树	*Liquidambar formosana* Hance	叶、嫩枝	返青期	龙里
25	檵木	*Loropetalum chinensis* (R. Br.) Oliv.	叶片嫩枝	初花期	施秉
26	海桐	*Pittosporum tobira*	叶片嫩枝	开花期	花溪
27	野花椒	*Zanthoxylum simulans* Hance	野花椒	春季返青期	碧江
28	马桑	*Coriaria nepalensis* Wall.	叶片、花序	春季开花期	江口
29	盐肤木	*Rhus chinensis* Mill.	盐肤木	开花期	安顺
30	南蛇藤	*Celastrus orbiculatus* Thunb.	叶、嫩枝	初花期	花溪
31	黄杨	*Buxus sinica* (Rehd. et Wils.) Cheng	叶片嫩枝	结实期	花溪
32	异叶鼠李	*Rhamnus heterophylla* Oliv.	异叶鼠李	开花期	安顺
33	崖爬藤	*Tetrastigma obtectum* (Wall.) Planch.	叶片嫩枝	初花期	花溪

（续表）

序号	中文名称	拉丁文名称	采样部位	生长期	采集地
34	毛葡萄	*Vitis heyneana* Roem. & Schult-Syst.	叶片嫩枝	返青期	花溪
35	牛奶子	*Elaeagnus umbellate* Thunb.	叶、嫩枝	开花期	威宁
36	戟叶堇菜	*Viola betonicifolia* J. E. Smith	地上部分	开花期	花溪
37	白栎	*Acanthopanax trifoliatus* (L.) Merr.	叶、嫩枝	营养期	安顺
38	刺楸	*Kalopanax septemlobus* (Thunb.) Koidz.	叶、嫩枝	初花期	施秉
39	竹叶柴胡	*Bupleurum marginatum* Wall. ex DC.	幼苗	春季返青期	龙里
40	小果珍珠花	*Lyonia ovalifolia* (Wall.) Drude var. elliptica Hand.-Mazz.	叶、嫩枝	开花期	安顺 西秀
41	云南杜鹃	*Rhododendron yunnanense* Franch.	叶片嫩枝	初花期	威宁
42	杜鹃	*Rhododendron simsii* Planch.	叶片嫩枝	初花期	威宁
43	小叶女贞	*Ligustrum quihoui* Carr.	叶片及嫩枝	开花期	龙里
44	迎春花	*Jasminum nudiflorum* Lindl.	叶片嫩枝	开花期	花溪
45	密蒙花	*Buddleja officinalis* Maxim.	叶、嫩枝	春季返青期	碧江
46	猪殃殃	*Galium aparine* L.var. tenerum Gren.et (Godr.) Rebb.	地上全株	春季	龙里
47	鸡矢藤	*Paederia scandens* (Lour.) Merr.	叶片	开花期	关岭
48	金剑草	*Rubia alata* Roxb.	地上全株	春季	花溪
49	篱打碗花	*calystegia sepium* (L.)R.Br.	地上植株	秋季开花期	花溪
50	空心菜	*Ipomoea aquatica* Forssk.	地上植株	营养生长期	花溪
51	圆叶牵牛	*Pharbitis purpurea* (L.) Voisgt	地上部分	开花期	平坝
52	黄荆	*Vitex negundo* L.	叶片嫩枝	春季开花期	关岭
53	臭牡丹	*Clerodendrum bungei* Steud.	叶、嫩枝	初花期	花溪
54	香薷	*Elsholtzia ciliata* (Thunb.) Hyland.	地上部分	初花期	威宁
55	益母草	*Leonurus japonicus* Houtt	地上部分	初花期	花溪
56	假酸浆	*Nicandra physaloides* (Linn.) Gaertn.	幼苗全株	初花期	花溪

（续表）

序号	中文名称	拉丁文名称	采样部位	生长期	采集地
57	洋芋叶	*Solanum tuberosum* L.	地上部分	初花期	威宁
58	平车前	*Plantago depressa Willd.*	地上部分	初花期	普安
59	金银花	*Lonicera japonica* Thunb.	地上部分	春季开花期	花溪
60	红泡刺藤	*Viburnum opulus* Linn. var. calvescens (Rehd.) H*ara*	花、果、叶	结果期	普安
61	烟管荚蒾	*Viburnum utile* Hemsl.	叶、嫩枝	开花期	安顺
62	阿拉伯婆婆纳	*Veronica persica* Poir.	地上部分	开花期	花溪
63	沿阶草	*Ophiopogon bodinieri* Lévl.	地上部分	开花期	花溪
64	菝葜	*Smilax china* L.	叶片嫩枝	结实期	关岭
65	鸭跖草	*Commelina communis* Linn.	地上部分	开花期	花溪
66	一把伞南星	*risaema erubescens* (Wall.) Schott	地上部分	开花期	普安
67	芭蕉（叶）	*Musa basjoo* Sieb. et Zucc.	叶片	开花期	关岭
68	马尾松	*Pinus massoniana* Lamb.	马尾松	开花期	威宁
69	银杏	*Ginkgo biloba* L.	叶片	秋季开始发黄	花溪
70	问荆	*Equisetum arvense* L.	地上部分	夏季成熟期	普安

七、常见毒害草样品采集（表 1-7）

表 1-7　常见毒害草样品采集

序号	中文名称	拉丁文名称	采样部位	生长期	采集地
1	紫茎泽兰	*Ageratina adenophora* (Spreng.) R. M. King et H. Rob.	地上部分	夏季成熟期	普安
2	泽漆	*Euphorbia helioscopia* L.	地上部分	开花期	花溪

第二章　生物学特性

第一节　禾本科生物学特性

矛叶荩草

学名：*Arthraxon lanceolatus* (Roxb.) Hochst.

一、植物学特征

禾本科荩草属，多年生草本植物。秆较坚硬，直立或倾斜，高40～60厘米，常分枝，具多节；节着地易生根，节上无毛或生短毛。叶鞘短于节间，无毛或疏生疣基毛；叶舌膜质，长0.5～1毫米，被纤毛；叶片披针形或卵状披针形，长2～7厘米，宽5～15毫米，先端渐尖，基部心形，抱茎，无毛或两边生短毛，乃至具疣基短毛，边缘通常具疣基毛。总状花序长2～7厘米，2至数枚呈指状排列于枝顶，稀可单性；总状花序轴节间长为小穗的1/3～2/3，密被白毛纤毛。无柄小穗长圆状披针形，长6～7毫米，质较硬，背腹压扁；第一颖长约6毫米硬草质，先端尖，两侧呈龙骨状，具2行篦齿状疣基钩毛，具不明显7～9脉，脉上及脉间具小硬刺毛，尤以顶端为多；第二颖与第一颖等长，舟形，质地薄；第一外稃长圆形，长2～2.5毫米，透明膜质；第二外稃长3～4毫米，透明膜质，背面近基部处生一膝曲的芒；芒长

花穗

12～14毫米，基部扭转；雄蕊3，花药黄色，长2.5～3毫米。有柄小穗披针形，长4.5～5.5毫米；第一颖草质，具6～7脉，先端尖，边缘包着第二颖；第二颖质较薄，与第一颖等长，具3脉，边缘近膜质而内折成脊；第一外稃与第二外稃均透明膜质，近等长，长约为小穗的3/5，无芒；雄蕊3，花药长2～2.5毫米。花果期7—10月。

株丛

二、生物学特性

多生于山坡、旷野及沟边阴湿处。根茎繁殖。土壤疏松，透气性良好时生长良好。根茎可于距主茎不远处穿出地表，形成地上植株。根茎每节的腋芽都可能萌发成新株。由于矛叶荩草除了一般根茎所具有的分蘖特性外，还具有地上分枝和多节的特性，在夏、秋生长茂盛时期，能形成繁茂的营养枝和大量的叶片。

三、区域分布

全省分布，为常见种。我国产于华北、华东、华中、西南等地。矛叶荩草喜湿润和疏松透气性良好的土壤，海拔高度一般在500～1 700米。

野古草

学名：*Arundinella anomala* Steud.

别名：硬骨草、白牛公、乌骨草

一、植物学特征

禾本科野古草属，多年生草本。根茎较粗壮，长可达10厘米，密生具多脉的鳞片，须根直径约1毫米。秆直立，疏丛生，高60～110厘米，径2～4毫米，有时近地面数节倾斜并有不定根，质硬，节黑褐色，具髯毛或无毛。叶鞘无毛或被疣毛；叶舌短，上缘圆凸，具纤毛；叶片长12～35厘米，宽5～15毫米，常无毛或仅背面边缘疏生一列疣毛至全部被短疣毛。花序长10～40厘米，开展或略收缩，主轴与分枝具棱，棱上粗糙或具短硬毛；孪生小穗柄分别长约1.5毫米及3毫米，无毛；第一颖长

叶片与植株

种穗及生境

3～3.5毫米，具3～5脉；第二颖长3～5毫米，具5脉；第一小花雄性，约等长于等二颖，外稃长3～4毫米，顶端钝，具5脉，花药紫色，长1.6毫米；第二小花长2.8～3.5毫米，外稃上部略粗糙，3～5脉不明显，无芒，有时具0.6～1毫米芒状小尖头；基盘毛长1～1.3毫米，约为稃体的1/2；柱头紫红色。花果期7—10月。

二、生物学特性

常生于海拔2 000米以下的山坡灌丛、道旁、林缘、田地边及水沟旁。

三、区域分布

贵州全省几乎都有分布，为天然草地常见种。除新疆、西藏、青海未见本种外，全国各省区均有分布。

扁穗雀麦

学名：*Bromus carthart icus* Vahl.

一、植物学特征

禾本科雀麦属。一年生。秆直立，高60～100厘米，径约5毫米。叶鞘闭合，被柔毛；叶舌长约2毫米，具缺刻；叶片长30～40厘米，宽4～6毫米，散生柔毛。圆锥花序开展，长约20厘米；分枝长约10厘米，粗糙，具1～3枚的大型小穗；小穗两侧极压扁，含6～11小花，长15～30毫米，宽8～10毫米；小穗轴节间长约2毫米，粗糙；颖窄披针形，第一颖长10～12毫米，具7脉，第二颖稍长，具7～11脉；外稃长15～20毫米，具11脉，沿脉粗糙，顶端具芒尖，基盘钝圆，无毛；内稃窄小，长约为外稃的1/2，两脊生纤毛；雄蕊3，花药长0.3～0.6毫米。颖果与内稃贴生，长7～8毫米，胚比1/7，顶端具毛茸。花期春季5月，果期秋季9月。

种穗

二、生物学特性

喜肥沃潮湿土壤。在贵州冬春季生长良好，返青早。生于山坡阴蔽沟边。

群落

三、区域分布

贵州全省有逸生种和野生种。我国华东、台湾及内蒙古等地有引种栽培。

拂子茅

学名：*Calamagrostis epigeios* (Linn.) Roth

一、植物学特征

禾本科拂子茅属。多年生，具根状茎。秆直立，平滑无毛或花序下稍粗糙，高45～100厘米，径2～3毫米。叶鞘平滑或稍粗糙，短于或基部者长于节间；叶舌膜质，长5～9毫米，长圆形，先端易破裂；叶片长15～27厘米，宽4～8毫米，扁平或边缘内卷，上面及边缘粗糙，下面较平滑。圆锥花序紧密，圆筒形，劲直、具间断，长10～25厘米，中部径1.5～4厘米，分枝粗糙，直立或斜向上升；小穗长5～7毫米，淡绿色或带

种穗

群落

淡紫色；两颖近等长或第二颖微短，先端渐尖，具1脉，第二颖具3脉，主脉粗糙；外稃透明膜质，长约为颖之半，顶端具2齿，基盘的柔毛几与颖等长，芒自稃体背中部附近伸出，细直，长2～3毫米；内稃长约为外稃2/3，顶端细齿裂；小穗轴不延伸于内稃之后，或有时仅于内稃基部残留一微小的痕迹；雄蕊3，花药黄色，长约1.5毫米。花果期5—9月。

二、生物学特性

喜光，耐寒、耐干旱贫瘠，适应性强。生于潮湿地及河岸沟渠旁，其根茎顽强，抗盐碱土壤，又耐强湿。

三、区域分布

贵州全省各地分布。海拔160～3 900米。遍布全国。

细柄草

学名：*Capillipedium parviflorum* (R. Br)Stapf

别名：吊丝草、硬骨草

一、植物学特征

禾本科细柄草属，多年生，簇生草本。秆直立或基部稍倾斜，高50～100厘米，不分枝或具数直立、贴生的分枝。叶鞘无毛或有毛；叶舌干膜质，长0.5～1毫米，边缘具短纤毛；叶片线形，长15～30厘米，宽3～8毫米，顶端长渐尖，基部收窄，近圆形，两面无毛或被糙毛。圆锥花序长圆形，长7～10厘米，近基部宽2～5厘米，分枝簇生，可具1～2回小枝，纤细光滑无毛，枝腋间具细柔毛，小枝为具1～3节的总状花序，总状花序轴节间与小穗柄长为无柄小穗之半，边缘具纤毛。无柄小穗长3～4毫米，基部具髯毛；第一颖背腹扁，先端钝，背面稍下凹，被短糙毛，具4脉，边缘狭窄，内折成脊，脊上部具糙毛；第二颖舟形，与第一颖等长，先端尖，具3脉，脊上稍粗糙，上部边缘具纤毛，第一外稃长为颖的1/4～1/3，先端钝或呈钝齿状；第二外稃线形，先端具一膝曲的芒，芒长12～15毫米。有柄小穗中性或雄性，等长或短于无柄小穗，无芒，二颖均背腹扁，第一颖具7脉，背部稍粗糙；第二颖具3脉，较光滑。花果期8—12月。

二、生物学特性

生于山坡草地、河边、灌丛中。广泛分布于旧大陆之热带与亚热带地区。细柄草喜欢温热，故热带和亚热带地区分布较多，年平均温度10℃以上地区生长良好。喜生于中等湿润环境，但也较耐旱。较为耐阴，生长于山坡林边缘、竹林边缘、灌丛下、草丛中、路边、沟旁等多种环境。靠种子繁殖，常为群落中的伴生种，仅在某些局部地段偶见成为群落的优势或亚优势植物。在我国南方各地每年春季返青，夏季生长茂盛。

种穗

三、区域分布

贵州全省几乎都有分布，为常见种。广泛分布于我国四川、云南、湖北、湖南、广西、江西、安徽、江苏等地。

植株

竹节草

学名：*Chrysopogon aciculatus* (Retz.) Trin.

一、植物学特征

叶片

禾本科金须茅属。多年生，具根茎和匍匐茎。秆的基部常膝曲，直立部分高20～50厘米。叶鞘无毛或仅鞘口疏生柔毛，多聚集跨覆状生于匍匐茎和秆的基部，秆生者稀疏且短于节间；叶舌短小，长约0.5毫米；叶片披针形，长3～5厘米，宽4～6毫米，基部圆形，先端钝，两面无毛或基部疏生柔毛，边缘具小刺毛而粗糙，秆生叶短小。圆锥花序直立，长圆形，紫褐色，长5～9厘米；分枝细弱，直立或斜升，长1.5～3厘米，通常数枝呈轮生状着生于主轴的各节上；无柄小穗圆筒状披针形，中部以上渐狭，先端钝，长约4毫米，具一尖锐而下延、长4～6毫米的基盘，初时与穗轴顶端愈合，基盘顶端被锈色柔毛；颖革质，约与小穗等长；第一颖披针形，具7脉，上部具2脊，其上具小刺毛，下部背面圆形，无毛；第二颖舟形，背面及脊的上部具小刺毛，先端渐尖至具一劲直的小刺芒，边缘膜质，具纤毛；第一外稃稍短于颖；第二

种群

外稃等长而较窄于第一外稃，先端全缘，具长4～7毫米的直芒；内稃缺如或微小；鳞被膜质，顶端截形；花药长约0.8毫米。有柄小穗长约6毫米，具长2～3毫米无毛之柄；颖纸质，具3脉；花药长约2.5毫米。花果期6—10月。

二、生物学特性

喜光，耐干旱贫瘠。生于向阳贫瘠的山坡草地或荒野中，海拔500～1 000米。

三、区域分布

贵州全省中低海拔地区分布。我国广东、广西、云南、台湾分布。

薏苡

学名：*Coix lacroyma-jobi L. var. ma-yuen* (Roman.) Stapf

别名：菩提子

一、植物学特征

花、果

禾本科薏苡属。一年生粗壮草本，须根黄白色，海绵质，直径约3毫米。秆直立丛生，高1～2米，具10多节，节多分枝。叶鞘短于其节间，无毛；叶舌干膜质，长约1毫米；叶片扁平宽大，开展，长10～40厘米，宽1.5～3厘米，基部圆形或近心形，中脉粗厚，在下面隆起，边缘粗糙，通常无毛。总状花序腋生成束，长4～10厘米，直立或下垂，具长梗。雌小穗位于花序之下部，外面包以骨质念珠状之总苞，总苞卵圆形，长7～10毫米，直径6～8毫米，珐琅质，坚硬，有光泽；第一颖卵圆形，顶端渐尖呈喙状，具10余脉，包围着第二颖及第一外稃；第二外稃短于颖，具3脉，第二内稃较小；雄蕊常退化；雌蕊具细长之柱头，从总苞之顶端伸出。颖果小，含淀粉少，常不饱满。雄小穗2～3对，着生于总状花序上部，长1～2厘米；无柄雄小穗长6～7毫米，第一颖草质，边缘内折成脊，具有不等宽之翼，顶端钝，具多数脉，第二颖舟形；外稃与内稃膜质；第一及第二小花常具雄蕊3枚，花药橘黄色，长4～5毫米；有柄雄小穗与无柄者相似，或较小而呈不同程度的

植株

退化。花果期6—12月。

二、生物学特性

喜光，耐旱。多生于湿润的屋旁、池塘、河沟、山谷、溪涧或易受涝的农田等地方，海拔200～2 000米处常见，野生或栽培。

三、区域分布

贵州黔西南州广泛种植，是中国最大的薏苡种植基地，面积与产量占全国的60%～70%。我国辽宁、河北、山西、山东、河南、陕西、江苏、安徽、浙江、江西、湖北、湖南、福建、台湾、广东、广西、海南、四川、云南等省区分布。

青香茅

学名：*Cymbopogon caesius* (Nees ex Hook. et Arn.) Stapf

一、植物学特征

禾本科香茅属，多年生草本。秆直立，丛生，高30～80厘米，具多数节，常被白粉。叶鞘无毛，短于其节间；叶舌长1～3毫米；叶片线形，长10～25厘米，宽2～6毫米，基部窄圆形，边缘粗糙，顶端长渐尖。伪圆锥花序狭窄，长10～20厘米，分枝单纯，宽2～4厘米；佛焰苞长1.4～2厘米，黄色或成熟时带红棕色；总状花序长约1.2厘米；总状花序轴节间长约1.5毫米，边缘具白色柔毛；下

种穗

部总状花序基部与小穗柄稍肿大增厚。无柄小穗长约3.5毫米；第一颖卵状披针形，宽1～1.2毫米，脊上部具稍宽的翼，顶端钝，脊间无脉或有不明显的2脉，中部以下具一纵深沟；第二外稃长约1毫米，中下部膝曲，芒针长约9毫米；雄蕊3，花药长约2毫米。有柄小穗长3～3.5毫米，第一颖具7脉。花果期7—9月。

植株

二、生物学特性

常生于开旷干旱的草地上，海拔1000米左右。

三、区域分布

贵州全省中海拔地区分布。我国广东、广西、云南及沿海地区也有分布。

橘草

学名：*Cymbopogon goeringii* (Steud.) A. Camus

一、植物学特征

花穗

多年生。秆直立丛生，高60～100厘米，具3～5节，节下被白粉或微毛。叶鞘无毛，下部者聚集秆基，质地较厚，内面棕红色，老后向外反卷，上部者均短于其节间；叶舌长0.5～3毫米，两侧有三角形耳状物并下延为叶鞘边缘的膜质部分，叶颈常被微毛；叶片线形，扁平，长15～40厘米，宽

株丛

3～5毫米，顶端长渐尖成丝状，边缘微粗糙，除基部下面被微毛外通常无毛。伪圆锥花序长15～30厘米，狭窄，有间隔，具1～2回分枝；佛焰苞长1.5～2厘米，宽约2毫米（一侧），带紫色；总梗长5～10毫米，上部生微毛；总状花序长1.5～2厘米，向后反折；总状花序轴节间与小穗柄长2～3.5毫米，先端杯形，边缘被长1～2毫米的柔毛，毛向上渐长。无柄小穗长圆状披针形，长约5.5毫米，中部宽约1.5毫米，基盘具长约0.5毫米的短毛或近无毛；第一颖背部扁平，下部稍窄，略凹陷，上部具宽翼，翼缘密生锯齿状微粗糙，脊间常具2～4脉或有时不明显；第二外稃长约3毫米，芒从先端2裂齿间伸出，长约12毫米，中部膝曲；雄蕊3，花药长约2毫米；柱头帚刷状，棕褐色，从小穗中部两侧伸出。有柄小穗长4～5.5毫米，花序上部的较短，披针形，第一颖背部较圆，具7～9脉，上部侧脉与翼缘微粗糙，边缘具纤毛。花果期7—10月。

二、生物学特性

多生长于酸性红壤的丘陵草坡。再生能力强，返青早，更新能力也较强。一般3月底开始返青，8月下旬抽穗，9月中旬开始开花结实，以后叶片逐渐干枯。

三、区域分布

贵州全省中低海拔地区分布。华北以南等地分布。

狗牙根

学名：*Cynodon dactylon* (Linn.)Pers.

别名：绊根草、爬根草、咸沙草、铁线草

一、植物学特征

禾本科狗牙根属。低矮草本，具根茎。秆细而坚韧，下部匍匐地面蔓延甚长，节上常生不定根，直立部分高10～30厘米，直径1～1.5毫米，秆壁厚，光滑无毛，有时略两侧压扁。叶鞘微具脊，无毛或有疏柔毛，鞘口常具柔毛；叶舌仅为一轮纤

根茎、叶片

植株

毛；叶片线形，长1～12厘米，宽1～3毫米，通常两面无毛。穗状花序3～5枚，长2～5厘米；小穗灰绿色或带紫色，长2～2.5毫米，仅含1小花；颖长1.5～2毫米，第二颖稍长，均具1脉，背部成脊而边缘膜质；外稃舟形，具3脉，背部明显成脊，脊上被柔毛；内稃与外稃近等长，具2脉。鳞被上缘近截平；花药淡紫色；子房无毛，柱头紫红色。颖果长圆柱形。花果期5—10月。

二、生物学特性

喜光，耐湿，适应性强。多生长于村庄附近、道旁河岸、荒地山坡，其根茎蔓延力很强，广铺地面。

三、区域分布

贵州全省各地分布，为常见种。广布于黄河以南各省区，唯生长于果园或耕地时，则为难除灭的杂草。

鸭茅

学名：*Dactylis glomerata* Linn.

别名：鸡脚草、果园草

一、植物学特征

禾本科鸭茅属。多年生。秆直立或基部膝曲，单生或少数丛生，高40～120厘

叶片

鸭茅草地

米。叶鞘无毛，通常闭合达中部以上；叶舌薄膜质，长4～8毫米，顶端撕裂；叶片扁平，边缘或背部中脉均粗糙，长10～30厘米，宽4～8毫米。圆锥花序开展，长5～15厘米，分枝单生或基部者稀可孪生，长5～15厘米，伸展或斜向上升，1/2以下裸露，平滑；小穗多聚集于分枝上部，含2～5花，长5～7毫米，绿色或稍带紫色；颖片披针形，先端渐尖，长4～5毫米，边缘膜质，中脉稍凸出成脊，脊粗糙或具纤毛；外稃背部粗糙或被微毛，脊具细刺毛或具稍长的纤毛，顶端具长约1毫米的芒，第一外稃近等长于小穗；内稃狭窄，约等长于外稃，具2脊，脊具纤毛；花药长约2.5毫米。花果期5—8月。

二、生物学特性

鸭茅喜欢温暖、湿润的气候，最适生长温度为10～28℃，30℃以上发芽率低，生长缓慢。耐热性优于多年生黑麦草、猫尾草和无芒雀麦，抗寒性高于多年生黑麦草，但低于猫尾草和无芒雀麦。对土壤的适应性较广，但在潮湿、排水良好的肥沃土壤或有灌溉的条件下生长最好，比较耐酸，不耐盐渍化，最适土壤pH范围为6.0～7.0。耐阴性较强，在遮阴条件下能正常生长，尤其适合在果园下种植。生于海拔1 000～3 600米的山坡、草地、林下。

三、区域分布

贵州有野生种，贵州全省范围栽培，是主推栽培牧草。西南、西北诸省区皆有种植。在河北、河南、山东、江苏等地有栽培或因引种而逸为野生。广布于欧、亚温带地区。

马唐

学名：*Digitaria sanguinalis* (Linn.) Scop.

别名：熟地草、扁秆草

一、植物学特征

禾本科马唐属，一年生草本。秆直立或下部倾斜，膝曲上升，高10～80厘米，直径2～3毫米，无毛或节生柔毛。叶鞘短于节间，无毛或散生疣基柔毛；叶舌长1～3毫米；叶片线状披针形，长5～15厘米，宽4～12毫米，基部圆形，边缘较厚，微粗糙，具柔毛或无毛。总状花序长5～18厘米，4～12枚成指状着生于长1～2厘米的主轴上；穗轴直伸或开展，两侧具宽翼，边缘粗糙；小穗椭圆状披针形，长3～3.5毫米；第一颖小，短三角形，无脉；第二颖具3脉，披针形，长为小穗的1/2左右，脉间及边缘大多具柔毛；第一外稃等长于小穗，具7脉，中脉平滑，两侧的脉间距离较

种穗

玉米地里的马唐种群

宽，无毛，边脉上具小刺状粗糙，脉间及边缘生柔毛；第二外稃近革质，灰绿色，顶端渐尖，等长于第一外稃；花药长约1毫米。花果期6—9月。

二、生物学特性

马唐生长于山坡草地，海拔900～2 700米。为喜温暖湿润气候、长日照植物。每年4月下旬播种，5月萌发，6月下旬拔节，8月上、中旬孕穗，8月下旬抽穗，9月上旬开花，9月下旬至10月初种子成熟。马唐在密植时分蘖较少，有的不分蘖，疏植时分蘖较多。

三、区域分布

贵州全境分布，为耕地和撂荒地常见牧草。湖北、四川、云南、西藏也有分布。

黑穗画眉草

学名：*Eragrostis nigra* Nees ex Steud.

别名：蚊子草

一、植物学特征

禾本科画眉草属。多年生。秆丛生，直立或基部稍膝曲，高30～60厘米，径1.5～2.5毫米，基部常压扁，具2～3节。叶鞘松裹茎，长于或短于节间，两侧边缘有时具长纤毛，鞘口有白色柔毛，长0.2～0.5毫米；叶舌长约0.5毫米；叶片线形，扁平，长2～25厘米，宽3～5毫米，无毛。圆锥花序开展，长10～23厘米，宽3～7厘米，分枝单生或轮生，纤细，曲折，腋间无毛；小穗柄长2～10毫米，小穗长3～5毫米，宽1～1.5毫米，黑色或墨绿色，含3～8小花；颖披针形，先端渐尖，膜质，具1脉，第二颖或具3脉，第一颖长约1.5毫米，第二颖长1.8～2毫米；外稃长卵圆形，先端为膜质，具3脉，第一外稃长约2.2毫米；内稃稍短于外稃，弯曲，脊上有短纤毛，先端圆钝，宿存。雄蕊3枚，花药长约0.6毫米。颖果椭圆形，长为1毫米。花果期4—9月。

种穗

二、生物学特性

喜光，耐寒、耐干

旱贫瘠。常生长于路边、地坎、荒地。

三、区域分布

分布于水城、威宁等中高海拔地区。威宁在20世纪80年代曾把黑穗画眉草用于飞播种草。云南、四川、广西、江西、河南、陕西、甘肃等省区有分布。

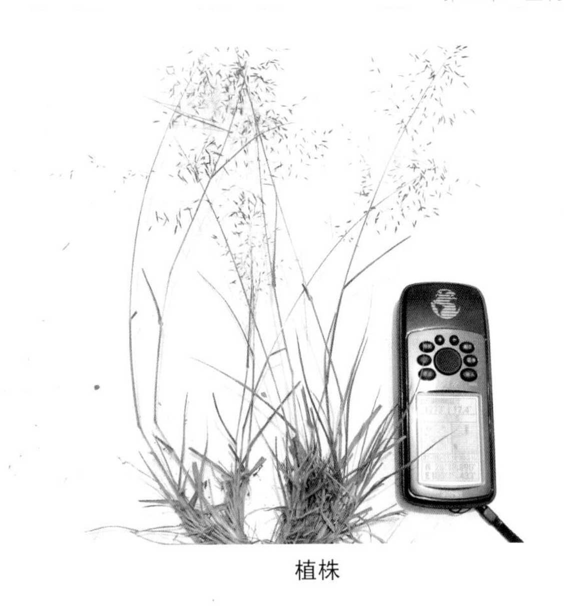

植株

旱茅

学名：*Eramopogon delavayi* (Hack.)

一、植物学特征

禾本科旱茅属。多年生草本；须根较硬而韧。秆直立丛生，高40～150厘米，具数至10余节，节无毛或被毛，下部节间圆形而无毛，上部节间因有分枝而一侧扁平，并于上部边缘具纤毛。叶鞘上部的短于节间，下部的长于节间，无毛，近鞘口具柔毛；叶舌干膜质，顶端钝圆，长1～1.5毫米；叶片线形，长6～30厘米，宽2～4毫米，边缘粗糙，无毛或疏具柔毛。总状花序单生枝顶，长1～4厘米，花序梗被毛或无毛，短于或长于紧抱花序基部的佛焰苞，佛焰苞鞘状，其上叶片常退化，长2～3厘米；总状花序轴节间和小穗柄都压扁，且几等长，边缘具纤毛，顶端

冬春季旱茅叶片

以旱茅为优势种的草地

稍膨大，多少具膜质齿状附属物；无柄小穗长圆状披针形，长4～6毫米（连基盘），基盘长约0.5毫米，具短髯毛，钝；第一颖长圆状披针形，具数脉，边缘内折具两脊，脊中上部具狭翼，翼边缘粗糙，顶端钝，有或无齿裂；第二颖舟形，具脊，与第一颖等长或稍长，脊中、上部粗糙或平滑，边缘内卷，第一外稃长圆状披针形，膜质，长为第一颖的3/4～4/5，边缘内卷，具纤毛，第二外稃狭，长为第一颖的1/2～3/4，顶端2裂，裂片达稃体的1/5～1/4，芒生裂片间，膝曲，长8～10毫米；内稃常退化；鳞被2，长约0.5毫米；雄蕊3，花药长2.5～4毫米，紫黑色，花柱分离，柱头羽毛状。有柄小穗通常雄性或中性，偶可见两性，具芒或无芒；第一颖长圆状披针形，具3～5脉，顶端截形具齿，边缘粗糙或平滑；第二颖与第一颖等长或稍短，具3脉，披针形，边缘内卷；第一外稃膜质，透明，长为第一颖的3/4，边缘具纤毛；第二外稃变异大，具芒或无芒；内稃常退化；鳞被2，雄蕊3或无，如为两性小穗，则雌蕊和雄蕊与无柄小穗相似。

二、生物学特性

喜光，耐寒，耐干旱贫瘠。生于海拔1 200～3 400米的山坡、林下。

三、区域分布

贵州省威宁、水城等中高海拔区分布。在威宁灼圃一带常形成单一群落。云南、四川、湖南、广西和西藏等省区有分布。

拟金茅

学名：*Eulaliopsis binata* (Retz.) C. E. Hubb.

别名：龙须草、羊草、梭草

一、植物学特征

禾本科拟金茅属，秆高30～80厘米，平滑无毛，在上部常分枝，一侧具纵沟，

花穗

株丛

具3～5节。叶鞘除下部外均短于节间，无毛但鞘口具细纤毛，基生的叶鞘密被白色绒毛以形成粗厚的基部；叶舌呈一圈短纤毛状，叶片狭线形，长10～30厘米，宽1～4毫米，卷折呈细针状，很少扁平，顶生叶片甚退化，锥形，无毛，上面及边缘稍粗糙。总状花序密被淡黄褐色的绒毛，2～4枚呈指状排列，长2～4.5厘米，小穗长3.8～6毫米，基盘具乳黄色丝状柔毛，其毛长达小穗的3/4；第一颖具7～9脉，中部以下密生乳黄色丝状柔毛；第二颖稍长于第一颖，具5～9脉，先端具长0.3～2毫米的小尖头，中部以下簇生长柔毛；第一外稃长圆形，与第一颖等长；第二外稃狭长圆形，等长或稍短于第一外稃，有时有不明显的3脉，通常全缘，先端有长2～9毫米的芒，芒具不明显一回膝曲，芒针常有柔毛；第二内稃宽卵形，先端微凹。凹处有纤毛；花药长约2.5毫米，柱头帚刷状，黄褐色或紫黑色。

二、生物学特性

喜光，生于向阳的山坡草丛中。本种分布广而多变异，但其变异性状常多衔接。

三、区域分布

贵州全省分布。河南、陕西、四川、云南、广西、广东等省区也有分布。

白茅

学名：*Imperata cylindrica* (Linn.) Beauv.

别名：甜草根、毛启莲

一、植物学特征

禾本科白茅属。多年生草本，具粗壮的长根状茎。秆直立，高30～80厘米，具1～3节，节无毛。叶鞘聚集于秆基，质地较厚，老后破碎呈纤维状；叶舌膜质，长约2毫米，紧贴其背部或鞘口具柔毛，分蘖叶片长约20厘米，宽约8毫米，扁平，质地较薄；秆生叶片长1～3厘米，窄线形，通常内卷，顶端渐尖呈刺状，下部渐窄，或具柄，质硬，被有白粉，基部上面具柔毛。圆锥花序稠密，长20厘米，宽达3厘米，小穗长4.5～5毫米，基盘具长12～16毫米的丝状柔毛；两颖草质及边缘膜质，近相等，具5～9脉，顶端渐尖或稍钝，常具纤毛，脉间疏生长丝状毛，第一外稃卵状披针形，长为颖片的2/3，透明膜质，无脉，顶端尖或齿裂，第二外稃与其内稃近相等，长约为颖之半，卵圆形，顶端具齿裂及纤毛；雄蕊2枚，花药长3～4毫米；花柱细

花及花序

植株与种群

长，基部多少连合，柱头2，紫黑色，羽状，长约4毫米，自小穗顶端伸出。颖果椭圆形，长约1毫米，胚长为颖果之半。花果期4—6月。须根；茎节上有长柔毛；根状茎长，叶片主脉明显，叶鞘边缘与鞘口有纤毛；圆锥花序分枝紧密；小穗基部密生银丝状长柔毛，颖果成熟后，自柄上脱落。

二、生物学特性

适应性强，耐阴、耐瘠薄和干旱，喜湿润疏松土壤，在适宜的条件下，根状茎可长达2~3米及以上，能穿透树根，断节再生能力强。

三、区域分布

广泛分布于贵州全省各地，主要在海拔2 200米以下地区，常形成单一种群草地。贵州省天然草地主要建群种。

刚莠竹

学名：*Microstegium ciliatum* (Trin.) A. Camus

别名：大种假莠竹

一、植物学特征

禾本科莠竹属。多年生蔓生草本。秆高1米以上，较粗壮，下部节上生根，具分枝，花序以下和节均被柔毛。叶鞘长于或上部者短于其节间，背部具柔毛或无毛；叶舌膜质，长1~2毫米，具纤毛；叶片披针形或线状披针形，长10~20厘米，宽6~15毫米，两面具柔毛或无毛，或近基部有疣基柔毛，顶端渐尖或成尖头，中脉白色。总状花序5~15枚着生于短缩主轴上成指状排列，长6~10厘米；总状花序轴节间长2.5~4毫米，稍扁，先端膨大，两侧边缘密生长1~2毫米的纤毛；无柄小穗披针形，长约3.2毫米，基盘毛长1.5毫米；第一颖背部具凹沟，无毛或上部具微毛，二脊无翼，边缘具纤毛，顶端钝或有2微齿，第二颖舟形，具3脉，中脉呈脊状，上部具纤毛，顶端延伸成小尖头或具长约3毫米的短芒；

花序及种穗

第一外稃不存在或微小；第一内稃长约1毫米；第二外稃狭长圆形，长约0.6毫米；芒长8～10毫米，直伸或稍弯；雄蕊3枚，花药长1～1.5毫米。颖果长圆形，长1.5～2毫米，胚长为果体的1/3～1/2。有柄小穗与无柄者同形，小穗柄长2～3毫米，边缘密生纤毛。花果期9—12月。

种群

二、生物学特性

喜光，喜温暖气候，耐干旱贫瘠。生于海拔1 300米以下阴坡林缘，沟边湿地。

三、区域分布

分布于贵州省安顺、黔西南州等海拔1 300米以下地区。产于江西、湖南、福建、台湾、广东、海南、广西、四川、云南等地。

芒

学名：*Miscanthus sinensis* Anderss.

一、植物学特性

禾本科芒属。多年生苇状草本。秆高1～2米，无毛或在花序以下疏生柔毛。叶鞘无毛，长于其节间；叶舌膜质，长1～3毫米，顶端及其后面具纤毛；叶片线形，长20～50厘米，宽6～10毫米，下面疏生柔毛及被白粉，边缘粗糙。圆锥花序直立，长15～40厘米，主轴无毛，延伸至花序的

花序

株丛

中部以下，节与分枝腋间具柔毛；分枝较粗硬，直立，不再分枝或基部分枝具第二次分枝，长10～30厘米；小枝节间三棱形，边缘微粗糙，短柄长2毫米，长柄长4～6毫米；小穗披针形，长4.5～5毫米，黄色有光泽，基盘具等长于小穗的白色或淡黄色的丝状毛；第一颖顶具3～4脉，边脉上部粗糙，顶端渐尖，背部无毛；第二颖常具1脉，粗糙，上部内折的边缘具纤毛；第一外稃长圆形，膜质，长约4毫米，边缘具纤毛；第二外稃明显短于第一外稃，先端2裂，裂片间具1芒，芒长9～10毫米，棕色，膝曲，芒柱稍扭曲，长约2毫米，第二内稃长约为其外稃的1/2；雄蕊3枚，花药长2～2.5毫米，稃褐色，先雌蕊而成熟；柱头羽状，长约2毫米，紫褐色，从小穗中部之两侧伸出。颖果长圆形，暗紫色。花果期7—12月。

二、生物学特性

喜光，喜温暖气候，耐旱。遍布于海拔1 800米以下的山地、丘陵和荒坡原野，常组成优势群落。

三、区域分布

贵州全省中低海拔地区分布，常见种。产于江苏、浙江、江西、湖南、福建、台湾、广东、海南、广西、四川、云南等省区。

类芦

学名：*Neyraudia reynaudiana* (kunth) Keng

别名：假芦

一、植物学特征

禾本科类芦属，多年生，具木质根状茎，须根粗而坚硬。秆直立，高2～3米，径5～10毫米，通常节具分枝，节间被白粉；叶鞘无毛，仅沿颈部具柔毛；叶舌密生柔毛；叶片长30～60厘米，宽5～10毫米，扁平或卷折，顶端长渐尖，无毛或上面生柔毛。圆锥花序长30～60厘米，分枝细长，开展或下垂；小穗长6～8毫米，含5～8小花，第一外稃不孕，无毛；颖片短小；长2～3毫米；外稃长约4毫米，边脉生有长约2毫米的柔毛，顶端具长1～2毫米向外反曲的短芒；内稃短于外稃。花果期8—12月。

二、生物学特性

生于河边、山坡或砾石草地，海拔300～1 500米。耐热，是丘陵谷地、暖热性草地类的优势植物，在湿热河谷地段呈单优群落。

三、区域分布

贵州全省中低海拔区有分布。海南、广东、广西、云南、四川、湖北、湖南、江西、福建、台湾、浙江、江苏有分布。

花穗

幼芽

株丛

毛花雀稗

学名：*Paspalum dilatatum* Poir.

一、植物学特征

禾本科雀稗属。多年生。具短根状茎。秆丛生，直立，粗壮，高50～150厘米，直径约5毫米。叶片长10～40厘米，宽5～10毫米，中脉明显，无毛。总状花序长5～8厘米，4～10枚呈总状着生于长4～10厘米的主轴上，形成大型圆锥花序，分枝腋间具长柔毛；小穗柄微粗糙，长0.2或0.5毫米；小穗卵形，长3～3.5毫米，宽约2.5毫米；第二颖等长于小穗，具7～9脉，表面散生短毛，边缘具长纤毛；第一外稃相似于第二颖，但边缘不具纤毛。花果期5—7月。

种穗

植株

二、生物学特性

喜光，耐寒，耐干旱贫瘠。生于路旁。

三、区域分布

分布于贵阳、黔西南州等海拔1 200米以下河谷沙丘、山坡路边的灌木丛中。我国浙江、上海、台湾、湖北等省区市多分布。

双穗雀稗

学名：*Paspalum paspaloides* (Michx.) Scribn.

一、植物学特征

禾本科雀稗属，多年生草本植物。匍匐茎横走、粗壮，长达1米，向上直立部分高20～40厘米，节生柔毛。叶鞘短于节间，背部具脊，边缘或上部被柔毛；叶舌长2～3毫米，无毛；叶片披针形，长5～15厘米，宽3～7毫米，无毛。总状花序2枚对连，长2～6厘米；穗轴宽1.5～2毫米；小穗倒卵状长圆形，长约3毫米，顶端尖，疏生微柔毛；第一颖退化或微小；第二颖贴生柔毛，具明显的中脉；第一外稃具3～5脉，通常无毛，顶端尖；第二外稃草质，等长于小穗，黄绿色，顶端尖，被毛。花果期5—9月。

种穗

种群

二、生物学特性

主要以根茎和匍匐茎繁殖，种子也能作远途传播。匍匐茎实心，长可达5～6米，直径2～4毫米，常具30～40节。4月初匍匐茎芽萌发，6—8月生长最快，并产生大量分枝。喜潮湿，生于田边路旁，生长势很强，常成单一的群落。

三、区域分布

贵州全省中低海拔区分布，野生种、逸生种、栽培种混杂。江苏、台湾、湖北、湖南、云南、广西、海南等省区均有分布。

狼尾草

学名：*Pennisetum alopecuroides* (L.) Spreng

别名：狗尾巴草、芮草、老鼠狼

一、植物学特征

禾本科狼尾草属。多年生。须根较粗壮。秆直立，丛生，高30～120厘米，在花序下密生柔毛。叶鞘光滑，两侧压扁，主脉呈脊，在基部者跨生状，秆上部者长于节间；叶舌具长约2.5毫米纤毛；叶片线形，长10～80厘米，宽3～8毫米，先端长渐尖，基部生疣毛。圆锥花序直立，长5～25厘米，宽1.5～3.5厘米；主轴密生柔毛；总梗长2～3毫米；刚毛粗糙，淡绿色或紫色，长1.5～3厘米；小穗通常单生，偶有双生，线状披针形，长5～8毫米；第一颖微小或缺，长1～3毫米，膜质，先端钝，脉不明显或具1脉；第二颖卵状披针形，先端短尖，具3～5脉，长为小穗1/3～2/3；第一小花中性，第一外稃与小

种穗

植株与群落

穗等长，具7～11脉；第二外稃与小穗等长，披针形，具5～7脉，边缘包着同质的内稃；鳞被2，楔形；雄蕊3，花药顶端无毫毛；花柱基部联合。颖果长圆形，长约3.5毫米。叶片表皮细胞结构为上下表皮不同；上表皮脉间细胞2～4行为长筒状、有波纹、壁薄的长细胞；下表皮脉间5～9行为长筒形，壁厚，有波纹长细胞与短细胞交叉排列。花果期夏秋季。

二、生物学特性

喜光，喜温暖气候，耐干旱贫瘠。多生于海拔50～3 200米的田岸、荒地、道旁及小山坡上。

三、区域分布

贵州全省分布，有野生种。近年来杂交狼尾草在中低海拔地方有种植。东北、华北经华东、华中、华南及西南各省区均有分布。

象草

学名：*Pennisetum purpureum* Schum.

一、植物学特征

禾本科狼尾草属。多年生丛生大型草本，有时常具地下茎。秆直立，高2～4米，节上光滑或具毛，在花序基部密生柔毛。叶鞘光滑或具疣毛；叶舌短小，具长1.5～5毫米纤毛；叶片线形，扁平，质较硬，长20～50厘米，宽1～2厘米或者更宽，上面疏生刺毛，近基部有小疣毛，下面无毛，边缘粗糙。圆锥花序长10～30厘米，宽1～3厘米；主轴密生长柔毛，直立或稍弯曲；刚毛金黄色、淡褐色或紫色，长1～2厘米，生长柔毛而呈羽毛状；小穗通常单生或2～3簇生，披针形，长5～8毫米，近无柄，如2～3簇生，则两侧小穗具长约2毫米短柄，成熟时与主轴交成直角呈近篦齿状排列；第一颖长约0.5毫米或退化，先端钝或不等2裂，脉不明显；第二颖披针形，长约为小穗的1/3，先端锐尖或钝，具1脉或无脉；第一小花中性或雄性，第一外稃长约为小穗的4/5，具5～7脉；第二外稃与小穗

种穗

植株

等长，具5脉；鳞被2，微小；雄蕊3，花药顶端具毫毛；花柱基部联合。叶片表皮细胞结构为上下表皮不同；上表皮脉间最中间2～3行为近方形至短五角形、壁厚、无波纹长细胞，邻近1～3行为筒状、壁厚、深彼纹长细胞，靠近叶脉2～4行为筒状、壁厚、有波纹长细胞；下表皮脉间5～9行为筒状、壁厚、有波纹长细胞与短细胞交叉排列。花果期8—10月。

二、生物学特性

喜光，喜温暖气候，肥沃土壤生长良好。在贵州一般不能结种。

三、区域分布

其杂交种（如皇竹草）主要栽培于贵州省中低海拔地区，特别是低热河谷。

毛竹

学名：*Phyllostachys pubescens* Mazel ex H.de Leh.

别名：南竹、猫头竹

一、植物学特征

禾本科钢竹属。竿高达20余米，粗者可达20余厘米，幼竿密被细柔毛及厚白粉，箨环有毛，老竿无毛，并由绿色渐变为绿黄色；基部节间甚短而向上则逐节较长，中部节间长达40厘米或更长，壁厚约1厘米（但有变异）；竿环不明显，低于箨环或在细竿中隆起。箨鞘

叶片

背面黄褐色或紫褐色，具黑褐色斑点及密生棕色刺毛；箨耳微小，繸毛发达；箨舌宽短，强隆起乃至为尖拱形，边缘具粗长纤毛；箨片较短，长三角形至披针形，有波状弯曲，绿色，初时直立，以后外翻。末级小枝具2～4叶；叶耳不明显，鞘口繸毛存在而为脱落性；叶舌隆起；叶片较小较薄，披针形，长4～11厘米，宽0.5～1.2厘米，下表面在沿中脉基部具柔毛，次脉3～6对，再次脉9条。花枝穗状，长5～7厘米，基部托以4～6片逐渐稍较大的微小鳞片状苞片，有时花枝下方尚有1～3片近于正常发达的叶，当此时则花枝呈顶生状；佛焰苞通常在10片以上，常偏于一侧，呈整齐的覆瓦状排列，下部数片不孕而早落，致使花枝下部露出而类似花枝之柄，上部的边缘生纤毛及微毛，无叶耳，具易落的鞘口繸毛，缩小叶小，披针形至锥状，每片孕性佛焰苞内具1～3枚假小穗。小穗仅有1朵小花；小穗轴延伸于最上方小花的内稃之背部，呈针状，节间具短柔毛；颖1片，长15～28毫米，顶端常具锥状缩小叶有如佛焰苞，下部、上部以及边缘常生毛茸；外稃长22～24毫米，上部及边缘被毛；内稃稍短于其外稃，中部以上生有毛茸；鳞被披针形，长约5毫米，宽约1毫米；花丝长4厘米，花药长约12毫米；柱头3，羽毛状。颖果长椭圆形，长4.5～6毫米，直径1.5～1.8毫米，顶端有宿存的花柱基部。笋期4月，花期5—8月。

植株

二、生物学特性

喜光，耐阴、耐寒、耐干旱贫瘠。

三、区域分布

贵州全省分布。自秦岭、汉水流域至长江流域以南和台湾省，黄河流域也有多处栽培。

早熟禾

学名：*Poa annua* L.

别名：稍草、小青草、小鸡草、冷草、绒球草

一、植物学特征

禾本科早熟禾属，一年生或冬性禾草。秆直立或倾斜，质软，高6～30厘米，全

种穗

植株

体平滑无毛。叶鞘稍压扁，中部以下闭合；叶舌长1～3毫米，圆头；叶片扁平或对折，长2～12厘米，宽1～4毫米，质地柔软，常有横脉纹，顶端急尖呈船形，边缘微粗糙。圆锥花序宽卵形，长3～7厘米，开展；分枝1～3枚着生各节，平滑；小穗卵形，含3～5小花，长3～6毫米，绿色；颖质薄，具宽膜质边缘，顶端钝，第一颖披针形，长1.5～2毫米，具1脉，第二颖长2～3毫米，具3脉；外稃卵圆形，顶端与边缘宽膜质，具明显的5脉，脊与边脉下部具柔毛，间脉近基部有柔毛，基盘无绵毛，第一外稃长3～4毫米；内稃与外稃近等长，两脊密生丝状毛；花药黄色，长0.6～0.8毫米。颖果纺锤形，长约2毫米。花期4—5月，果期6—7月。本种花药小，长0.6～0.8毫米，为其宽的2倍，基盘无绵毛，内稃两脊上密生丝状纤毛，叶片顶端急尖成船形。

二、生物学特性

生于平原和丘陵的路旁草地、田野水沟或阴蔽荒坡湿地，海拔100～4800米。

三、区域分布

贵州全省广泛广布，常见种。江苏、四川、云南、广西、广东、海南、台湾、福建、江西、湖南、湖北、安徽、河南、山东、新疆、甘肃、青海、内蒙古、山西、河北、辽宁、吉林、黑龙江均有分布。

金发草

学名：*Pogonatherum paniceum* (Lam.) Hack.

别名：竹篙草、黄白茅、蓑衣草、竹叶草、露水、金黄草、金发竹

一、植物学特征

禾本科金发草属。秆硬似小竹，基部具被密毛的鳞片，直立或基部倾斜，高30～60厘米，径1～2毫米，具3～8节；节常稍突起而被髯毛，上部各节多回分枝。叶鞘短于节间，但分枝上的叶鞘长于节间，边缘薄纸质或膜质，上部边缘和鞘口被细长疣毛；叶舌很短，长约0.4毫米，边缘具短纤毛，背部常具疏细毛；叶片线形，扁平或内卷，质较硬，长1.5～5.5厘米，宽1.5～4毫米，先端渐尖，基部收缩，宽约为鞘顶的1/3，两面均甚粗糙。总状花序稍弯曲，乳黄色，长1.3～3厘米，宽约2毫米，总状花序轴节间与小穗柄几等长，长约为无柄小穗之半，先端稍膨大，两侧具细长展开的纤毛；无柄小穗长2.5～3毫米，基盘毛长1～1.5毫米；第一颖扁平，薄纸质，稍短于第二颖，先端截平和近先端边缘密具流苏状纤毛，背部具3～5脉，粗糙或被微毛，无芒；第二颖舟形，与小穗等长，近先端边缘处被流苏状纤毛，具1脉而延伸成芒，芒长13～20毫米，微糙或近光滑，稍曲折；第一小花雄性，外稃长圆状披针形，透明膜质，稍短于第一颖，无芒，具1脉，内稃长圆形，透明膜质，等长或稍短于外稃，具2脉，顶端平或稍凹，先端具短纤毛；雄蕊2，花药黄色，长约1.8毫米；第二小花两性，外稃透明膜质，先端2裂，裂片尖，长为稃体的1/3或近1/2，裂齿间伸出弯曲的芒，芒长15～18毫米；内稃与外稃等长，透明膜质；雄蕊2，花药黄色，长约1.8毫米；子房细小，卵状长圆形，长约0.3毫米，无毛；花柱2，自基部分离；柱头帚刷状，长约2毫米。有柄小穗较小，第一小花缺，第二小花雄性或可两性，具雄蕊1枚，花药长达1.5毫米或不发育。花果期4—10月。

花序

二、生物学特性

喜光。生于海拔1 300米以下的山坡、草地、路边、溪旁草地的干旱向阳处。

三、区域分布

贵州全省皆有分布。湖北、湖南、广东、广西、云南、四川诸省区均有分布。

株丛

棒头草

学名：*Polypogon fugax* Nees ex Steud.

一、植物学特征

禾本科早熟禾亚科，棒头草属。一年生。秆丛生，基部膝曲，大都光滑，高10～75厘米。叶鞘光滑无毛，多短于或下部者长于节间；叶舌膜质，长圆形，长3～8毫米，常2裂或顶端具不整齐的裂齿；叶片扁平，微粗糙或下面光滑，长2.5～15厘米，宽3～4毫米。圆锥花序穗状，长圆形或卵形，较疏松，具缺刻或有间断，分枝长可达4厘米；小穗长约2.5毫米（包括基盘），灰绿色或部分带紫色；颖长圆形，疏被短纤毛，先端2浅裂，芒从裂口处伸出，细直，微粗糙，长1～3毫米；外稃光滑，长约1毫米，先端具微齿，中脉延伸成长约2毫米而易脱落的芒；雄蕊3，花药长0.7

花序

种群

毫米。颖果椭圆形，1面扁平，长约1毫米。花果期4—9月。

二、生物学特性

喜光，喜肥沃潮湿土壤。生于海拔100～3 600米的山坡、田边、潮湿处。

三、区域分布

贵州全省分布，贵阳等地的春季田野常形成单一群落。我国南北各地分布。

斑茅

学名：*Saccharum arundinaceum* Retz.

别名：大密

一、植物学特征

禾本科甘蔗属。多年生高大丛生草本。秆粗壮，高2～4米，直径1～2厘米，具多数节，无毛。叶鞘长于其节间，基部或上部边缘和鞘口具柔毛；叶舌膜质，长1～2毫米，顶端截平；叶片宽大，线状披针形，长1～2米，宽2～5厘米，顶端长渐尖，基部渐变窄，中脉粗壮，无毛，上面基部生柔毛，边缘锯齿状粗糙。圆锥花序大型，稠密，长30～80厘米，宽5～10厘米，主轴无毛，每节着生2～4枚分枝，分枝2～3回分出，腋间被微毛；总状花序轴节间与小穗柄细线形，长

花序

3～5毫米，被长丝状柔毛，顶端稍膨大；无柄与有柄小穗狭披针形，长3.5～4毫米，黄绿色或带紫色，基盘小，具长约1毫米的短柔毛；两颖近等长，草质或稍厚，顶端渐尖，第一颖沿脊微粗糙，两侧脉不明显，背部具长于其小穗1倍以上之丝状柔毛；第二颖具3～5脉，脊粗糙，上部边缘具纤毛，背部无毛，但在有柄小穗中，背部具有长柔毛；第一外稃等长或稍短于颖，具1～3脉，顶端尖，上部边缘具小纤毛；第二外稃披针形，稍短或等长于颖；顶端具小尖头，或在有柄小穗中，具长3毫米之短芒，上部边缘具细纤毛；第二内稃长圆形，长约为其外稃之半，顶端具纤毛；花药长1.8～2毫米；柱头紫黑色，长约2毫米，为其花柱之2倍，自小穗中部两侧伸出。颖果长圆形，长约3毫米，胚长为颖果之半。花果期8—12月。

植株与群落

二、生物学特性

喜光，喜温暖气候，耐干旱贫瘠。生于山坡和河岸溪涧草地。

三、区域分布

分布于安顺、黔西南州等海拔1 500米以下地区。河南、陕西、浙江、江西、湖北、湖南、福建、台湾、广东、海南、广西、四川、云南等省区有分布。

甘蔗

学名：*Saccharum officinarum* Linn.

一、植物学特征

禾本科甘蔗属。多年生高大实心草本。根状茎粗壮发达。秆高3～5米。直径2～4厘米，具20～40节，下部节间较短而粗大，被白粉。叶鞘长于其节间，除鞘口具柔毛外余无毛；叶舌极短，生纤毛，叶片长达1米，宽4～6厘米，无毛，中脉粗壮，白色，边缘具锯齿状粗糙。圆锥花序大型，长50厘米左右，主轴除节具毛外余

生长期

成熟期

无毛，在花序以下部分不具丝状柔毛；总状花序多数轮生，稠密；总状花序轴节间与小穗柄无毛；小穗线状长圆形，长3.5～4毫米；基盘具长于小穗2～3倍的丝状柔毛；第一颖脊间无脉，不具柔毛，顶端尖，边缘膜质；第二颖具3脉，中脉成脊，粗糙，无毛或具纤毛；第一外稃膜质，与颖近等长，无毛；第二外稃微小，无芒或退化；第二内稃披针形；鳞被无毛。

二、生物学特性

喜光，喜温暖气候。但根状茎不发达，分蘖力弱，抗寒、耐旱、耐贫瘠的能力均较弱。

三、区域分布

分布于贵州黔西南州望谟、册亨等南亚热带地区。

金色狗尾草

学名：*Setaria glauca* (Linn.) Beauv.

一、植物学特征

禾本科狗尾草属。一年生；单生或丛生。秆直立或基部倾斜膝曲，近地面节可生根，高20～90厘米，光滑无毛，仅花序下面稍粗糙。叶鞘下部扁压具脊，上部圆形，光滑无毛，边缘薄膜质，光滑无纤毛；叶舌具一圈长约1毫米的纤毛，叶片线状披针形或狭披针形，长5～40厘米，宽2～10毫米，先端长渐尖，基部钝圆，上面粗糙，下面光滑，近基部疏生长柔毛。圆锥花序紧密呈圆柱状或狭圆锥状，长3～17厘米，宽4～8毫米（刚毛除外），直立，主轴具短细柔毛，刚毛金黄色或稍带褐色，粗糙，长4～8毫米，先端尖，通常在一簇中仅具一个发育的小穗，第一颖宽卵形或卵形，长为小穗的1/3～1/2，先端尖，具3脉；第二颖宽卵形，长为小穗的1/2～2/3，先端稍钝，具5～7脉，第一小花雄性或中性，第一外稃与小穗等长或微短，具5脉，其内稃膜质，等长且等宽于第二小花，具2脉，通常含3枚雄蕊或无；第二小花两性，外稃革质，等长于第一外稃。先端尖，成熟时，背部极隆起，具明显的横皱纹；鳞被楔形；花柱基部联合；叶上表皮脉间均为无波纹的或微波纹的、有角棱的壁薄的长细胞，下表皮脉间均为有波纹的、壁较厚的长细胞，并有短细胞。花果期6—10月。

二、生物学特性

喜光，耐寒，耐阴、耐干旱贫瘠。生于林边、山坡、路边和荒芜的园地及荒野。

三、区域分布

贵州全省分布。产全国各地。为田间常见草。

金色狗尾草草地

棕叶狗尾草

学名：*Setaria palmifolia* (Koen.) Stapf

别名：箬叶莩、棕茅、棕叶草、雏茅

一、植物学特征

禾本科狗尾草属，多年生。具根茎，须根较坚韧。秆直立或基部稍膝曲，高0.75～2米，直径3～7毫米，基部可达1厘米，具支柱根。叶鞘松弛，具密或疏疣毛，少数无毛，上部边缘具较密而长的疣基纤毛，毛易脱落，下部边缘薄纸质，无纤毛；叶舌长约1毫米，具长2～3毫米的纤毛；叶片纺锤状宽披针形，长20～59厘米，宽2～7厘米，先端渐尖，基部窄缩呈柄状，近基部边缘有长约5毫米的疣基毛，具

花及花序

叶片及植株

纵深皱折，两面具疣毛或无毛。圆锥花序主轴延伸甚长，呈开展或稍狭窄的塔形，长20～60厘米，宽2～10厘米，主轴具棱角，分枝排列疏松，甚粗糙，长达30厘米；小穗卵状披针形，长2.5～4毫米，紧密或稀疏排列于小枝的一侧，部分小穗下托以1枚刚毛，刚毛长5～10毫米或更短；第一颖三角状卵形，先端稍尖，长为小穗的1/3～1/2，具3～5脉；第二颖长为小穗的1/2～3/4或略短于小穗，先端尖，具5～7脉；第一小花雄性或中性，第一外稃与小穗等长或略长，先端渐尖，呈稍弯的小尖头，具5脉，内稃膜质，窄而短小，呈狭三角形，长为外稃的2/3；第二小花两性，第二外稃具不甚明显的横皱纹，等长或稍短于第一外稃，先端为小而硬的尖头，成熟小穗不易脱落。鳞被楔形微凹，基部沿脉色深；花柱基部联合。颖果卵状披针形、成熟时往往不带着颖片脱落，长2～3毫米，具不甚明显的横皱纹。花果期8—12月。

二、生物学特性

生于山坡或谷地林下阴湿处。性喜温暖湿润的气候，也具有一定的抗旱性和耐寒性。对土壤肥料要求不严，适宜在南方红壤或黄壤地区栽培。若在良好水肥条件下，生长旺盛，产草量高。而在瘠薄、干旱的水土流失地区，也能正常生长和发育。但产草量和种子产量均较低，茎叶老化也较快。抗病性强。

三、区域分布

贵州中低海拔区有分布，常见种。浙江、江西、福建、台湾、湖北、湖南、四川、云南、广东、广西、西藏等省区有分布。

狗尾草

学名：*Setaria viridis* (Linn.) Beauv.

别名：谷莠子、莠

一、植物学特征

禾本科狗尾草属。一年生。根为须状，高大植株具支持根。秆直立或基部膝曲，高10～100厘米，基部径达3～7毫米。叶鞘松弛，无毛或疏具柔毛或疣毛，边缘具较长的密绵毛状纤毛；叶舌极短，缘有长1～2毫米的纤毛；叶片扁平，长三角状狭披针形或线状披针形，先端长渐尖或渐尖，基部钝圆形，几呈截状或渐窄，长4～30厘米，宽2～18毫米，通常无毛或疏被疣毛，边缘粗糙。圆锥花序紧密呈圆柱状或基部稍疏离，直立或稍弯垂，主轴被较长柔毛，长2～15厘米，宽4～13毫米（除刚毛外），刚毛长4～12毫米，粗糙或微粗糙，直或稍扭曲，通常绿色或褐黄到紫红或紫色；小穗2～5个簇生于主轴上或更多的小穗着生在短小枝上，椭圆形，先端钝，长2～2.5毫米，铅绿色；第一颖卵形、宽卵形，长约为小穗的1/3，先端钝或稍尖，具3脉；第二颖几与小穗等长，椭圆形，具5～7脉；第一外稃与小穗第长，具5～7脉，先端钝，其内稃短小狭窄；第二外稃椭圆形，顶端钝，具细点状皱纹，边缘内卷，狭窄；鳞被楔形，顶端微凹；花柱基分离；叶上下表皮脉间均为微波纹或无波纹的，壁较薄的长细胞。颖果灰白色。花果期5—10月。

二、生物学特性

喜光，耐寒，耐干旱贫瘠。生于海拔4 000米以下的荒野、道旁，为旱地作物地常见的一年生草。

种穗

植株与群落

三、区域分布

贵州全省分布，为常见种。全国各地分布。

鼠尾粟

学名：*Sporobolus fertilis* (Steud.) W. D. Clayt.

别名：稍草、小青草、小鸡草、冷草、绒球草

一、植物学特征

禾本科多年生植物。须根较粗壮且较长。秆直立，丛生，高25～120厘米，基部径2～4毫米，质较坚硬，平滑无毛。叶鞘疏松裹茎，基部者较宽，平滑无毛或其边缘稀具极短的纤毛，下部者长于而上部者短于节间；叶舌极短，长约0.2毫米，纤毛状；叶片质较硬，平滑无毛，或仅上面基部疏生柔毛，通常内卷，少数扁平，先端长渐尖，长15～65厘米，宽2～5毫米。圆锥花序较紧缩呈线形，常间断，或稠密近穗形，长7～44厘米，宽0.5～1.2厘米，分枝稍坚硬，直立，与主轴贴生或倾斜，通常长1～2.5厘米，基部者较长，一般不超过6厘米，但小穗密集着生其上；小

种穗

穗灰绿色且略带紫色，长1.7～2毫米；颖膜质，第一颖小，长约0.5毫米，先端尖或钝，具1脉；外稃等长于小穗，先端稍尖，具1中脉及2不明显侧脉；雄蕊3，花药黄色，长0.8～1毫米。囊果成熟后红褐色，明显短于外稃和内稃，长1～1.2毫米，长圆状倒卵形或倒卵状椭圆形，顶端截平。花果期3—12月。

植株

二、生物学特性

生于海拔120～2 600米的田野路边、山坡草地及山谷湿处和林下。

三、区域分布

贵州全省分布。华东、华中、西南皆有分布。

黄背草

学名：*Themeda japonica* (Willd.) Tanaka

别名：黄麦秆

穗子

一、植物学特征

禾本科菅属多年生，簇生草本。秆高0.5～1.5米，圆形，压扁或具棱，下部直径可达5毫米，光滑无毛，具光泽，黄白色或褐色，实心，髓白色，有时节处被白粉。叶鞘紧裹秆，背部具脊，通常生疣基硬毛；叶舌坚纸质，长1～2毫米，顶端钝圆，有睫毛；叶片线形，长10～50厘米，宽4～8毫米，基部通常近圆形，顶部渐尖，中脉显著，两面无毛或疏被柔毛，背面常粉白色，边缘略卷曲，粗糙。大型伪圆锥花序多回复出，由具佛焰苞的总状花序组成，长为全株的1/3～1/2；佛焰苞长2～3厘米；总状花序长15～17毫米，具长2～5毫米的花序梗，由7小穗组成。下部总苞状小穗对轮生于一平面，无柄，雄性，长圆状披针形，长7～10毫米；第一颖背面上部常生瘤基毛，具多数脉。无柄小穗两性，1枚，纺锤状圆柱形，长8～10毫米，基盘被褐色髯毛，锐利；第一颖革质，背部圆形，顶端钝，被短刚毛，第二颖与第一颖同质，等长，两边为第一颖所包卷。第一外稃短于颖；第二外稃退化为芒的基部，芒长3～6厘米，1～2回膝曲；颖果长圆形，胚线形，长为颖果的1/2。有柄小穗形似总苞状小穗，但较短，雄性或中性。花果期6—12月。

株丛

二、生物学特性

生于海拔80～2 700米的干燥山坡、草地、路旁、林缘等处。

三、区域分布

贵州全省分布。全国均有分布。

荻

学名：*Triarrhena sacchariflora* (Maxim.) Nakai

别名：荻草、荻子、霸土剑

一、植物学特征

禾本科荻属。多年生，具发达被鳞片的长匍匐根状茎，节处生有粗根与幼芽。秆直立，高1～1.5米，直径约5毫米，具10多节，节生柔毛。叶鞘无毛，长于或上部者稍短于其节间；叶舌短，长0.5～1毫米，具纤毛；叶片扁平，宽线形，长20～50厘米，宽5～18毫米，除上面基部密生柔毛外两面无毛，边缘锯齿状粗糙，基部常收缩成柄，顶端长渐尖，中脉白色，粗壮。圆锥花序疏展成伞房状，长10~20厘米，宽约10厘米；主轴无毛，具10~20枚较细弱的分枝，腋间生柔毛，直立而后开展；总状花序轴节间长4~8毫米，或具短柔毛；小穗柄顶端稍膨大，基部腋间常生有柔毛，短柄长1~2毫米，长柄长3~5毫米；小穗线状披针形，长5~5.5毫米，成熟后带褐色，基盘具长为小穗2倍的丝状柔毛；第一颖2脊间具1脉或无脉，顶端膜质长渐尖，边缘和背部具长柔毛；第二颖与第一颖近等长，顶端渐尖，与边缘皆为膜质，并具纤毛，有3脉，背部无毛或有少数长柔毛；第一外稃稍短于颖，先端尖，具纤毛；第二外稃狭窄披针形，短于颖片的1/4，顶端尖，具小纤毛，无脉或具1脉，稀有1芒状尖头；第二内稃长约为外稃之半，具纤毛；雄蕊3枚，花药长约2.5毫米；柱头紫黑色，自小穗中部以下的两侧伸出。颖果长圆形，长1.5毫米。花果期8—10月。

花

群落

二、生物学特性

生于山坡草地和平原岗地、河岸湿地。

三、区域分布

贵州全省常见。黑龙江、吉林、辽宁、河北、山西、河南、山东、甘肃及陕西等省有分布。

第二节　豆科生物学特性

合欢

学名：*Albizia julibrissin* Durazz.

别名：绒花树、马缨花

花及花序

植株

一、植物学特性

豆科合欢属，落叶乔木，高可达16米，树冠开展；小枝有棱角，嫩枝、花序和叶轴被绒毛或短柔毛。托叶线状披针形，较小叶小，早落。二回羽状复叶，总叶柄近基部及最顶一对羽片着生处各有1枚腺体；羽片4～12对，栽培的有时达20对；小叶10～30对，线形至长圆形，长6～12毫米，宽1～4毫米，向上偏斜，先端有小尖头，有缘毛，有时在下面或仅中脉上有短柔毛；中脉紧靠上边缘。头状花序于枝顶排成圆锥花序；花粉红色；花萼管状，长3毫米；花冠长8毫米，裂片三角形，长1.5毫米，花萼、花冠外均被短柔毛；花丝长2.5厘米。荚果带状，长9～15厘米，宽1.5～2.5厘米，嫩荚有柔毛，老荚无毛。花期6—7月；果期8—10月。

二、生物学特性

生于山坡或栽培。喜温暖湿润和阳光充足环境，对气候和土壤适应性强，合欢宜在排水良好、肥沃土壤生长，但也耐瘠薄土壤、干旱气候、耐寒及轻度盐碱，对二氧化硫、氯化氢等有害气体有较强的抗性，不耐水涝。生长迅速。

三、区域分布

贵州大部皆有分布。产于我国东北至华南及西南部各省区。

紫穗槐

学名：*Amorpha fruticosa* Linn.

别名：椒条、棉槐、紫槐、槐树

一、植物学特征

落叶灌木，丛生，高1~4米。小枝灰褐色，被疏毛，后变无毛，嫩枝密被短柔毛。叶互生，奇数羽状复叶，长10~15厘米，有小叶11~25片，基部有线形托叶；叶柄长1~2厘米；小叶卵形或椭圆形，长1~4厘米，宽0.6~2.0厘米，先端圆形，锐尖或微凹，有一短而弯曲的尖刺，基部宽楔形或圆形，上面无毛或被疏毛，下面有白色短柔毛，具黑色腺点。穗状花序常1至数个顶生和枝端腋生，长7~15厘米，密被短柔毛；花有短梗；苞片长3~4毫米；花萼长

花与花序

叶片与枝条

2～3毫米，被疏毛或几乎无毛，萼齿三角形，较萼筒短；旗瓣心形，紫色，无翼瓣和龙骨瓣；雄蕊10，下部合生成鞘，上部分裂，包于旗瓣之中，伸出花冠外。荚果下垂，长6～10毫米，宽2～3毫米，微弯曲，顶端具小尖，棕褐色，表面有突起的疣状腺点。花果期5—10月。

二、生物学特性

适应性强，耐瘠，耐水湿和轻度盐碱土。

三、区域分布

贵阳、毕节等地有逸生种。东北、华北、西北及山东、安徽、江苏、河南、湖北、广西、四川等省区均有栽培。

紫云英

学名：*Astragalus sinicus* Linn.

别名：翘摇，红花草

一、植物学特征

豆科黄耆属。二年生草本，多分枝，匍匐，高10～30厘米，被白色疏柔毛。奇数羽状复叶，具7～13片小叶，长5～15厘米；叶柄较叶轴短；托叶离生，卵形，长3～6毫米，先端尖，基部互相多少合生，具缘毛；小叶倒卵形或椭圆形，长10～15毫米，宽4～10毫米，先端钝圆或微凹，基部宽楔形，上面近无毛，下面散生白色柔毛，具短柄。总状花序生5～10花，呈伞形；总花梗腋生，较叶长；苞片三角状卵形，长约0.5毫米；花梗短；花萼钟状，长约4毫米，被白色柔毛，萼齿披针形，长约为萼筒的1/2；花冠紫红色或橙黄色，旗瓣倒卵形，长10～11毫米，先端微凹，基部渐狭成瓣柄，翼瓣较旗瓣短，长约8毫米，瓣片长圆形，基部具短耳，瓣柄长约为瓣片的1/2，龙骨瓣与旗瓣近等长，瓣片

花及花序

半圆形，瓣柄长约等于瓣片的1/3；子房无毛或疏被白色短柔毛，具短柄。荚果线状长圆形，稍弯曲，长12～20毫米，宽约4毫米，具短喙，黑色，具隆起的网纹；种子肾形，栗褐色，长约3毫米。花期2—6月，果期3—7月。

紫云英草地

二、生物学特性

喜温暖湿润条件，耐旱，稍耐阴，耐瘠薄。生于海拔400～3 000米间的山坡、溪边及潮湿处。

三、区域分布

贵州全省皆有分布。长江流域各省区分布。

鞍叶羊蹄甲

学名：*Bauhinia brachycarpa* Wall. ex Benth.

植物学特征

豆科羊蹄甲属。直立或攀援小灌木；小枝纤细，具棱，被微柔毛，很快变秃净。叶纸质或膜质，近圆形，通常宽度大于长度，长3～6厘米，宽4～7厘米，基部近截形、阔圆形或有时浅心形，先端2裂达中部，罅口狭，裂片先端圆钝，上面无毛，下面略被稀疏的微柔毛，多少具松脂质丁字毛；基出脉7～9条；托叶丝状早落；叶柄纤细，长6～16毫米，具沟，略被微柔毛。伞房式总状花序侧生，连总花梗长1.5～3厘米，有密集的花十余朵；总花梗短，与花梗同被短柔毛；苞片线形，锥尖，早落；花蕾椭圆形，多少被柔毛；花托陀螺形；萼佛焰状，裂片2；花瓣白色，倒披针形，连瓣柄长7～8毫米，具羽状脉；能育雄蕊通常10枚，其中5枚较长，花丝长5～6毫米，无毛；子房被茸毛，具短的子房柄，柱头盾状。荚果长圆形，扁平，长5～7.5厘米，宽9～12毫米，两端渐狭，中部两荚缝近平行，先端具短喙，成熟时开裂，果瓣革质，初时被短柔毛，渐变无毛，平滑，开裂后扭曲；种子2～4颗，卵形，略扁平，褐色，有光泽。花期5—7月；果期8—10月。

毛鞍叶羊蹄甲

学名：*Bauhinia brachycarpa var. densiflora* (Franch.) K. et S. S. Larsen

一、植物学特征

叶片及茎

植株与生境

木质藤本。小枝密被短柔毛。叶硬纸质，近圆形，长5～7厘米，宽6.5～9厘米，基部心形，先端分裂达叶长的1/3，裂片先端圆，上面疏被短柔毛或近无毛，下面被短柔毛，脉上较密；基出脉11条；叶柄密被小粗毛。荚果长圆形，扁平，长4～5厘米，宽7～9毫米，先端短急尖，基部渐狭，成熟开裂后扭曲的果瓣外面仍被红褐色小粗毛。花期9月，果期12月。

二、生物学特性

喜生于海拔800～2 200米的山地草坡和灌丛中。

三、区域分布

贵州中高海拔地区。四川、云南、甘肃、湖北也有分布。

杭子梢

学名：*Campylotropis macrocarpa* (Bunge) Rehd.

一、植物学特征

豆科杭子梢属。灌木，高1～2米。小枝贴生或近贴生短或长柔毛，嫩枝毛密，少有具绒毛，老枝常无毛。羽状复叶具3小叶；托叶狭三角形、披针形或披针状钻形，长3～6毫米；叶柄长1.5～3.5厘米，稍密生短柔毛或长柔毛，少为毛少或无毛，枝上部（或中部）的叶柄常较短，有时长不及1厘米；小叶椭圆形或宽椭圆形，有时过渡为长圆形，长3～7厘米，宽1.5～3.5厘米，先端圆形、钝或微凹，具小凸尖，基部圆形，稀近楔形，上面通常无毛，脉明显，下面通常贴生或近贴生短柔毛或长柔毛，疏生至密生，中脉明显隆起，毛较密。总状花序单一（稀二）腋生并顶生，花序连总花梗长4～10厘米或有时更长，总花梗长1～4厘米，花序轴密生开展的短柔毛或微柔毛总花梗常斜生或贴生短柔毛，稀为具绒毛；苞片卵状披针形，长1.5～3毫米，早落或花后逐渐脱落，小苞片近线形或披针形，长1～1.5毫米，早落；花梗长6～12毫米，具开展的微柔毛或短柔毛，极稀贴生毛；花萼钟形，长3～4毫米，稍浅裂或近中裂，稀稍深裂或深裂，通常贴生短柔毛，萼裂片狭三角形或三角形，渐尖，下方萼裂片较狭长，上方萼裂片几乎全部合生或少有分离；花冠紫红色或近粉红色，长10～12毫米，稀为长不及10毫米，旗瓣椭圆形、倒卵形或近长圆形等，近基部狭窄，瓣柄长0.9～1.6毫米，翼瓣微短于旗瓣或等长，龙骨瓣呈直角或微钝角内弯，瓣片上部通常比瓣片下部（连瓣柄）短1～3毫米。荚果长圆形、近长圆形或椭圆形，长10～14毫米，宽4.5～5.5毫米，先端具短喙尖，果颈长1～1.4毫米，稀短于1毫米，无毛，具网脉，边缘生纤毛。花、果期6—10月。

花及花序

二、生物学特性

适应性强，耐阴、耐瘠薄和干旱，生于山坡、灌丛、林缘、山谷沟边及林中，海拔150～1900米，稀达2000

米以上。

三、区域分布

贵州全省各地分布。河北、山西、陕西、甘肃、山东、江苏、安徽、浙江、江西、福建、河南、湖北、湖南、广西、四川、云南、西藏等省区有分布。

植株

紫荆

学名：*Cercis chinensis* Bunge

别名：裸枝树、紫珠

一、植物学特征

豆科紫荆属。丛生或单生灌木，高2～5米；树皮和小枝灰白色。叶纸质，近圆形或三角状圆形，长5～10厘米，宽与长相若或略短于长，先端急尖，基部浅至深心形，两面通常无毛，嫩叶绿色，仅叶柄略带紫色，叶缘膜质透明，新鲜时明显可见。花紫红色或粉红色，2～10朵成束，簇生于老枝和主干上，尤以主干上花束较多，越到上部幼嫩枝条则花越少，通常先于叶开放，但嫩枝或幼株上的花则与叶同时开放，花长1～1.3厘米；花梗长3～9毫米；龙骨瓣基部具深紫色斑纹；子房嫩绿色，花蕾时光亮无毛，后期则密被短柔毛，有胚珠6～7颗。荚果扁狭长形，绿色，长4～8厘米，宽1～1.2厘米，翅宽约1.5毫米，先端急尖或短渐尖，喙细而弯曲，基部长渐尖，两侧缝线对称或近对称；果颈长2～4

花及花序

植株

毫米；种子2～6颗，阔长圆形，长5～6毫米，宽约4毫米，黑褐色，光亮。花期3—4月，果期8—10月。

二、生物学特性

喜光，为一常见栽培植物，多植于庭园、屋旁、寺街边，少数生于密林或石灰岩地区。

三、区域分布

贵州全省以贵阳、安顺等中海拔地区栽培多，有逸生种。东南部省区适宜栽培。

长波叶山蚂蝗

学名：*Desmodium sequax* Wall.

别名：波叶山蚂蝗、瓦子草、山蚂蝗

一、植物学特性

豆科山蚂蝗属。直立灌木，高1～2米，多分枝。幼枝和叶柄被锈色柔毛，有时混有小钩状毛。叶为羽状三出复叶，小叶3；托叶线形，长4～5毫米，宽约1毫米，外面密被柔毛，有缘毛；叶柄长2～3.5厘米；小叶纸质，卵状椭圆形或圆菱形，顶生小叶长4～10厘米，宽4～6厘米，侧生小叶略小，先端急尖，基部楔形至钝，边缘自中部以上呈波状，上面密被贴附小柔毛或渐无毛，下面被贴附柔毛并混有小钩状毛，侧脉通常每边4～7条，网脉隆起；小托叶丝状，长1～4毫米；小叶柄长约2毫米，被锈黄色柔毛和混有

花序及枝条

结荚期

植株

小钩状毛。总状花序顶生和腋生，顶生者通常分枝成圆锥花序，长达12厘米；总花梗密被开展或向上硬毛和小绒毛；花通常2朵生于每节上；苞片早落，狭卵形，长3～4毫米，宽约1毫米，被毛；花梗长3～5毫米，结果时稍增长，密被开展柔毛；花萼长约3毫米，萼裂片三角形，与萼筒等长；花冠紫色，长约8毫米，旗瓣椭圆形至宽椭圆形，先端微凹，翼瓣狭椭圆形，具瓣柄和耳，龙骨瓣具长瓣柄，微具耳；雄蕊单体，长7.5～8.5毫米；雌蕊长7～10毫米，子房线形，疏被短柔毛。荚果腹背缝线缢缩呈念珠状，长3～4.5厘米，宽3毫米，有荚节6～10，荚节近方形，密被开展褐色小钩状毛。花期7—9月，果期9—11月。

二、生物学特性

生于山坡路旁、沟旁、林缘或阔叶林中。海拔1000～2800米。

三、区域分布

贵州中高海拔地区分布，常见种。产湖北、湖南、广东西北部、广西、四川、云南、西藏、台湾等秦岭淮河以南各省区。

野大豆

学名：*Glycine soja* Sieb. et Zucc.

别名：野毛豆、小落豆、乌豆、野黄豆

一、植物学特征

大豆属。一年生缠绕草本，长1～4米。茎、小枝纤细，全体疏被褐色长硬毛。叶具3小叶，长可达14厘米；托叶卵状披针形，急尖，被黄色柔毛。顶生小叶卵圆形或卵状披针形，长3.5～6厘米，宽1.5～2.5厘米，先端锐尖至钝圆，基部近圆形，全缘，两面均被绢状的糙伏毛，侧生小叶斜卵状披针形。总状花序通常短，稀长可达13厘米；花小，长约5毫米；花梗密生黄色长硬毛；苞片披针形；花萼钟状，密生长毛，裂片5，三角状披针形，先端锐尖；花冠淡红紫色或白色，旗瓣近圆形，先端微凹，基部具短瓣柄，翼瓣斜倒卵形，有明显的耳，龙骨瓣比旗瓣及翼瓣短小，密被长毛；花柱短而向一侧弯曲。荚果长圆形，稍弯，两侧稍扁，长17～23毫米，宽4～5毫米，密被长硬毛，种子间稍缢缩，干时易裂；种子2～3颗，椭圆形，稍扁，长2.5～4毫米，宽1.8～2.5毫米，褐色至黑色，花期7—8月，果期8—10月。

叶片

植株与生境

二、生物学特性

野大豆具有喜光耐湿、耐盐碱、耐阴，抗旱、抗病、耐瘠薄等优良性状。生于海拔150～2 650米潮湿的田边、园边、沟旁、河岸、湖边、沼泽、草甸、矮灌木丛或芦苇丛中，稀见于沿河岸疏林下。

三、区域分布

贵州全省分布，多见于中部及南部地区。除新疆、青海和海南外，遍布全国。

多花木蓝

学名：*Indigofera amblyantha* Craib.

别名：马黄消

一、植物学特征

豆科木蓝属。直立灌木，高0.8～2米；少分枝。茎褐色或淡褐色，圆柱形，幼枝禾秆色，具棱，密被白色平贴丁字毛，后变无毛。羽状复叶长达18厘米；叶柄长2～5厘米，叶轴上面具浅槽，与叶柄均被平贴丁字毛；托叶微小，三角状披针形，长约1.5毫米；小叶3～4对，对生，稀互生，形状、大小变异较大，通常为卵状长圆形、长圆状椭圆形、椭圆形或近圆形，长1～3.7厘米，宽1～2厘米，先端圆钝，具小尖头，基部楔形或阔楔形，上面绿色，疏生丁字毛，下面苍白色，被毛较密，中脉上面微凹，下面隆起，侧脉4～6对，上面隐约可见；小叶柄长约1.5毫米，被毛；小托叶微小。总状花序腋生，长达11厘米，近无总花梗；苞片线形，长约2毫米，早落；花梗长约1.5毫米；花萼长约3.5毫米，被白色平贴丁字毛，萼筒长约1.5毫米，最下萼齿长约2毫米，两侧萼齿长约1.5毫米，上方萼齿长约1毫米；花冠淡红色，旗瓣倒阔卵形，长6～6.5毫米，先端螺壳状，瓣柄短，外面被毛，翼瓣长约7毫米，龙骨瓣较翼瓣短，距长约1毫米；花药球形，顶端具小突尖；子房线形，被毛，有胚珠17～18

花、叶

贵州花溪麦坪基地种植的多花木蓝

粒。荚棕褐色，线状圆柱形，长3.5～6厘米，被短丁字毛，种子间有横隔，内果皮无斑点；种子褐色，长圆形，长约2.5毫米。花期5—7月，果期9—11月。

二、生物学特性

喜光，耐寒，耐干旱贫瘠。适应性广泛。生长于海拔600～1 600米的山坡草地、沟边、路旁灌丛中及林缘。

三、区域分布

产于贵州省各地。生于山坡、草地、灌木丛中、水旁、路边。花溪麦坪等地已人工栽种。

胡枝子

学名：*Lespedeza bicolor* Turcz.

别名：随军茶、萩

一、植物学特征

豆科胡枝子属直立灌木，高1～3米，多分枝，小枝黄色或暗褐色，有条棱，被疏短毛；芽卵形，长2～3毫米，具数枚黄褐色鳞片。羽状复叶具3小叶；托叶2枚，线状披针形，长3～4.5毫米；叶柄长2～7厘米；小叶质薄，卵形、倒卵形或卵状长圆形，长1.5～6厘米，宽1～3.5厘米，先端钝圆

花及花序

或微凹，稀稍尖，具短刺尖，基部近圆形或宽楔形，全缘，上面绿色，无毛，下面色淡，被疏柔毛，老时渐无毛。总状花序腋生，比叶长，常构成大型、较疏松的圆锥花序；总花梗长4～10厘米；小苞片2，卵形，长不到1厘米，先端钝圆或稍尖，黄褐色，被短柔毛；花梗短，长约2毫米，密被毛；花萼长约5毫米，5浅裂，裂片通常短于萼筒，上方2裂片合生成2齿，裂片卵形或三角状卵形，先端尖，外面被白毛；花冠红紫色，长约10毫米，旗瓣倒卵形，先端微凹，翼瓣较短，近长圆形，基部具耳和瓣柄，龙骨瓣与旗瓣近等长，先端钝，基部具较长的瓣柄；子房被毛。荚果斜倒卵形，稍扁，长约10毫米，宽约5毫米，表面具网纹，密被短柔毛。花期7—9月，果期9—10月。

二、生物学特性

生于海拔150～1 000米的山坡、林缘、路旁、灌丛及杂木林间。为中生性落叶灌木，耐阴、耐寒、耐干旱、耐瘠薄。

枝条

三、区域分布

贵州全省各地中低海拔区分布，安顺、普安等地常见。产黑龙江、吉林、辽宁、河北、内蒙古、山西、陕西、甘肃、山东、江苏、安徽、浙江、福建、台湾、河南、湖南、广东、广西等省区。

百脉根

学名：*Lotusc orniculatus* Linn.

别名：牛角花、五叶草

一、植物学特征

豆科，百脉根属。多年生草本，高15～50厘米，全株散生稀疏白色柔毛或秃净。具主根。茎丛生，平卧或上升，实心，近四棱形。羽状复叶小叶5枚；叶轴长4～8毫米，疏被柔毛，顶端3小叶，基部2小叶呈托叶状，纸质，斜卵形至倒披针状卵形，长5～15毫米，宽4～8毫米，中脉不清晰；小叶柄甚短，长约1毫米，密被黄色长柔毛。伞形花序；总花梗长3～10厘米；花3～7朵集生于总花梗顶端，长9～15

毫米；花梗短，基部有苞片3枚；苞片叶状，与萼等长，宿存：萼钟形，长5～7毫米，宽2～3毫米，无毛或稀被柔毛，萼齿近等长，狭三角形，渐尖，与萼筒等长；花冠黄色或金黄色，干后常变蓝色，旗瓣扁圆形，瓣片和瓣柄几等长，长10～15毫米，宽6～8毫米，翼瓣和龙骨瓣等长，均略短于旗瓣，龙骨瓣呈直角三角形弯曲，喙部狭尖；雄蕊两体，花丝分离部略短于雄蕊筒；花柱直，等长于子房成直角上指，柱头点状，子房线形，无毛，胚珠35～40粒。荚果直，线状圆柱形，长20～25毫米，径2～4毫米，褐色，二瓣裂，扭曲；有多数种子，种子细小，卵圆形，长约1毫米，灰褐色。花期5—9月，果期7—10月。

花及花序

植株与种群

二、生物学特性

对土壤的适应能力强，生于山坡、草地、田野或河滩地，在白三叶生长不良的地方，百脉根作为改良草地的先锋草种。百脉根含皂素低，牛、羊采食后不易发生臌胀病。

三、区域分布

贵州全境有分布，天然草地常见的重要豆科牧草。西北、西南和长江中上游各省区有分布。

天蓝苜蓿

学名：*Medicago lupulina* Linn.

别名：天蓝

一、植物学特征

豆科苜蓿属。一二年生或多年生草本，高15～60厘米，全株被柔毛或有腺毛。主根浅，须根发达。茎平卧或上升，多分枝，叶茂盛。羽状三出复叶；托叶卵状披针形，长可达1厘米，先端渐尖，基部圆或戟状，常齿裂；下部叶柄较长，长1～2厘米，上部叶柄比小叶短；小叶倒卵形、阔倒卵形或倒心形，长5～20毫米，宽4～16毫米，纸质，先端多少截平或微凹，具细尖，基部楔形，边缘在上半部具不明显尖齿，两面均被毛，侧脉近10对，平行达叶边，几不分叉，上下均平坦；顶生小叶较大，小叶柄长2～6毫米，侧生小叶柄甚短。花序小头状，具花10～20朵；总花梗细，挺直，比叶长，密被贴附柔毛；苞片刺毛状，甚小；花长2～2.2毫米；花梗短，长不到1毫米；萼钟形，长约2毫米，密被毛，萼齿线状披针形，稍不等长，比萼筒略长或等长；花冠黄色，旗瓣近圆形，顶端微凹，翼瓣和龙

花

植株

骨瓣近等长，均比旗瓣短：子房阔卵形，被毛，花柱弯曲，胚珠1粒。荚果肾形，长3毫米，宽2毫米，表面具同心弧形脉纹，被稀疏毛，熟时变黑；有种子1粒。种子卵形，褐色，平滑。花期7—9月，果期8—10月。

二、生物学特性

耐旱、喜光，稍耐阴，耐瘠薄。适于凉爽气候及水分良好土壤，但在各种条件下都有野生，常见于河岸、路边、田野及林缘。

三、区域分布

贵州全省皆有分布，主要生于海拔2 000米以下地区，冬春青绿，花期3—4月，4—5月结荚。我国南北各地以及青藏高原均有分布。

紫花苜蓿

学名：*Medicago sativa* Linn.

别名：紫苜蓿、苜蓿、苜蓿花

一、植物学特征

豆科苜蓿属多年生草本植物。株高100 ~ 150厘米，分枝多，多者可达100 ~ 200枝以上。三出复叶，总状花序，花紫色，荚果螺旋形，种子肾形，千粒重1.44 ~ 2.30克。生长寿命可达20 ~ 30年。根系发达，主根粗大，种后第一年根长2米以上，多年后入土可深达10米以上。一般第二至第四年生长最盛，第五年以后产量逐渐下降。紫花苜蓿是一种比较严格的异花授粉植物，需要借助昆虫来进行授粉。

二、生物学特性

紫花苜蓿喜温暖半干燥气候，生长最适宜温度为15 ~ 25℃。高温高湿条件下生长不利，可使根部的贮存物质物减少，削弱再生力。耐寒性很强，5 ~ 6℃即可发芽，成年植株能耐－30 ~ －20℃的低温，有雪覆盖可耐－44℃的严寒。

花及花序

根系发达，抗旱能力很强，在年降水量300 ~ 800毫米地方均能良

植物群落

好生长。在温暖干燥而又有灌溉条件的地方生长极好。年降水量超过1 000毫米时生长不良。夏季多雨、天气湿热最为不利。

对土壤要求不严格，从粗沙土到轻黏土都能生长，而以排水良好土层深厚富于钙质的土壤生长最好。但重黏土、低湿地、强酸强碱地生长不良。略能耐碱，最适pH值7～9，成年植株有一定程度的耐盐能力，在可溶性盐分含量高于0.3%的土壤上可良好生长。地下水位不宜过高，生长期间最忌积水，连续淹水1～2天即大量死亡。墒情较好情况下春播后3～5天就开始出苗，幼苗期间生长缓慢，根生长较快。播后80天茎高可达50～70厘米，根长1米以上。

三、区域分布

贵州省20世纪80年代初期就开始引种紫花苜蓿。在pH值6.5以上地方生长良好，pH值5.5～6.5土壤需要施用石灰进行改良，pH值低于5.5则不宜种植。贵州省不同区域要考虑不同秋眠级品种，西北部高海拔地区（1 500米以上）5～6级，中海拔地区（900～1 500米）6～8级，低海拔地区（900米以下）8～10级。

老虎刺

学名：*Pterolobium punctatum* Hemsl.

别名：倒爪刺、石龙花、倒钩藤、崖婆勒、蚰蛇利

一、植物学特征

豆科老虎刺属，木质藤本或攀援性灌木，高3～10米；小枝具棱，幼嫩时银白色，被短柔毛及浅黄色毛，老后脱落，具散生的、或于叶柄基部具成对的黑色、下弯的短钩刺。叶轴长12～20厘米；叶柄长3～5厘米，亦有成对黑色托叶刺；羽片9～14对，狭长；羽轴长5～8厘米，上面具槽，小叶片19～30对，对生，狭长圆形，中部的长9～10毫米，宽2～2.5毫米，顶端圆钝具凸尖或微凹，基部微偏斜，两面被黄色毛，下面毛更密，具明显或不明显的黑点；脉不明显；小叶柄短，具关节。总

状花序被短柔毛，长8～13厘米，宽1.5～2.5厘米，腋上生或于枝顶排列成圆锥状；苞片刺毛状，长3～5毫米，极早落；花梗纤细，长2～4毫米，相距1～2毫米；花蕾倒卵形，长4.5毫米，被茸毛；萼片5，最下面一片较长，舟形，长约4毫米，具睫毛，其余的长椭圆形，长约3毫米；花瓣相等，稍长于萼，倒卵形，顶端稍呈啮蚀状；雄蕊10枚，等长，伸出，花丝长5～6厘米，中部以下被柔毛，花药宽卵形，长约1毫米；子房扁平，一侧具纤毛，花柱光滑，柱头漏斗形，无纤毛，胚珠2颗。荚果长4～6厘米，发育部分菱形，长1.6～2厘米，宽1～1.3厘米，翅一边直，另一边弯曲，长约4厘米，宽1.3～1.5厘米，光亮，颈部具宿存的花柱；种子单一，椭圆形，扁，长约8毫米。花期6—8月，果期9月至次年1月。

叶片及嫩枝

花及花序

二、生物学特性

生于山坡灌丛中及丘陵、河旁等地。

三、区域分布

贵州几乎全省分布，常见种。产于广东、广西、云南、四川、湖南、湖北、江西、福建、浙江、江苏、安徽、河南、河北、陕西、甘肃等省区。

植株

葛

学名：*Pueraria montana* (Lour.) Merr.

别名：葛藤

一、植物学特征

豆科葛属。粗壮藤本，长可达8米，全体被黄色长硬毛，茎基部木质，有粗厚的块状根。羽状复叶具3小叶；托叶背着，卵状长圆形，具线条；小托叶线状披针形，与小叶柄等长或较长；小叶三裂，偶尔全缘，顶生小叶宽卵形或斜卵形，长7～15厘米，宽5～12厘米，先端长渐尖，侧生小叶斜卵形，稍小，上面被淡黄色、平伏的蔬柔毛。下面较密；小叶柄被黄褐色绒毛。总状花序长15～30厘米，中部以上有颇密集的花；苞片线状披针形至线形，远比小苞片长，早落；小苞片卵形，长不及2毫米；花2～3朵聚生于花序轴的节上；花萼钟形，长8～10毫米，被黄褐色柔毛，裂片披针形，渐尖，比萼管略长；花冠长10～12毫米，紫色，旗瓣倒卵形，基部有2耳及一黄色硬痂状附属体，具短瓣柄，翼瓣镰状，较龙骨瓣为狭，基部有线形、向下的耳，龙骨瓣镰状长圆形，基部有极小、急尖的耳；对旗瓣

花、花序、叶片

群落与生境

的1枚雄蕊仅上部离生；子房线形，被毛。荚果长椭圆形，长5～9厘米，宽8～11毫米，扁平，被褐色长硬毛。花期9—10月，果期11—12月。

二、生物学特性

生于疏林、林缘，喜攀援。

三、区域分布

广泛分布于贵州全省各地。除新疆、青海及西藏外，分布几遍全国。

刺槐

学名：*Robinia pseudoacacia* Linn.

别名：洋槐

一、植物学特征

植株

豆科槐属。落叶乔木，高10～25米；树皮灰褐色至黑褐色，浅裂至深纵裂，稀光滑。小枝灰褐色，幼时有棱脊，微被毛，后无毛；具托叶刺，长达2厘米；冬芽小，被毛。羽状复叶长10～25厘米；叶轴上面具沟槽；小叶2～12对，常对生，椭圆形、长椭圆形或卵形，长2～5厘米，宽1.5～2.2厘米，先端圆，微凹，具小尖头，基部圆至阔楔形，全缘，上面绿色，下面灰绿色，幼时被短柔毛，后变无毛；小叶柄长1～3毫米；小托叶针芒状，总状花序花序腋生，长10～20厘米，下垂，花多数，芳香；苞片早落；花梗长7～8毫米；花萼斜钟状，长7～9毫米，萼齿5，三角形至卵状三角形，密被柔毛；花冠白色，各瓣均具瓣柄，旗瓣近圆形，长16毫米，宽约19毫米，先端凹缺，基部圆，反折，内有黄斑，翼瓣斜倒卵形，与旗瓣几等长，长约16毫米，基部一侧具圆耳，龙骨瓣镰状，三角形，与翼瓣等长或稍短，前缘合生，先端钝尖；雄蕊二体，对旗瓣的1枚分离；子房线形，长约1.2厘米，无毛，柄长2～3毫米，花柱钻形，长约8毫米，上弯，顶端具毛，柱头顶生。荚果褐色，或具红褐色斑纹，线状长圆形，长5～12厘米，宽1～1.3厘米，扁平，先端上弯，具尖头，果颈短，沿腹缝线具狭翅；花萼宿存，有种子2～15粒；种子褐色至黑褐色，微具光泽，有时具斑纹，近肾形，长5～6毫米，宽约3毫米，种脐圆形，偏于一端。花期4—6月，果期8—9月。

二、生物学特性

喜光，适应性强，能耐盐碱、水湿、干旱和瘠土；根系发达，具根瘤，能改良土壤。

三、区域分布

贵州大部有分布，常见种。产于黑龙江、吉林、辽宁、河北、内蒙古、山西、陕西、甘肃、山东、江苏、安徽、浙江、福建、台湾、河南、湖南、广东、广西等省区。

白刺花

学名：*Sophora davidii* (Franch.) Skeels

别名：白花刺、狼牙刺、马蹄针、马鞭采、白刻针

一、植物学特征

豆科槐属，灌木或小乔木，高1～2米，有时3～4米。枝多开展，小枝初被毛，旋即脱净，不育枝末端明显变成刺，有时分叉。羽状复叶；托叶钻状，部分变成刺，疏被短柔毛，宿存；小叶5～9对，形态多变，一般为椭圆状卵形或倒卵状长圆形，长10～15毫米，先端圆或微缺，常具芒尖，基部钝圆形，上面几乎无毛，下面中脉隆起，疏被长柔毛或近无毛。总状花序着生于小枝顶端；花小，长约15毫米，较少；花萼钟状，稍歪斜，蓝紫色，萼齿5，不等大，圆三角形，无毛；花冠白色或淡黄色，有时旗瓣稍带红紫色，旗瓣倒卵状长圆形，长14毫米，宽6毫米，先端圆形，基部具细长柄，柄与瓣片近等长，反折，翼瓣与旗瓣等长，单侧生，倒卵状长圆形，宽约3毫米，具1锐尖耳，明显具海棉状皱折，龙骨瓣比翼瓣稍短，镰状倒卵

花序

形，具锐三角形耳；雄蕊10，等长，基部连合不到1/3；子房比花丝长，密被黄褐色柔毛，花柱变曲，无毛，胚珠多数，荚果非典型串珠状，稍压扁，长6～8厘米，宽6～7毫米，开裂方式与砂生槐同，表面散生毛或近无毛，有种子3～5粒；种子卵球形，长约4毫米，径约3毫米，深褐色。花期3—8月，果期6—10月。

花荚

二、生物学特性

喜光，耐寒，耐干旱贫瘠。

三、区域分布

分布于贵州省安顺、黔西南州等西部地区海拔2 500米以下河谷沙丘、山坡路边的灌木丛中，常见种。晴隆、花溪麦坪等地已人工栽种。

植株

黄花槐

学名：*Sophora xanthantha* C. Y. Ma

一、植物学特征

豆科槐属。草本或亚灌木，高不足1米。茎、枝、叶轴和花序密被金黄色或锈色茸毛。羽状复叶长15～20厘米；叶轴上面具狭槽；托叶早落；小叶8～12对，对生或近对生，纸质，长圆形或长椭圆形，长2.5～3.5厘米，宽1～1.5厘米，两端钝圆，先端常具芒尖，上面被灰白色疏短柔毛，下面密被金黄色或锈色贴附状绒毛，沿中脉

花及花序

荚果

和小叶柄更密，中脉上面凹陷，下面明显隆起，侧脉4～5对，上面常不明显，细脉下面可见。总状花序顶生；花多数，密集，长6～8厘米；苞片钻状，与花萼等长；花萼钟状，长约7毫米，萼齿5，三角形，不等大，上方2齿近连合，被锈色疏柔毛；花冠黄色，旗瓣长圆形或近长圆形，长约11毫米，先端凹陷，中部具2三角状尖耳，基部渐狭成柄，柄长3.5毫米，宽约2毫米，翼瓣与旗瓣等长，戟形，双侧生，皱折约占瓣片的1/2，先端具小喙尖，柄与瓣片近等长，弯向一侧，龙骨瓣比翼瓣稍短，近双侧生，一侧具锐三角形耳，下垂，另一侧有一稍钝圆的突起，柄纤细，与瓣片等长；雄蕊10，基部稍连合，并散生极短的毛；子房沿两侧密被棕褐色柔毛，背腹稀疏，花柱直，斜展，无毛，柱头点状，被数根极短毛，胚珠多数。荚果串珠状，长8～13厘米，宽0.8～1厘米，被长柔毛，先端具喙，喙长1～2厘米，基部具长果颈，果颈长1.5～4厘米，粗2.5毫米，开裂成2瓣，有种子2～4粒；种子长椭圆形，一端钝圆，一端急尖，长9～10毫米，厚4～5毫米，榄绿色。

二、生物学特性

生于山坡路旁、沟旁、林缘或阔叶林中。

三、区域分布

贵州中高海拔地区分布，海拔500～1800米。云南也有分布。

红三叶

学名：*Trifolium pratense* Linn.

别名：红车轴草

一、植物学特征

豆科车轴草属短期多年生草本，生长期2～5年。主根深入土层达1米。茎粗壮，具纵棱，直立或平卧上升，疏生柔毛或秃净。掌状三出复叶；托叶近卵形，膜质，每侧具脉纹8～9条，基部抱茎，先端离生部分渐尖，具锥刺状尖头；叶柄较长，茎上部的叶柄短，被伸展毛或秃净；小叶卵状椭圆形至倒卵形，长1.5～3.5厘米，宽1～2厘米，先端钝，有时微凹，基部阔楔形，两面疏生褐色长柔毛，叶面上常有“V”字形白斑，侧脉约15对，作20°角展开在叶边处分叉隆起，伸出形成不明显的钝齿；小叶柄短，长约1.5毫米。花序球状或卵状，顶生；无总花梗或具甚短总花梗，包于顶生叶的托叶内，托叶扩展成焰苞状，具花30～70朵，密集；花长12～14毫米；几无花梗；萼钟形，被长柔毛，具脉纹10条，萼齿丝状，锥尖，比萼筒长，最下方1齿比其余萼齿长1倍，萼喉开张，具一多毛的加厚环；花冠紫红色至淡红色，旗瓣匙形，先端圆形，微凹缺，基部狭楔形，明显比翼瓣和龙骨瓣长，龙骨瓣稍比翼瓣短；子房椭圆形，花柱丝状细长，胚珠1～2粒。荚果卵形；通常有1粒扁圆形种子。花果期5—9月。

二、生物学特性

喜温暖湿润气候，夏天不太热，冬天又不太冷的地区。最适气温在15～25℃，超过35℃，或低于－5℃都会使红三叶致死，冬季－8℃左右可以越冬，而超过35℃则难越夏。要求降水量在1 000～2 000毫米。不耐干旱，对土壤要求也较严格，pH范围6～7时最适宜生长，pH值低于6则应施用石灰调解土壤的酸度，红三叶不耐涝，要种植在排水良好的地块。逸生于林缘、路

花序

边、草地等湿润处。

三、区域分布

贵州中高海拔区分布。我国云南、湖南、湖北、江西、四川、新疆等省区都有栽培，并有野生状态分布。红三叶适宜在我国亚热带高山低温多雨地区种植。红三叶有许多适应不同环境的优良品种，各地可因地制宜选用。

植株

白三叶

学名：*Trifolium repens* Linn.

别名：白车轴草、荷兰翘摇

一、植物学特征

豆科三叶草属多年生草本植物。主根短入土不深，侧根发达。茎长30～60厘米，实心，光滑细软，匍匐生长。茎节生出不定根，并长出新的匍匐茎。叶柄细长，叶面中央有“V”形白斑，叶缘有细锯齿。头状总状花序着生于叶腋处。花柄长于叶柄，小花白色。荚果小而细长，种子小，心形或卵形，黄色或棕褐色，千粒重0.5～0.7克。

花及花序

二、生物学特性

白三叶喜温暖湿润海洋性气候，适应性较其他三叶草为广，最适宜生长温度为20～23℃，耐寒耐热能力较红三叶为强，能耐－20～－15℃的低温。在东北、新疆、甘肃有雪覆盖能安全越冬。耐热性强，可耐受35℃左右的高温。喜湿润环境，年

植株

降雨量不宜少于600～760毫米。耐湿，可耐受40多天的积水。耐阴，在果园下能良好生长。最适pH值6.0～7.0。耐酸性强，在pH值4.5地区也能生长。耐践踏，再生能力强。不耐碱。白三叶苗期生长缓慢。9月秋播者次年4月下旬现蕾，5月中旬盛花，花期长，可达两月之久。开花期间草层高度始终在20～25厘米，变化小。一般生长7～10年，管理良好可利用几十年，在新西兰甚至有上百年的白三叶草地。

三、区域分布

贵州和新疆有野生分布。贵州引进栽培历史可追溯至1905年英国传教士伯格里在威宁县石门坎建植的运动草坪，该草坪一直保持至今。白三叶与多年生黑麦草混播草地是我国云贵高原等南方地区的最优质放牧草地之一。

野豌豆

学名：*Vicia sepium* Linn.

别名：滇野豌豆

一、植物学特性

花及叶茎

豆科野豌豆属。多年生草本，高30～100厘米。根茎匍匐，茎柔细斜升或攀援，具棱，疏被柔毛。偶数羽状复叶长7～12厘米，叶轴顶端卷须发达；托叶半戟形，有2～4裂齿；小叶5～7

植株

对，长卵圆形或长圆披针形，长0.6～3厘米，宽0.4～1.3厘米，先端钝或平截，微凹，有短尖头，基部圆形，两面被疏柔毛，下面较密。短总状花序，花2～4朵腋生；花萼钟状，萼齿披针形或锥形，短于萼筒；花冠红色或近紫色至浅粉红色，稀白色；旗瓣近提琴形，先端凹，翼瓣短于旗瓣，龙骨瓣内弯，最短；子房线形，无毛，胚珠5，子房柄短，花柱与子房联接处呈近90度夹角；柱头远轴面有一束黄髯毛。荚果宽长圆状，近菱形，长2.1～3.9厘米，宽0.5～0.7厘米，成熟时亮黑色，先端具喙，微弯。种子5～7个，扁圆球形，表皮棕色有斑，种脐长相当于种子圆周2/3。花期6月，果期7—8月。

二、生物学特性

喜光，耐寒耐旱。生于海拔1 000～2 200米山坡、林缘草丛。

三、区域分布

贵州全省各地常见，为贵州省天然草地重要豆科牧草。我国产于西北、西南各省区。

第三节　蓼科生物学特性

金荞麦

学名：*Fagopyrum dibotrys* (D. Don) Hara

别名：天荞麦、透骨消、苦荞头、土荞麦、野荞麦

一、植物学特征

蓼科荞麦属，多年生草本。根状茎木质化，黑褐色。茎直立，高50～100厘米，

分枝，具纵棱，无毛。有时一侧沿棱被柔毛。叶三角形，长4～12厘米，宽3～11厘米，顶端渐尖，基部近戟形，边缘全缘，两面具乳头状突起或被柔毛；叶柄长可达10厘米；托叶鞘筒状，膜质，褐色，长5～10毫米，偏斜，顶端截形，无缘毛。花序伞房状，顶生或腋生；苞片卵状披针形，顶端尖，边缘膜质，长约3毫米，每苞内具2～4花；花梗中部具关节，与苞片近等长；花被5深裂，白色，花被片长椭圆形，长约2.5毫米，雄蕊8，比花被短，花柱3，柱头头状。瘦果宽卵形，具3锐棱，长6～8毫米，黑褐色，无光泽，超出宿存花被2～3倍。花期7—9月，果期8—10月。

花及花序

植株与群落

二、生物学特性

喜光，耐寒，生山谷湿地、山坡灌丛、草地、田梗、路旁，海拔250～3 200米。

三、区域分布

贵州全省，常见种。陕西以及华东、华中、华南、西南有分布。

细柄野荞麦

学名：*Fagopyrum gracilipes* (Hemsl.) Damm. ex Diels

别名：野荞子

一、植物学特征

蓼科荞麦属，一年生草本。茎直立，高20～70厘米，自基部分枝，具纵棱，疏被短糙伏毛。叶卵状三角形，长2～4厘米，宽1.5～3厘米，顶端渐尖，基部心形，两面疏生短糙伏毛，下部叶叶柄长1.5～3厘米，具短糙伏毛，上部叶叶柄较短或近无梗；托叶鞘膜质，偏斜，具短糙伏毛，长4～5毫米，顶端尖。花序总状，腋生或顶生，极稀疏，间断，长2～4厘米，花序梗细弱，俯垂；苞片漏斗状，上部近缘膜质，中下部草质，绿色，每苞内具2～3花，花梗细弱，长2～3毫米，比苞片长，顶部具关节；花被5深裂，淡红色，花被片椭圆形，长2～2.5毫米，背部具绿色脉，果时花被稍增大；雄蕊8，比花被短；花柱3，柱头头状。瘦果宽卵形，长约3毫米，具3锐棱，有时沿棱生狭翅，有光泽，突出花被之外。花期6—9月，果期8—10月。

花、叶

植株、群落

二、生物学特性

喜光，耐寒，耐贫瘠。生撂荒地、秋季作物地（特别是马铃薯地）、山坡草地、山谷湿地、田梗、路旁，海拔300～3400米。

三、区域分布

贵州全省，贵阳、安顺、威宁等中高海拔地区分布广泛，常见种。河南、陕西、湖北、四川、云南等省有分布。

何首乌（首乌藤）

学名：*Fallopia multiflora* (Thunb.) Harald.

别名：多花蓼、紫乌藤、夜交藤、桃柳藤、九真藤

一、植物学特征

花及花序

幼苗（首乌藤）

蓼科何首乌属，多年生草本。块根肥厚，长椭圆形，黑褐色。茎缠绕，长2～4米，多分枝，具纵棱，无毛，微粗糙，下部木质化。叶卵形或长卵形，长3～7厘米，宽2～5厘米，顶端渐尖，基部心形或近心形，两面粗糙，边缘全缘；叶柄长1.5～3厘米；托叶鞘膜质，偏斜，无毛，长3～5毫米。花序圆锥状，顶生或腋生，长10～20厘米，分枝开展，具细纵棱，沿棱密被小突起；苞片三角状卵形，具小突起，顶端尖，每苞内具2～4花；花

梗细弱，长2～3毫米，下部具关节，果时延长；花被5深裂，白色或淡绿色，花被片椭圆形，大小不相等，外面3片较大背部具翅，果时增大，花被果时外形近圆形，直径6～7毫米；雄蕊8，花丝下部较宽；花柱3，极短，柱头头状。瘦果卵形，具3棱，长2.5～3毫米，黑褐色，有光泽，包于宿存花被内。花期8—9月，果期9—10月。

二、生物学特性

喜潮湿。生山谷灌丛、山坡林下、沟边石隙，海拔200～3000米。

三、区域分布

贵州全省，常见种。陕西南部、甘肃南部、华东、华中、华南、四川有分布。

花与叶片

植株

萹蓄

学名：*Polygonum aviculare* Linn.

别名：扁竹、竹叶草

一、植物学特征

蓼科蓼属。一年生草本。茎平卧、上升或直立，高10～40厘米，自基部多分枝，具纵棱。叶椭圆形，狭椭圆形或披针形，长1～4厘米，宽3～12毫米，顶端钝圆或急尖，基部楔形，边缘全缘，两面无毛，下面侧脉明显；叶柄短或近无柄，基部具关节；托叶鞘膜质，下部褐色，上部白色，撕裂脉明显。花单生或数朵簇生于叶腋，遍布于植株；苞片薄膜质；花梗细，顶部具关节；花被5深裂，花被片椭圆形，长2～2.5毫米，绿色，边缘白色或淡红色；雄蕊8，花丝基部扩展；花柱3，柱头头状。瘦果卵形，具3棱，长2.5～3毫米，黑褐色，密被由小点组成的细条纹，无光泽，与宿存花被近等长或稍超过。花期5—7月，果期6—8月。

二、生物学特性

喜光，适应性广，尤喜湿润肥沃土壤。生田边、路边、沟边湿地，海拔10～4200米。

三、区域分布

贵州全省广泛分布，常见种。北温带广泛分布。

水蓼

学名：*Polygonum hydropiper* Linn.

别名：辣柳菜、尼泊尔蓼

一、植物学特征

蓼科蓼属，一年生草本，高40～70厘米。茎直立，多分枝，无毛，节部膨大。叶披针形或椭圆状披针形，长4～8厘米，宽0.5～2.5厘米，顶端渐尖，基部楔形，边缘全缘，具缘毛，两面无毛，被褐色小点，有时沿中脉具短硬伏毛，具辛辣味，叶腋具闭花受精花；叶柄长4～8毫米；托叶鞘筒状，膜质，褐色，长1～1.5厘米，疏生短硬伏毛，顶端截形，具短缘毛，通常托叶鞘内藏有花簇。总状花序呈穗状，顶生或腋生，长3～8厘米，

植株

花及花序

通常下垂，花稀疏，下部间断；苞片漏斗状，长2～3毫米，绿色，边缘膜质，疏生短缘毛，每苞内具3～5花；花梗比苞片长；花被5深裂，稀4裂，绿色，上部白色或淡红色，被黄褐色透明腺点，花被片椭圆形，长3～3.5毫米；雄蕊6，稀8，比花被短；花柱2～3，柱头头状。瘦果卵形，长2～3毫米，双凸镜状或具3棱，密被小点，黑褐色，无光泽，包于宿存花被内。花期5—9月，果期6—10月。

二、生物学特性

喜温暖潮湿环境，生河滩、水沟边、山谷湿地，海拔50～3 500米。

三、区域分布

贵州全省分布，在低湿地方可形成单一群落。南北各省区均有分布。

尼泊尔蓼

学名：*Polygonum nepalense* Meisn.

别名：酸猪草、花猪草

一、植物学特征

花及花序

蓼科蓼属。一年生草本。茎外倾或斜上，自基部多分枝，无毛或在节部疏生腺毛，高20～40厘米。茎下部叶卵形或三角状卵形，长3～5厘米，宽2～4厘米，顶端急尖，基部宽楔形，沿叶柄下延成翅，两面无毛或疏被刺毛，疏生黄色透明腺点，茎上部较小；叶柄长1～3厘米，或近无柄，抱茎；托叶鞘筒状，长5～10毫米，膜质，淡褐色，顶端斜截形，无缘毛，基部具刺毛。花序头状，顶生或腋生，基部常具1叶状总苞片，花序梗细长，上部具腺毛；苞片卵状椭圆形，通常无毛，边缘膜质，每苞内具1花；花梗比苞片短；花被通常4裂，淡紫红色或白色，花被片长圆形，长2～3毫米，顶端圆钝；雄蕊5～6，与花被近等长，花药暗紫色；花柱2，下部合生，柱头头状。瘦果宽卵形，双凸镜状，长2～2.5毫米，黑色，密生洼点。无光泽，包于宿存花被内。花期

植株

5—8月，果期7—10月。

二、生物学特性

耐寒，耐阴，喜肥沃潮湿土壤。生山坡草地、山谷路旁、田间、溪边，尤其轮闲地、撂荒地、玉米和马铃薯地成片生长。

三、区域分布

贵州全省分布，尤其中高海拔地方广布。全国除新疆以外的省区皆有分布。

杠板归

学名：*Polygonum perfoliatum* L.

别名：刺犁头、贯叶蓼

一、植物学特征

蓼科蓼属，一年生草本。茎攀援，多分枝，长1～2米，具纵棱，沿棱具稀疏的倒生皮刺。叶三角形，长3～7厘米，宽2～5厘米，顶端钝或微尖，基部截形或微心形，薄纸质，上面无毛，下面沿叶脉疏生皮刺；叶柄与叶片近等长，具倒生皮刺，盾状着生于叶片的近基部；托叶鞘叶状，草质，绿色，圆形或近圆形，穿叶，直径1.5～3厘米。总状花序呈短穗状，不分枝顶生或腋生，长1～3厘米；苞

花及叶片

果实

植株与群落

片卵圆形，每苞片内具花2～4朵；花被5深裂，白色或淡红色，花被片椭圆形，长约3毫米，果时增大，呈肉质，深蓝色；雄蕊8，略短于花被；花柱3，中上部合生；柱头头状。瘦果球形，直径3～4毫米，黑色，有光泽，包于宿存花被内。花期6—8月，果期7—10月。

二、生物学特性

喜光，耐寒，耐干旱贫瘠，喜温暖、肥沃，喜攀援生长。生于田边、路旁、山谷湿地，海拔80～2300米。

三、区域分布

贵州全省有分布，贵阳等地常见。黑龙江、吉林、辽宁、河北、山东、河南、陕西、甘肃、江苏、浙江、安徽、江西、湖南、湖北、四川、福建、台湾、广东、海南、广西、云南等省区有分布。

酸模

学名：*Rumex acetosa* Linn.

别名：遏蓝菜、酸溜溜、鲁梅克斯

一、植物学特征

蓼科酸模属。多年生草本。根为须根。茎直立，高40～100厘米，具深沟槽，通

花及花序

常不分枝。基生叶和茎下部叶箭形，长3～12厘米，宽2～4厘米，顶端急尖或圆钝，基部裂片急尖，全缘或微波状；叶柄长2～10厘米；茎上部叶较小，具短叶柄或无柄；托叶鞘膜质，易破裂。花序狭圆锥状，顶生，分枝稀疏；花单性，雌雄异株；花梗中部具关节；花被片6个，成2轮，雄花内花被片椭圆形，长约3毫米，外花被片较小，雄蕊6；雌花内花被片果时增大，近圆形，直径3.5～4毫米，全缘，基部心形，网脉明显，基部具极小的小瘤，外花被片椭圆形，反折，瘦果椭圆形，具3锐棱，两端尖，长约2毫米，黑褐色，有光泽。花期5—7月，果期6—8月。

营养期植株

二、生物学特性

喜肥沃潮湿土壤。生山坡、林缘、沟边、路旁，海拔400～4100米。

三、区域分布

贵州全省分布广泛，常见种。全国各省区皆有分布。1998—2005年被过度炒作，全国各地大量种植。野生种与逸生种混存。

第四节　菊科生物学特性

清明菜

学名：*Anaphalis flavescens* Hand.-Mazz.

别名：淡黄香青、铜钱花

一、植物学特征

花、叶片

菊科香青属。根状茎稍细长，木质；匍枝细长，有膜质鳞片状叶及顶生的莲座状叶丛。茎从膝曲的基部直立或斜升，高10~22厘米，细，被灰白色蛛丝状棉毛稀白色厚棉毛，下部有较密的叶。莲座状叶倒披针状长圆形，长1.5~5厘米，宽0.5~1厘米，下部渐狭成长柄，顶端尖或稍钝；基部叶在花期枯萎；下部及中部叶长圆状披针形或披针形，长2.5~5厘米，宽0.5~0.8厘米，直立或依附于茎上，边缘平，基部沿茎下延成狭翅，顶端尖，具褐色枯焦状长尖头；上部叶较小，狭披针形，长1~1.5厘米；全部叶被灰白色或黄白蛛丝状棉毛或白色厚棉毛，有明显的离基三出脉。头状花序6~16个密集成伞房或复伞房状；花序梗长3~5毫米。总苞宽钟状，长8~10毫米，宽约10毫米；总苞片4~5层，稍开展，外层椭圆形、黄褐色，长约6毫米，基部被密棉毛；内层披针形，长达10毫米，宽3~4毫米，顶端尖，上部淡黄色或黄白色，有光泽；最内层线状披针形、长6~8毫米，有长达全长1/2或1/3的爪部。花托有緣状短毛。雌株头状花序外围有多层雌花，中央有3~12个雄花；雄株头状花序有多层雄花，外层有10~25个雌花。花冠长4.5~5.5毫米。冠毛较花冠稍长；雄花冠毛上部稍粗厚，有锯齿。瘦果长圆形，长1.5~1.8毫米，被密乳头状突起。花期8—9月，果期9—10月。

群落

二、生物学特性

喜光，耐寒、耐旱。生于田间、荒地、山坡草丛、林缘或灌丛中。

三、区域分布

贵州全省广泛分布，尤其是撂荒地、果园下分布广泛。青海、甘肃、陕西、四川、西藏等地有分布。

大籽蒿

学名：*Artemisia sieversiana* Ehrhart ex Willd.

别名：山艾、白蒿、大白蒿、大头蒿

一、植物学特征

菊科蒿属。一、二年生草本。主根单一，垂直，狭纺锤形。茎单生，直立，高50～150厘米，细，有时略粗，稀下部稍木质化，基部直径可达2厘米，纵棱明显，分枝多；茎、枝被灰白色微柔毛。下部与中部叶宽卵形或宽卵圆形，两面被微柔毛，长4～8厘米，宽3～6厘米，二至三回羽状全裂，稀为深裂，每侧有裂片2～3枚，裂片常再成不规则的羽状全裂或深裂，基部侧裂片常有第三次分裂，小裂片线形或线状披针形，长2～10毫米，宽1～1.5毫米，有时小裂片边缘有缺齿，先端钝或渐尖，叶柄长2～4厘米，基部有小型羽状分裂的假托叶；上部叶及苞片叶羽

植株

种群

状全裂或不分裂，而为椭圆状披针形或披针形，无柄。头状花序大，多数，半球形或近球形，直径4~6毫米，具短梗，稀近无梗，基部常有线形的小苞叶，在分枝上排成总状花序或复总状花序，而在茎上组成开展或略狭窄的圆锥花序；总苞片3~4层，近等长，外层、中层总苞片长卵形或椭圆形，背面被灰白色微柔毛或近无毛，中肋绿色，边缘狭膜质，内层长椭圆形，膜质；花序托突起，半球形，有白色托毛；雌花2层，20~30朵，花冠狭圆锥状，檐部具3~4裂齿，花柱线形，略伸出花冠外，先端2叉，叉端钝尖；两性花多层，80~120朵，花冠管状，花药披针形或线状披针形，上端附属物尖，长三角形，基部有短尖头，花柱与花冠等长，先端叉开，叉端截形，有睫毛。瘦果长圆形。花果期6—10月。

二、生物学特性

耐寒，喜光，喜肥沃潮湿土壤。多生于路旁、荒地、河漫滩、草原、干山坡或林缘等，尤其轮闲地、撂荒地成片生长。

三、区域分布

贵州全省分布广泛，为常见种。黑龙江、吉林、辽宁、内蒙古、河北、山西、陕西、宁夏、甘肃、青海、新疆、四川、云南及西藏等省区有分布。西南省区最高分布到海拔4200米地区，局部地区成片生长，为植物群落的建群种或优势种。

一年蓬

学名：*Erigeron annuus* (L.) Desf.

别名：治疟草、千层塔、墙头草

一、植物学特征

菊科飞蓬属，一年生或二年生草本，茎粗壮，高30~100厘米，基部径6毫米，直立，上部有分枝，绿色，下部被开展的长硬毛，上部被较密的上弯的短硬毛。基部叶花期枯萎，长圆形或宽卵形，少有近圆形，长4～17厘米，宽1.5～4厘米，或更宽，顶端尖或钝，基部狭成具翅的长柄，边缘具粗齿，下部叶与基部叶同形，但叶柄较短，中部和上部叶较小，长圆状披针形或披针形，长1～9厘米，宽0.5～2厘米，顶端尖，具短柄或无柄，边缘有不规则的齿或近全缘，最上部叶线形，全部叶边缘被短硬毛，两面被疏短硬毛，或有时近无毛。头状花序数个或多数，排列成疏圆锥花序，长6～8毫米，宽10～15毫米，总苞半球形，总苞片3层，草质，披针形，长3～5毫米，宽0.5～1毫米，近等长或外层稍短，淡绿色或多少褐色，背面密被腺毛和疏长节毛；外围的雌花舌状，2层，长6～8毫米，管部长1～1.5毫米，上部被疏微毛，舌片平展，白色，或有时淡天蓝色，线形，宽0.6毫米，顶端具2小齿，花柱分枝线形；中央的两性花管状，黄色，管部长约0.5毫米，檐部近倒锥形，裂片无毛；瘦果披针形，长约1.2毫米，扁压，被疏贴柔毛；冠毛异形，雌花的冠毛极短，膜片状连成小冠，两性花的冠毛2层，外层鳞片状，内层为10～15条长约2毫米的刚毛。花期6—9月。

花及花序

幼苗

开花植株

二、生物学特性

常生于路边旷野或山坡荒地。喜生于肥沃向阳的土地上，在干燥贫瘠的土壤亦能生长。种子于早春或秋季萌发。

三、区域分布

贵州全省广泛分布。吉林、河北、河南、山东、江苏、安徽、江西、福建、湖南、湖北、四川和西藏等省区有分布。

牛膝菊

学名：*Galinsoga parviflora* Cav.

别名：辣子草、向阳花、珍珠草、铜锤草

一、植物学特征

菊科牛膝菊属。一年生草本，高10～80厘米。茎纤细，基部径不足1毫米，或粗壮，基部径约4毫米，不分枝或自基部分枝，分枝斜升，全部茎枝被疏散或上部稠密的贴附短柔毛和少量腺毛，茎基部和中部花期脱毛或稀毛。叶对生，卵形或长椭圆状卵形，长2.5～5.5厘米，宽1.2～3.5厘米，基部圆形、宽或狭楔形，顶端渐尖或钝，基出三脉或不明显五出脉，在叶下面稍突起，在上面平，有叶柄，柄长1～2厘米；向上及花序下部的叶渐小，通常披针形；全部茎叶两面粗涩，被白色稀疏贴附的短柔毛，沿脉和叶柄上的毛较密，边缘浅或钝锯齿或波状浅锯齿，在花序下部的叶有时全缘或近全缘。头状花序半球形，有长花梗，多数在茎枝顶端排成疏松的伞房花序，花序径约3厘米。总苞半球形或宽钟状，宽3～6毫米；总苞片1～2层，约5个，外层短，内层卵形或卵圆形，长3毫米，顶端圆钝，白色，膜质。舌状花4～5个，舌片白色，顶端3齿裂，筒部细管状，外面被稠密白色短柔毛；管状花花冠长约1毫米，黄色，下部被稠密的白色短柔毛。托片倒披针形或长倒披针形，纸

花及叶片

质，顶端3裂或不裂或侧裂。瘦果长1～1.5毫米，三棱或中央的瘦果4～5棱，黑色或黑褐色，常压扁，被白色微毛。舌状花冠毛毛状，脱落；管状花冠毛膜片状，白色，披针形，边缘流苏状，固结于冠毛环上，正体脱落。花果期7—10月。

植株

二、生物学特性

耐寒，耐阴，喜肥沃潮湿土壤。生于林下、河谷地、荒野、河边、田间、溪边或市郊路旁，尤其轮闲地、撂荒地成片生长。

三、区域分布

贵州全省，常见种。西南其他省区有分布。

抱茎苦荬菜

学名：*Ixeris polycephala* Cass. ex DC.

一、植物学特征

菊科苦荬菜属。多年生草本，具白色乳汁，光滑。根细圆锥状，长约10厘米，淡黄色。茎高30～60厘米，上部多分枝。基部叶具短柄，倒长圆形，长3～7厘米，宽1.5～2厘米，先端钝圆或急尖，基部楔形下延，边缘具齿或不整齐羽状深裂，叶脉羽状；中部叶无柄，中下部叶线状披针形，上部叶卵状长

花及花序

植株

圆形，长3～6厘米，宽0.6～2厘米，先端渐狭成长尾尖，基部变宽成耳形抱茎，全缘，具齿或羽状深裂。头状花序组成伞房状圆锥花序；总花序梗纤细，长0.5～1.2厘米；总苞圆筒形，长5～6毫米，宽2～3毫米；外层总苞片5，长约0.8毫米，内层总苞片8，披针形，长5～6毫米，宽约1毫米，先端钝。舌状花多数，黄色，舌片长5～6毫米，宽约1毫米，筒部长1～2毫米；雄蕊5，花药黄色；花柱长约6毫米，上端具细绒毛，柱头裂瓣细长，卷曲。果实长约2毫米，黑色，具细纵棱，两侧纵棱上部具刺状小突起，喙细，长约0.5毫米，浅棕色；冠毛白色，1层，长约3毫米，刚毛状。果期4—7月。

二、生物学特性

喜光，喜湿润环境。适应性较强，为广布性植物。一般出现于荒野、路边、田间地头，常见于麦田。

三、区域分布

贵州全省为常见种。全国各地普遍分布。

马兰

学名：*Aster indicus* Heyne

别名：鱼鳅串、马兰头、田边菊、路边菊、蓑衣莲

一、植物学特征

菊科马兰属，根状茎有匍枝，有时具直根。茎直立，高30～70厘米，上部有短毛，上部或从下部起有分枝。基部叶在花期枯萎；茎部叶倒披针形或倒卵状矩圆形，长3～6厘米，宽0.8～2厘米，顶端钝或尖，基部渐狭成具翅的长柄，边缘从中部以上具有小尖头的钝或尖齿或有羽状裂片，上部叶小，全缘，基部急狭无柄，全部叶稍薄质，两面或上面有疏微毛或近无毛，边缘及下面沿脉有短粗毛，中脉

在下面突起。头状花序单生于枝端并排列成疏伞房状。总苞半球形，径6～9毫米，长4～5毫米；总苞片2～3层，覆瓦状排列；外层倒披针形，长2毫米，内层倒披针状矩圆形，长达4毫米，顶端钝或稍尖，上部草质，有疏短毛，边缘膜质，有缘毛。花托圆锥形。舌状花1层，15～20个，管部长1.5～1.7毫米；舌片浅紫色，长达10毫米，宽1.5～2毫米；管状花长3.5毫米，管部长1.5毫米，被短密毛。瘦果倒卵状矩圆形，极扁，长1.5～2毫米，宽1毫米，褐色，边缘浅色而有厚肋，上部被腺及短柔毛。冠毛长0.1～0.8毫米，弱而易脱落，不等长。花期5—9月，果期8—10月。

花及花序

种群

二、生物学特性

喜肥沃土壤，耐旱亦耐涝，生活力强，生于菜园、农田、路旁，为田间常见草。

三、区域分布

贵州全省为常见种。南部省区广泛分布。

千里光

学名：*Senecio scandens* Buch. ~ Ham. ex D. Don

别名：九里明、蔓黄菀

一、植物学特征

菊科千里光属，多年生攀援草本，根状茎木质，粗，径达1.5厘米。茎伸长，弯曲，长2～5米，多分枝，被柔毛或无毛，老时变木质，皮淡色。叶具柄，叶片卵状披针形至长三角形，长2.5～12厘米，宽2～4.5厘米，顶端渐尖，基部宽楔形，截形，戟形或稀心形，通常具浅或深齿，稀全缘，有时具细裂或羽状浅裂，至少向基部具1～3对较小的侧裂片，两面被短柔毛至无毛；羽状脉，侧脉7～9对，弧状，叶脉明显；叶柄长0.5～1厘米，具柔毛或近无毛，无耳或基部有小耳；上部叶变小，披针形或线状披针形，长渐尖。头状花序有舌状花，多数，在茎枝端排列成顶生复聚伞圆锥花序；分枝和花序梗被密至疏短柔毛；花序梗长1～2厘米，具苞片，小苞片通常1～10，线状钻形。总苞圆柱状钟形，长5～8毫米，宽3～6毫米，具外层苞片；苞片约8，线状钻形，长2～3毫米。总苞片12～13，线状披针

嫩叶

花及花序

形，渐尖，上端和上部边缘有缘毛状短柔毛，草质，边缘宽干膜质，背面有短柔毛或无毛，具3脉。舌状花8～10，管部长4.5毫米；舌片黄色，长圆形，长9～10毫米，宽2毫米，钝，具3细齿，具4脉；管状花多数；花冠黄色，长7.5毫米，管部长3.5毫米，檐部漏斗状；裂片卵状长圆形，尖，上端有乳头状毛。花药长2.3毫米，基部有钝耳；耳长约为花药颈部1/7；附片卵状披针形；花药颈部伸长，向基部略膨大；花柱分枝长1.8毫米，顶端截形，有乳头状毛。瘦果圆柱形，长3毫米，被柔毛；冠毛白色，长7.5毫米。

二、生物学特性

常生于森林、灌丛中，攀援于灌木、岩石上或溪边，海拔50～3 200米。生于山坡、疏林下、林边、路旁。适应性较强，耐干旱，又耐潮湿，对土壤条件要求不严，但以沙质壤土及黏壤土生长较好。可作扦插或压条繁殖。

三、区域分布

贵州全省为常见种。西藏、陕西、湖北、四川、云南、安徽、浙江、江西、福建、湖南、广东、广西、台湾等省区均有分布。

腺梗豨莶

学名：*Siegesbeckia pubescens* Makino

别名：毛豨莶、棉苍狼、珠草

一、植物学特征

菊科豨莶属。一年生草本。茎直立，粗壮，高30～110厘米，上部多分枝，被开展的灰白色长柔毛和糙毛。基部叶卵状披针形，花期枯萎；中部叶卵圆形或卵形，开展，长3.5～12厘米，宽1.8～6厘米，基部宽楔形，下延成具翼而长1～3厘米的柄，先端渐尖，边缘有尖头状规则或不规则的粗齿；上部叶渐小，披针形或卵状披针形；全部叶上面深绿色，下面淡绿色，基出三脉，侧脉和网脉明显，两

花、叶片

种群

面被平伏短柔毛，沿脉有长柔毛。头状花序径18～22毫米，多数生于枝端，排列成松散的圆锥花序；花梗较长，密生紫褐色头状具柄腺毛和长柔毛；总苞宽钟状；总苞片2层，叶质，背面密生紫褐色头状具柄腺毛，外层线状匙形或宽线形，长7～14毫米，内层卵状长圆形，长3.5毫米。舌状花花冠管部长1～1.2毫米，舌片先端2～3齿裂，有时5齿裂；两性管状花长约2.5毫米，冠檐钟状，先端4～5裂。瘦果倒卵圆形，4棱，顶端有灰褐色环状突起。花期5—8月，果期6—10月。

二、生物学特性

适应性强，喜湿润疏松土壤。生于海拔160～3 400米山坡、山谷林缘、灌丛林下的草地，河谷、溪边、河槽潮湿地、旷野、耕地边等处也常见。

三、区域分布

广泛分布于贵州全省各地。吉林、辽宁、河北、山西、河南、甘肃、陕西、江苏、浙江、安徽、江西、湖北、四川、云南及西藏等地均有分布。

苦苣菜

学名：*Sonchus oleraceus* L.

别名：滇苦菜

一、植物学特征

菊科苦苣菜属。一年生或二年生草本。根圆锥状，垂直直伸，有多数纤维状的须根。茎直立，单生，高40～150厘米，有纵条棱或条纹，不分枝或上部有短的伞房花序状或总状花序式分枝，全部茎枝光滑无毛，或上部花序分枝及花序梗被头状具柄的腺毛。基生叶羽状深裂，全形长椭圆形或倒披针形，或大头羽状深裂，全形倒披针形，或基生叶不裂，椭圆形、椭圆状戟形、三角形、或三角状戟形或圆形，全部基生叶基部渐狭成长或短翼柄；中下部茎叶羽状深裂或大头状羽状深裂，全形

叶片

植株

椭圆形或倒披针形，长3～12厘米，宽2～7厘米，基部急狭成翼柄，翼狭窄或宽大，向柄基且逐渐加宽，柄基圆耳状抱茎，顶裂片与侧裂片等大或较大或大，宽三角形、戟状宽三角形、卵状心形，侧生裂片1～5对，椭圆形，常下弯，全部裂片顶端急尖或渐尖，下部茎叶或接花序分枝下方的叶与中下部茎叶同型并等样分裂或不分裂而披针形或线状披针形，且顶端长渐尖，下部宽大，基部半抱茎；全部叶或裂片边缘及抱茎小耳边缘有大小不等的急尖锯齿或大锯齿或上部及接花序分枝处的叶，边缘大部全缘或上半部边缘全缘，顶端急尖或渐尖，两面光滑毛，质地薄。头状花序少数在茎枝顶端排紧密的伞房花序或总状花序或单生茎枝顶端。总苞宽钟状，长1.5厘米，宽1厘米；总苞片3～4层，覆瓦状排列，向内层渐长；外层长披针形或长三角形，长3～7毫米，宽1～3毫米，中内层长披针形至线状披针形，长8～11毫米，宽1～2毫米；全部总苞片顶端长急尖，外面无毛或外层或中内层上部沿中脉有少数头状具柄的腺毛。舌状小花多数，黄色。瘦果褐色，长椭圆形或长椭圆状倒披针形，长3毫米，宽不足1毫米，压扁，每面各有3条细脉，肋间有横皱纹，顶端狭，无喙，冠毛白色，长7毫米，单毛状，彼此纠缠。花果期5—12月。

二、生物学特性

适应性强，耐阴、耐瘠薄和干旱，喜湿润疏松土壤。生于山坡或山谷林缘、林下或平地田间、空旷处或近水处，海拔170～3 200米。

三、区域分布

广泛分布于贵州全省各地。全国各地有分布。

蒲 公 英

学名：*Taraxacum mongolicum* Hand.-Mazz.

一、植物学特征

花及花序

植株

菊科蒲公英属。多年生草本。根圆柱状，黑褐色，粗壮。叶倒卵状披针形、倒披针形或长圆状披针形，长4～20厘米，宽1～5厘米，先端钝或急尖，边缘有时具波状齿或羽状深裂，有时倒向羽状深裂或大头羽状深裂，顶端裂片较大，三角形或三角状戟形，全缘或具齿，每侧裂片3～5片，裂片三角形或三角状披针形，通常具齿，平展或倒向，裂片间常夹生小齿，基部渐狭成叶柄，叶柄及主脉常带红紫色，疏被蛛丝状白色柔毛或几无毛。花葶1至数个，与叶等长或稍长，高10～25厘米，上部紫红色，密被蛛丝状白色长柔毛；头状花序直径30～40毫米；总苞钟状，长12～14毫米，淡绿色；总苞片2～3层，外层总苞片卵状披针形或披针形，长8～10毫米，宽1～2毫米，边缘宽膜质，基部淡绿色，上部紫红色，先端增厚或具小到中等的角状突起；内层总苞片线状披针形，长10～16毫米，宽2～3毫米，先端紫红色，具小角状突起；舌状花黄色，舌片长约8毫米，宽约1.5毫米，边缘花舌片背面具紫红色条纹，花药和柱头暗绿色。瘦果倒卵状披针形，暗褐色，长4～5毫米，宽1～1.5毫米，上部具小刺，下部具成行排列的小瘤，顶端逐渐收缩为长约1毫米的圆锥至圆柱形喙基，喙长6～10毫米，纤细；冠毛白色，长约6毫米。花期4—9月，果期5—10月。

二、生物学特性

适应性强，耐阴、耐瘠薄和干旱，喜湿润疏松土壤。生于山坡草地、路边、田野、河滩。

三、区域分布

广泛分布于贵州全省各地。黑龙江、吉林、辽宁、内蒙古、河北、山西、陕西、甘肃、青海、山东、江苏、安徽、浙江、福建北部、台湾、河南、湖北、湖南、广东北部、四川、云南等省区有分布。

苍耳

学名：*Xanthium sibiricum* Patrin ex Widder

别名：猪耳菜、苍耳子、刺八裸、胡苍子

一、植物学特征

菊科苍耳属。一年生草本，高20～90厘米。根纺锤状，分枝或不分枝。茎直立不枝或少有分枝，下部圆柱形，径4～10毫米，上部有纵沟，被灰白色糙伏毛。叶三角状卵形或心形，长4～9厘米，宽5～10厘米，近全缘，或有3～5不明显浅裂，顶端尖或钝，基部稍心形或截形，与叶柄连接处成相等的楔形，边缘有不规则的粗锯齿，有三基出脉，侧脉弧形，直达叶缘，脉上密被糙伏毛，上面绿

果实

植株

色，下面苍白色，被糙伏毛；叶柄长3～11厘米。雄性的头状花序球形，径4～6毫米，有或无花序梗，总苞片长圆状披针形，长1～1.5毫米，被短柔毛，花托柱状，托片倒披针形，长约2毫米，顶端尖，有微毛，有多数的雄花，花冠钟形，管部上端有5宽裂片；花药长圆状线形；雌性的头状花序椭圆形，外层总苞片小，披针形，长约3毫米，被短柔毛，内层总苞片结合成囊状，宽卵形或椭圆形，绿色，淡黄绿色或有时带红褐色，在瘦果成熟时变坚硬，连同喙部长12～15毫米，宽4～7毫米，外面有疏生的具钩状的刺，刺极细而直，基部微增粗或几不增粗，长1～1.5毫米，基部被柔毛，常有腺点，或全部无毛；喙坚硬，锥形，上端略呈镰刀状，长1.5～2.5毫米，常不等长，少有结合而成1个喙。瘦果2，倒卵形。花期7—8月，果期9—10月。

二、生物学特性

适应性强，喜湿润疏松土壤，常生长于平原、丘陵、低山、荒野路边、田边。此植物的总苞具钩状的硬刺，常贴附于家畜和人体上，故易于散布。

三、区域分布

广泛分布于贵州全省各地。东北、华北、华东、华南、西北及西南各省区皆有分布。

黄鹌菜

学名：*Youngia japonica* (Linn.) DC.

一、植物学特征

菊科黄鹌菜属。一年生草本，高10～100厘米。根垂直直伸，生多数须根。茎直立，单生或少数茎成簇生，粗壮或细，顶端伞房花序状分枝或下部有长分枝，下部被稀疏的皱波状长或短毛。基生叶全形倒披针形、椭圆形、长椭圆形或宽线形，长2.5～13厘米，宽1～4.5厘米，大头羽状深裂或全裂，极少有不裂的，叶柄长

花及花序植株

植株

1～7厘米，有狭或宽翼或无翼，顶裂片卵形、倒卵形或卵状披针形，顶端圆形或急尖，边缘有锯齿或几全缘，侧裂片3～7对，椭圆形，向下渐小，最下方的侧裂片耳状，全部侧裂片边缘有锯齿或细锯齿或边缘有小尖头，极少边缘全缘；无茎叶或极少有1～2枚茎生叶，且与基生叶同形并等样分裂；全部叶及叶柄被皱波状长或短柔毛。头花序含10～20枚舌状小花，少数或多数在茎枝顶端排成伞房花序，花序梗细。总苞圆柱状，长4～5毫米，极少长3.5～4毫米；总苞片4层，外层及最外层极短，宽卵形或宽形，长宽不足0.6毫米，顶端急尖，内层及最内层长，长4～5毫米，极少长3.5～4毫米，宽1～1.3毫米，披针形，顶端急尖，边缘白色宽膜质，内面有贴附的短糙毛；全部总苞片外面无毛。舌状小花黄色，花冠管外面有短柔毛。瘦果纺锤形，压扁，褐色或红褐色，长1.5～2毫米，向顶端有收缢，顶端无喙，有11～13条粗细不等的纵肋，肋上有小刺毛。冠毛长2.5～3.5毫米，糙毛状。花果期4—10月。

二、生物学特性

喜光，耐寒、耐干旱。生于山坡、山谷及山沟林缘、林下、林间草地及潮湿地、河边沼泽地、田间与荒地上。

三、区域分布

贵阳等中海拔地区分布，为常见种。北京、陕西、甘肃、山东、江苏、安徽、浙江、江西、福建、河南、湖北、湖南、广东、广西、四川、云南、西藏等地均有分布。

第五节　蔷薇科生物学特性

平枝栒子

学名：*Cotoneaster horizontalis* Dcne.

别名：玉林芭子、栒刺木、岩楞子、平枝灰栒子、矮红子

花

果与枝条

一、植物学特征

蔷薇科栒子属。落叶或半常绿匍匐灌木，高不超过0.5米，枝水平开张成整齐两列状；小枝圆柱形，幼时外被糙伏毛，老时脱落，黑褐色。叶片近圆形或宽椭圆形，稀倒卵形，长5～14毫米，宽4～9毫米，先端多数急尖，基部楔形，全缘，上面无毛，下面有稀疏平贴柔毛；叶柄长1～3毫米，被柔毛；托叶钻形，早落。花1～2朵，近无梗，直径5～7毫米；萼筒钟状，外面有稀疏短柔毛，内面无毛；萼片三角形，先端急尖，外面微具短柔毛，内面边缘有柔毛；花瓣直立，倒卵形，先端圆钝，长约4毫米，宽3毫米，粉红色；雄蕊约12，短于花瓣；花柱常为3，有时为2，离生，短于雄蕊；子房顶端有柔毛。果实近球形，直径4～6毫米，鲜红色，常具3小核，稀2小核。花期5—6月，果期9—10月。

本种和匍匐栒子（*C. adpressus Bois*）相近似，主要异点在于后者茎平铺地上，呈不规则分枝，叶片宽卵形或倒卵形，稀椭圆形，叶边呈波状起伏，果实直径6～7毫米，常具2小核。

二、生物学特性

喜光，耐寒，耐干旱贫瘠，荫蔽下不结果。生于灌木丛中或岩石坡上，海拔2000～3500米。

植株

三、区域分布

贵州海拔1 000米以上地区分布，威宁等西部高寒山区常见。陕西、甘肃、湖北、湖南、四川、云南等省区有分布。

蛇莓

学名：*Duchesnea indica* (Andr.) Focke

别名：老蛇泡、蛇泡草、龙吐珠、三爪风

一、植物学特征

蔷薇科蛇莓属。多年生草本；根茎短，粗壮；匍匐茎多数，长30～100厘米，有柔毛。小叶片倒卵形至菱状长圆形，长2～3.5厘米，宽1～3厘米，先端圆钝，边缘有钝锯齿，两面皆有柔毛，或上面无毛，具小叶柄；叶柄长1～5厘米，有柔毛；托叶窄卵形至宽披针形，长5～8毫米。花单生

花、叶片

果

于叶腋；直径1.5～2.5厘米；花梗长3～6厘米，有柔毛；萼片卵形，长4～6毫米，先端锐尖，外面有散生柔毛；副萼片倒卵形，长5～8毫米，比萼片长，先端常具3～5锯齿；花瓣倒卵形，长5～10毫米，黄色，先端圆钝；雄蕊20～30；心皮多数，离生；花托在果期膨大，海绵质，鲜红色，有光泽，直径10～20毫米，外面有长柔毛。瘦果卵形，长约1.5毫米，光滑或具不明显突起，鲜时有光泽。花期6—8月，果期8—10月。

二、生物学特性

耐阴，但光照充足结果多。生于山坡、河岸、草地、潮湿的地方，海拔1 800米以下。

三、区域分布

除2 500米以上高海拔地区外，贵州全省分布，为常见种。辽宁以南各省区有分布。

扁核木

学名：*Prinsepia utilis* Royle

别名：青刺尖、枪刺果、打油果、鸡蛋果

一、植物学特征

蔷薇科扁核木属，灌木，高1～5米；老枝粗壮，灰绿色，小枝圆柱形，绿色或带灰绿色，有棱条，被褐色短柔毛或近于无毛；枝刺长可达3.5厘米，刺上生叶，近无毛；冬芽小，卵圆形或长圆形，近无毛。叶片长圆形或卵状披针形，长3.5～9厘米，宽1.5～3厘米，先端急尖或渐尖，基部宽楔形或近圆形，全缘或有浅锯齿，两面均无毛，上面中脉下陷，下面中脉和侧脉突起；叶柄长约5毫米，无毛。花多数成总状花序，长3～6厘米，生于叶腋或生于枝刺顶端；花梗长4～8毫米，总花梗和花梗有褐色短柔毛，逐渐脱落；小苞片披针形，被褐色柔毛，脱落；花直径约1厘米；萼筒杯状，外面被褐色短柔毛，萼片半圆形或宽卵形，边缘有齿，比萼筒稍长，幼时内外两面有褐色柔毛，边缘较密，以后脱落；花瓣白色，宽倒卵形，先端啮蚀状，基部有短爪；雄蕊多数，以2～3轮着生在花盘上，花盘圆盘状，紫红色；心皮1，无毛，花柱短，侧生，柱头头状。核果长圆形或倒卵长圆形，长1～1.5厘米，宽约8毫米，紫褐色或黑紫色，平滑无毛，被白粉；果梗长8～10毫米，无毛；萼片宿存；核平滑，紫红色。花期4—5月，果熟期8—9月。

幼果

植株

二、生物学特性

喜潮湿土壤，耐寒，生于山坡、荒地、山谷或路旁等处，海拔1000～2560米。

三、区域分布

贵州全省中高海拔地区分布，点状单株分布。云南、四川、西藏有分布。

火棘

学名：*Pyracantha fortuneana* (Maxim.) Li

别名：火把果、救兵粮、救军粮、救命粮、红子刺

一、植物学特征

常绿灌木，高达3米；侧枝短，先端成刺状，嫩枝外被锈色短柔毛，老枝暗褐

花

植株

色，无毛；芽小，外被短柔毛。叶片倒卵形或倒卵状长圆形，长1.5～6厘米，宽0.5～2厘米，先端圆钝或微凹，有时具短尖头，基部楔形，下延连于叶柄，边缘有钝锯齿，齿尖向内弯，近基部全缘，两面皆无毛；叶柄短，无毛或嫩时有柔毛。花集成复伞房花序，直径3～4厘米，花梗和总花梗近于无毛，花梗长约1厘米；花直径约1厘米；萼筒钟状，无毛；萼片三角卵形，先端钝；花瓣白色，近圆形，长约4毫米，宽约3毫米；雄蕊20，花丝长3～4毫米，药黄色；花柱5，离生，与雄蕊等长，子房上部密生白色柔毛。果实近球形，直径约5毫米，橘红色或深红色。花期3—5月，果期8—11月。

二、生物学特性

喜光，耐寒、耐旱，生于山地、丘陵地、阳坡灌丛草地及河沟路旁，海拔500～2800米。

三、区域分布

贵州全省广布，为常见种。我国产自陕西、河南、江苏、浙江、福建、湖北、湖南、广西、云南、四川、西藏。

小果蔷薇

学名：*Rosa cymosa* Tratt.

别名：倒钩笋、红荆藤、山木香、小金樱花

一、植物学特征

果

植株

蔷薇科蔷薇属，攀援灌木，高2～5米；小枝圆柱形，无毛或稍有柔毛，有钩状皮刺。小叶3～5，稀7；连叶柄长5～10厘米；小叶片卵状披针形或椭圆形，稀长圆披针形，长2.5～6厘米，宽8～25毫米，先端渐尖，基部近圆形，边缘有紧贴或尖锐细锯齿，两面均无毛，上面亮绿色，下面颜色较淡，中脉突起，沿脉有稀疏长柔毛；小叶柄和叶轴无毛或有柔毛，有稀疏皮刺和腺毛；托叶膜质，离生，线形，早落。花多朵成复伞房花序；花直径2～2.5厘米，花梗长约1.5厘米，幼时密被长柔毛，老时逐渐脱落近于无毛；萼片卵形，先端渐尖，常有羽状裂片，外面近无毛，稀有刺毛，内面被稀疏白色绒毛，沿边缘较密；花瓣白色，倒卵形，先端凹，基部楔形；花柱离生，稍伸出花托口外，与雄蕊近等长，密被白色柔毛。果球形，直径4～7毫米，红色至黑褐色，萼片脱落。

二、生物学特性

小果蔷薇是暖温带至亚热带落叶或半常绿灌木。耐低温，在冬季－10℃以上呈常绿状灌木。每年2—3月发芽，4月中下旬孕蕾，5月上、中旬开花，7—9月结果，8—11月果熟，生育期250天左右。小蔷薇可种子繁殖。种子成熟脱落，可萌发成幼苗。适宜生长在年降水800～1 500毫米地区，北方耐－10℃左右低温，也耐35℃以上高温，以湿润、温暖条件生长发育好。在疏林、林缘、草丛可偶见小片群落，适应的土壤为黄棕壤至红壤，pH范围4.5～7.5。多生于向阳山坡、路旁、溪边或丘陵地，海拔250～1 300米。

三、区域分布

贵州全省中低海拔地区分布，常见种。江西、江苏、浙江、安徽、湖南、四川、云南、福建、广东、广西、台湾等省区有分布。

野蔷薇

学名：*Rosa multiflora* Thunb.

别名：墙靡、刺花、营实墙靡、多花蔷薇、蔷薇

一、植物学特征

蔷薇科蔷薇属，攀援灌木；小枝圆柱形，通常无毛，有短、粗稍弯曲皮束。小叶5～9，近花序的小叶有时3，连叶柄长5～10厘米；小叶片倒卵形、长圆形或卵形，长1.5～5厘米，宽8～28毫米，先端急尖或圆钝，基部近圆形或楔形，边缘有尖锐单锯齿，稀混有重锯齿，上面无毛，下面有柔毛；小叶柄和叶轴有柔毛或无毛，有散生腺毛；托叶篦齿状，大部贴生于叶柄，边缘有或无腺毛。花多朵，排成圆锥状花序，花梗长1.5～2.5厘米，无毛或有腺毛，有时基部有篦齿状小苞片；花直径1.5～2厘米，萼片披针形，有时中部具2个线形裂片，外面无毛，内面有柔毛；花瓣白色，宽倒卵形，先端微凹，基部楔形；花柱结合成束，无毛，比雄蕊稍

花、叶

长。果近球形，直径6～8毫米，红褐色或紫褐色，有光泽，无毛，萼片脱落。

本种变异性大，花色有白色、粉红色、红色等，花瓣有单瓣和重瓣。

二、生物学特性

喜光，耐半阴，耐寒，对土壤要求不严，在重黏土中也可正常生长。耐瘠薄，忌低洼积水。以肥沃、疏松的微酸性土壤最好。

三、区域分布

贵州全省分布。产于江苏、山东、河南等省。

峨眉蔷薇

学名：*Rosa omeiensis* Rolfe

别名：红果子、蜜糖罐

一、植物学特征

蔷薇科蔷薇属。直立灌木，高3～4米；小枝细弱，无刺或有扁而基部膨大皮刺，幼嫩时常密被针刺或无针刺。小叶9～13，连叶柄长3～6厘米；小叶片长圆形或椭圆状长圆形，长8～30毫米，宽4～10毫米，先端急尖或圆钝，基部圆钝或宽楔形，边缘有锐锯齿，上面无毛，中脉下陷，下面无毛或在中脉有疏柔毛，中脉突起；叶轴和叶柄有散生小皮刺；托叶大部贴生于叶柄，顶端离生部分呈三角状卵形，边缘有齿或全缘，有时有腺。花单生于叶腋，无苞片；花梗长6～20毫米，无毛；花直径2.5～3.5厘米；萼片4，披针形，全缘，先端渐尖或长尾尖，外面近无毛，内面有稀疏柔毛；花瓣4，白色，倒三角状卵形，先端微凹，基部宽楔形；花柱离生，被长柔毛，比雄蕊短很多。果倒卵球形或梨形，直径8～15毫米，亮红色，果成熟时果梗肥大，萼片直立宿存。花期5—6月，果期7—9月。

花骨、叶片

二、生物学特性

喜光，耐寒、耐旱。多生于山坡、路坎、山脚下或灌丛中，海拔750～4000米。

三、区域分布

贵州全省700米以上地区分布，威宁、赫章一带常见。云南、四川、湖北、陕西、宁夏、甘肃、青海、西藏等地有分布。

开花植株与群落

缫丝花

学名：*Rosa roxburghii* Tratt.

别名：文光果、三降果

一、植物学特征

蔷薇科蔷薇属，落叶灌木，高达2.5米，多分枝；小枝在叶柄基部两侧有成对细尖皮刺。小叶9～15，椭圆形，长1～2厘米，先端急尖或钝，基部广楔形，缘具细锐齿，无毛；叶轴疏生小皮刺；托叶狭，大部分着生于叶柄上。花淡紫红色，重瓣，杯状，径4～6厘米，微芳香，花托、花柄密生针刺；1～2朵生于短枝上；5—7月开花。果扁球形，径3～4厘米，黄绿色，多针刺。

花

单瓣缫丝花（变型）：花为单瓣，粉红色，直径4～6厘米，为本种的野生原始类型。

二、生物学特性

喜光，多生于向阳山坡、沟谷、路旁以及灌丛

植株与群落

中，海拔500～2 500米。

三、区域分布

除威宁等西部的高海拔高寒地区外，贵州全省均有分布，常见种。安顺等地有栽培种。陕西、甘肃、江西、安徽、浙江、福建、湖南、湖北、四川、云南、西藏等省区均有分布。

白叶莓

学名：*Rubus innominatus* S. Moore

别名：白刺泡、白叶悬钩子、刺泡

一、植物学特征

蔷薇科悬钩子属，灌木，高1～3米；枝拱曲，褐色或红褐色，小枝密被绒毛状柔毛，疏生钩状皮刺。小叶常3枚，稀于不孕枝上具5小叶，长4～10厘米，宽2.5～5厘米，顶端急尖至短渐尖，顶生小叶卵形或近圆形，稀卵状披针形，基部圆形至浅心形，边缘常3裂或缺刻状浅裂，侧生小叶斜卵状披针形或斜椭圆形，基部楔形至圆形，上面疏生平贴柔毛或几无毛，下面密被灰白色绒毛，沿叶脉混生柔毛，边缘有不整齐粗锯齿或缺刻状粗重锯齿；叶柄长2～4厘米，顶生小叶柄长1～2厘米，侧生小叶近无柄，与叶轴均密被绒毛状柔毛；托叶线形，被柔毛。总状或圆锥状花

叶片、茎秆

植株与群落

序，顶生或腋生，腋生花序常为短总状；总花梗和花梗均密被黄灰色或灰色绒毛状长柔毛和腺毛；花梗长4～10毫米；苞片线状披针形，被绒毛状柔毛；花直径6～10毫米；花萼外面密被黄灰色或灰色绒毛状长柔毛和腺毛；萼片卵形，长5～8毫米，顶端急尖，内萼片边缘具灰白色绒毛，在花果时均直立；花瓣倒卵形或近圆形，紫红色，边啮蚀状，基部具爪，稍长于萼片；雄蕊稍短于花瓣；花柱无毛；子房稍具柔毛。果实近球形，直径约1厘米，橘红色，初期被疏柔毛，成熟时无毛；核具细皱纹。花期5—6月，果期7—8月。

二、生物学特性

生山坡疏林、灌丛中或山谷河旁，海拔400～2500米。

三、区域分布

除干热河谷外，贵州全省多有分布，常见种。我国陕西、甘肃、河南、湖北、湖南、江西、安徽、浙江、福建、广东、广西、四川、云南均有分布。

红泡刺藤

学名：*Rubus niveus* Thunb.

别名：钩撕刺、薅秧泡、白枝泡

一、植物学特征

蔷薇科悬钩子属灌木，高1～2.5米；枝常紫红色，被白粉，疏生钩状皮刺，小枝带紫色或绿色，幼时被绒毛状毛。小叶常7～9枚，稀5或11枚，椭圆形、卵状椭圆形或菱状椭圆形，顶生小叶卵形或椭圆形，仅稍长于侧生者，长2.5～6厘米，宽1～3厘米，顶端急尖，稀圆钝，顶生小叶有时渐尖，基部楔形或圆形，上面无毛或仅沿叶脉有柔毛，下面被灰白色绒毛，边缘常具不整齐粗锐锯齿，稀具稍钝锯齿，顶生小叶有时具3裂片；叶柄长1.5～4厘米，顶生小叶柄长0.5～1.5厘米，侧生小叶近无柄，和叶轴均被绒毛状柔毛和稀疏钩状小皮刺；托叶线状披针形，具柔毛。花成伞房花序或短圆锥状花序，顶生或腋生；总花梗和花梗被绒毛状柔毛；花梗长0.5～1厘米；苞片披针形或线形，有柔毛；花直径达1厘米；花萼外面密被绒毛，并混生柔毛；萼片三角状卵形或三角状披针形，顶端急尖或突尖，在花果期常直立开展；花瓣近圆形，红色，基部有短爪，短于萼片；雄蕊几与花柱等长，花丝基部稍宽；雌蕊55～70，花柱紫红色，子房和花柱基部密被灰白色绒毛。果实半球形，直径8～12毫米，深红色转为黑色，密被灰白色绒毛；核有浅皱纹。花期5—7月，果期7—9月。

果

植株

本种属多型种，其小叶数目、形状、叶缘锯齿及小叶间隔均有不同程度变化。小叶通常7～9枚，但花枝上有时具5小叶，稀在花序基部有3小叶，营养枝上有时达11枚，形状自椭圆形、卵状椭圆形、菱状椭圆形至卵形，顶生小叶较宽大且有时3裂，叶边锯齿不整齐，较粗锐或稀稍圆钝，小叶的间隔也疏密不等。

二、生物学特性

生于山坡灌丛、疏林或山谷河滩、溪流旁，海拔500～2800米。

三、区域分布

贵州全省分布。我国陕西、甘肃、广西、四川、云南、西藏也有分布。

第六节　其他科饲用植物生物学特性

化香树

学名：*Platycarya strobilacea* Sieb. et Zucc.

别名：化香、花木香、还香树、皮杆条、山麻柳、换香树

一、植物学特征

胡桃科化香树属。落叶小乔木，高2～6米；树皮灰色，老时则不规则纵裂。二年生枝条暗褐色，具细小皮孔；芽卵形或近球形，芽鳞阔，边缘具细短睫毛；嫩枝被有褐色柔毛，不久即脱落而无毛。叶长15～30厘米，叶总柄显著短于叶轴，叶总柄及叶轴初时被稀疏的褐色短柔毛，后来脱落而近无毛，具7～23枚小叶；小叶纸质，侧生小叶无叶柄，对生或生于下端者偶尔有互生，卵状披针形至长椭圆状披针形，长4～11厘米，宽1.5～3.5厘米，不等边，上方一侧较下方一侧为阔，基部歪斜，顶端长渐尖，边缘有锯齿，顶生小叶具长约2～3厘米的小叶柄，基部对称，圆形或阔楔形，小叶上面绿色，近无毛或脉上有褐色短柔毛，下面浅绿色，初时脉上有褐色柔毛，后来脱落，或在侧脉腋内、在基部两侧毛不脱落，甚至毛全不脱落，毛的疏密依不同个体及环境而变异较大。两性花序和雄花序在小枝顶端排列成伞房状花序束，直立；两性花序通常1条，着生于中央顶端，长5～10厘米，雌花序位于下部，长1～3厘米，雄花序部分位于上部，有时无雄花序而仅有雌花序；雄花序通常3～8条，位于两性花序下方四周，长4～10厘米。雄花：苞片阔卵形，顶端渐尖而向外弯曲，外面的下部、内面的上部及边缘生短柔毛，长2～3毫米；雄蕊6～8枚，花丝短，稍生细短柔毛，花药阔卵形，黄色。雌花：苞片卵状披针形，

叶片

植株

顶端长渐尖、硬而不外曲，长2.5～3毫米；花被2，位于子房两侧并贴于子房，顶端与子房分离，背部具翅状的纵向隆起，与子房一同增大。果序球果状，卵状椭圆形至长椭圆状圆柱形，长2.5～5厘米，直径2～3厘米；宿存苞片木质，略具弹性，长7～10毫米；果实小坚果状，背腹压扁状，两侧具狭翅，长4～6毫米，宽3～6毫米。种子卵形，种皮黄褐色，膜质。5—6月开花，7—8月果成熟。

二、生物学特性

喜光，耐旱、耐瘠薄。常生长在海拔600～1 300米、有时达2 200米的向阳山坡及杂木林中。

三、区域分布

贵州全省中高海拔区分布，常见种。我国甘肃、陕西和河南的南部及山东、安徽、江苏、浙江、江西、福建、台湾、广东、广西、湖南、湖北、四川、云南地区也有分布。

垂柳

别名：*Salix warburgii* Seemen

别名：水柳、垂丝柳、清明柳

一、植物学特征

杨柳科柳属。乔木，高达12～18米，树冠开展而疏散。树皮灰黑色，不规则开裂；枝细，下垂，淡褐黄色、淡褐色或带紫色，无毛。芽线形，先端急尖。叶狭披针形或线状披针形，长9～16厘米，宽0.5～1.5厘米，先端长渐尖，基部楔形两面无毛或微有毛，上面绿色，下面色较淡，锯齿缘；叶柄长5～10毫米，有短柔毛；托叶仅生在萌发枝上，斜披针形或卵圆形，边缘有齿牙。花序先于叶开放，或与叶同时开放；雄花序长1.5～3厘米，有短梗，轴有毛；雄蕊2，花丝与苞片近等长或较长，

花

嫩枝叶

基部有长毛，花药红黄色；苞片披针形，外面有毛；腺体2个；雌花序长达2～3厘米，有梗，基部有3～4张小叶，轴有毛；子房椭圆形，无毛或下部稍有毛，无柄或近无柄，花柱短，柱头2～4深裂；苞片披针形，长1.8～2.5毫米，外面有毛；腺体1。蒴果长3～4毫米，带绿黄褐色。花期3—4月，果期4—5月。

二、生物学特性

喜光，喜潮湿环境，耐阴、耐寒、耐水湿，也能生于干旱处。

三、区域分布

贵州全省分布，常见种。长江流域与黄河流域有分布，全国各地均有栽培。

榛（川榛）

学名：*Corylus heterophylla* Fisch.

别名：榛子

一、植物学特征

桦木科榛属。灌木或小乔木，高1～7米；树皮灰色；枝条暗灰色，无毛，小枝黄褐色，密被短柔毛兼被疏生的长柔毛，无或具有刺状腺体。叶的轮廓为矩圆形或宽倒卵形，长4～13厘米，宽2.5～10厘米，顶端凹缺或截形，中央具三角状突尖，基部心形，有时两侧不相等，边缘具不规则的重锯齿，中部以上具浅裂，上面无毛，下面于幼时疏被短柔毛，以后仅沿脉疏被短柔毛，其余无毛，侧脉3～5对；叶柄纤细，长1～2厘米，疏被短毛或近无毛。雄花序单生，长约4厘米。果单生或2～6枚簇生成头状；果苞钟状，外面具细条棱，密被短柔毛兼有疏生的长柔毛，密生刺状腺体，很少无腺体，较果长但不超过1倍，很少较果短，上部浅裂，裂片三角形，边缘全缘，很少具疏锯齿；序梗长约1.5厘米，密被短柔毛。坚果近球形，长7～15毫米，无毛或仅顶端疏被长柔毛。

幼叶

植株

川榛（变种）：*Corylus heterophylla* Fisch. ex Trautv. var. sutchuenen.，叶椭圆形、宽卵形或几圆形，顶端尾状；果苞裂片的边缘具疏齿，很少全缘；花药红色。

二、生物学特性

喜光，耐阴、耐寒，耐干旱贫瘠。生于山坡路旁。

三、区域分布

贵州为川榛变种，贵州全省700米以上海拔区分布，常见种。四川东部、陕西、甘肃、河南、山东、江苏、安徽、浙江、江西等地有分布。

白栎

学名：*Quercus fabri* Hance

别名：小白栎、栎材树

一、植物学特征

壳斗科栎属，落叶乔木或灌木状，高达20米，树皮灰褐色，深纵裂。小枝密生灰色至灰褐色绒毛；冬芽卵状圆锥形，芽长4～6毫米，芽鳞多数，被疏毛。叶片倒卵形、椭圆状倒卵形，长7～15厘米，宽3～8厘米，顶端钝或短渐尖，基部楔形或窄圆形，叶缘具波状锯齿或粗钝锯齿，幼时两面被灰黄色星状毛，侧脉每边8～12条，叶背支脉明显；叶柄长3～5毫米，被棕黄色绒毛。雄花序长6～9厘米，花序轴被绒毛，雌花序长1～4厘米，生2～4朵花，壳斗杯形，坚果约1/3被其包裹，直径0.8～1.1厘米，高4～8毫米；小苞片卵状披针形，排列紧密，在口缘处稍伸出。坚果长椭圆形或卵状长椭圆形，直径0.7～1.2厘米，高1.7～2厘米，无毛，果脐突起。花期4月，果期10月。

花、果、叶片

株丛与群落

二、生物学特性

喜光，喜温暖气候，较耐阴；喜深厚、

湿润、肥沃土壤，也较耐干旱、瘠薄，但在肥沃湿润处生长最好。萌芽力强。在湿润肥沃深厚、排水良好的中性至微酸性沙壤土上生长最好，排水不良或积水地不宜种植。与其他树种混交能形成良好的干形，深根性，萌芽力强，但不耐移植。抗污染、抗尘土、抗风能力都较强。寿命长。生于海拔50～1 900米的丘陵、山地杂木林中。

三、区域分布

贵州全省分布，为常见种。陕西（南部）、江苏、安徽、浙江、江西、福建、河南、湖北、湖南、广东、广西、四川、云南等省区有分布。

楮

学名：*Broussonetia kazinoki* Sieb.

别名：小构树

一、植物学特征

花、果及叶片

桑科构属。灌木，高2～4米；小枝斜上，幼时被毛，成长脱落。叶卵形至斜卵形，长3～7厘米，宽3～4.5厘米，先端渐尖至尾尖，基部近圆形或斜圆形，边缘具三角形锯齿，不裂或3裂，表面粗糙，背面近无毛；叶柄长约1厘米；托叶小，线状披针形，渐尖，长3～5毫米，宽0.5～1毫米。花雌雄同株；雄花序球形头状，直径8～10毫米，雄花花被4～3裂，裂片三角形，外面被毛，雄蕊3～4，花药椭圆形；雌花序球形，被柔毛，花被管状，顶端齿裂，或近全缘，花柱单生，仅在近中部有小突起。聚花果球形，直径8～10毫米；瘦果扁球形，外果皮壳质，表面具瘤

植株

体。花期4—5月，果期5—6月。

二、生物学特性

喜温暖潮湿气候，肥沃潮湿土壤生长良好。多生于中海拔以下低山地区山坡林缘、沟边、住宅近旁。

三、区域分布

贵州全省中低海拔地区皆有，常见种。华中、华南、西南地区有分布。

地果

学名：*Ficus tikoua* Bur.

别名：地石榴、地瓜

叶片及榕果

植株与生境

一、植物学特征

桑科榕属。匍匐木质藤本，茎上生细长不定根，节膨大；幼枝偶有直立的，高达30～40厘米，叶坚纸质，倒卵状椭圆形，长2～8厘米，宽1.5～4厘米，先端急尖，基部圆形至浅心形，边缘具波状疏浅圆锯齿，基生侧脉较短，侧脉3～4对，表面被短刺毛，背面沿脉有细毛；叶柄长1～2厘米，幼枝的叶柄长达6厘米；托叶披针形，长约5毫米，被柔毛。榕果成对或簇生于匍匐茎上，常埋于土中，球形至卵球形，直径1～2厘米，基部收缩成狭柄，成熟时深红色，表面多圆形瘤点，基生苞片数为3，细小；雄花生榕果内壁孔口部，无柄，花被片2～6，雄蕊1～3；雌花生另一植株榕果内壁，有短柄。无花被，有黏膜包被子房。瘦果卵球形，表面有瘤体，花柱侧生，长，柱头2裂。花期5—6月，果期7月。

二、生物学特性

喜光，耐旱、耐瘠薄，适应性广。

三、区域分布

贵州全省均有分布，常见种。湖南、湖北、广西、云南、西藏、四川、甘肃、陕西有分布。常生于荒地、草坡、路坎、岩石缝中。

桑

学名：*Morus alba* L.

别名：家桑、桑树

一、植物学特征

桑科桑属。乔木或为灌木，高3～10米或更高，胸径可达50厘米，树皮厚，灰色，具不规则浅纵裂；冬芽红褐色，卵形，芽鳞覆瓦状排列，灰褐色，有细毛；小枝有细毛。叶卵形或广卵形，长5～15厘米，宽5～12厘米，先端急尖、渐尖或圆钝，基部圆形至浅心形，边缘锯齿粗钝，有时叶为各种分裂，表面鲜绿色，无毛，背面沿脉有疏毛，脉腋有簇毛；叶柄长1.5～5.5厘米，具柔毛；托叶披针形，早落，外面密被细硬毛。花单性，腋生或生于芽鳞腋内，与叶同时生出；雄花序下垂，长2～3.5厘米，密被白色柔毛，雄花。花被片宽椭圆形，淡绿色。花丝在芽时内折，花药2室，球形至肾形，纵裂；雌花序长1～2厘米，被毛，总花梗

叶

桑树林

长5～10毫米，被柔毛，雌花无梗，花被片倒卵形，顶端圆钝，外面和边缘被毛，两侧紧抱子房，无花柱，柱头2裂，内面有乳头状突起。聚花果卵状椭圆形，长1～2.5厘米，成熟时红色或暗紫色。花期4—5月，果期5—8月。

二、生物学特性

喜光，耐寒，耐干旱贫瘠。生于房前屋后、田边、路旁、荒地等处。

三、区域分布

贵州全省种植，独山、湄潭等地栽培普遍。全国各地均产。

长叶水麻

学名：*Debregeasia longifolia* (Burm. f.) Wedd.

别名：麻叶树、水珠麻

一、植物学特征

荨麻科水麻属。小乔木或灌木，高3～6米。小枝纤细，多少延伸，棕红色或褐紫色，密被伸展的灰色或褐色的微粗毛，以后渐脱落。叶纸质或薄纸质，长圆状或倒卵状披针形，有时近条形或长圆状椭圆形，稀狭卵形，先端渐尖，基部圆形或微缺，稀宽楔形，长9～18厘米，宽2～5厘米，边缘具细牙齿或细锯齿，上面深绿色，疏生细糙毛，有泡状隆起，下面灰绿色，在脉网内被一层灰白色的短毡毛，在脉上密生灰色或褐色粗毛，基出脉3条，侧出的2条近直伸达中部边缘，侧脉8～10对，在近边缘网结，并向外分出细脉达齿尖，细脉交互横生结成细网，各级脉在下面隆起；叶柄长1～4厘米，毛被同幼枝；托叶长圆状披针形，长6～10毫米，先端2裂至上部的近1/3处，背面被短柔毛。花序雌雄异株，稀同株，当年生枝、上年生枝和老枝的叶腋，2～4回的二歧分枝，在花枝最上部的常二叉分枝或单生，长1～2.5厘米，花序梗近无或长至1厘米，序轴上密被伸展的短柔毛，团伞花簇径3～4毫米；苞片长三角状卵形，长约1毫米，背面被短柔毛，雄花在芽时微扁球形，具短

花果、叶片

植株

梗，直径1.2～1.5毫米；花被片4，在中部合生，三角状卵形，背面稀疏的贴生细毛；雄蕊4枚；退化雌蕊倒卵珠形，近无柄，密生雪白色的长绵毛。雌花几乎无梗，倒卵珠形，压扁，下部紧缩成柄，长约0.8毫米；花被薄膜质，倒卵珠形，顶端4齿，包被着雌蕊而离生；子房倒卵珠形，压扁，具短柄；柱头短圆锥状，其上着生画笔头状的长毛柱头组织，宿存。瘦果带红色或金黄色，干时变铁锈色，葫芦状，下半部紧缩成柄，长1～1.5毫米，宿存花被与果实贴生。花期7—9月，果期9月至次年2月。

二、生物学特性

喜肥沃潮湿土壤。生山坡、林缘、沟边、路旁，生于海拔500～3 200米的山谷、溪边两岸灌丛中和森林中的湿润处，有时在向阳干燥处也有生长。

三、区域分布

贵州全省分布广泛。西藏南部、云南、广西、广东西部、四川、陕西南部、甘肃东南部和湖北西部地区有分布。

荨麻

学名：*Urtica fissa* E. Pritz.

别名：合麻

一、植物学特征

荨麻科荨麻属。多年生草本，有横走的根状茎。茎自基部多出，高40～100厘米，四棱形，密生刺毛和被微柔毛，分枝少。叶近膜质，宽卵形、椭圆形、五角形或近圆形轮廓，长5～15厘米，宽3～14厘米，先端渐尖或锐尖，基部截形或心形，边缘有5～7对浅裂片或掌状3深裂（此时每裂片又分出2～4对不整齐的小裂片），裂片自下向上逐渐增大，三角形或长圆形，长1～5厘米，先端锐尖或尾状，边缘有数

顶端嫩叶

植株与群落

枚不整齐的牙齿状锯齿，上面绿色或深绿色，疏生刺毛和糙状毛，下面浅绿色，被稍密的短柔毛，在脉上生较密的短柔毛和刺毛，钟乳体杆状、稀近点状，基出脉5条，上面一对伸达中上部裂齿尖，侧脉3～6对；叶柄长2～8厘米，密生刺毛和微柔毛；托叶草质，绿色，2枚在叶柄间合生，宽矩圆状卵形至矩圆形，长10～20毫米，先端钝圆，被微柔毛和钟乳体，有纵肋10～12条。雌雄同株，雌花序生上部叶腋，雄的生下部叶腋，稀雌雄异株；花序圆锥状，具少数分枝，有时近穗状，长达10厘米，序轴被微柔毛和疏生刺毛。雄花具短梗，在芽时直径约1.4毫米，开放后径约2.5毫米；花被片4，在中下部合生，裂片常矩圆状卵形，外面疏生微柔毛；退化雌蕊碗状，无柄，常白色透明；雌花小，几乎无梗；瘦果近圆形，稍双凸透镜状，长约1毫米，表面有带褐红色的细疣点；宿存花被片4，内面2枚近圆形，与果近等大，外面2枚近圆形，较内面的短至1/4，边缘薄，外面被细硬毛。花期8—10月，果期9—11月。

二、生物学特性

喜肥沃潮湿土壤。生于海拔500～2 000米的山坡、路旁或住宅旁半荫湿处。

三、区域分布

贵州全省分布广泛。全国各省区皆有分布。

落葵薯

学名：*Anredera cordifolia* (Tenore) Steenis

别名：藤三七

一、植物学特征

落葵科落葵薯属。缠绕藤本，长可达数米。根状茎粗壮。叶具短柄，叶片卵形至近圆形，长2～6厘米，宽1.5～5.5厘米，顶端急尖，基部圆形或心形，稍肉质，腋生小块茎（珠芽）。总状花序具多花，花序轴纤细，下垂，长7～25厘米；苞片狭，不超过花梗长度，宿存；花梗长2～3毫米，花托顶端杯状，花常由此脱落；下面1对小苞片宿存，宽三角形，急尖，透明，上面1对小苞片淡绿色，比花被短，宽椭圆形至近圆形；花直径约5毫米；花被片白色，渐变黑，开花时张开，卵形、长圆形至椭圆形，顶端钝圆，长约3毫米，宽约2毫米；雄蕊白色，花丝顶端在芽中反折，开花时伸出花外；花柱白色，分裂成3个柱头臂，每臂具1棍棒状或宽椭圆形柱头。花期6—10月。

花及花序

二、生物学特性

喜潮湿温暖气候，耐阴，肥沃土壤又有攀援条件时生长繁茂。

三、区域分布

贵州全省多有分布。

藤蔓

攀援生长的植株

江苏、浙江、福建、广东、四川、云南及北京有栽培。用叶腋中的小块茎（珠芽）进行繁殖。

繁缕

学名：*Stellaria media* (L.) Cyr.

别名：鹅肠菜、鹅耳伸筋、鸡儿肠

一、植物学特征

石竹科繁缕属一年生或二年生草本，高10～30厘米。茎俯仰或上升，基部多少分枝，常带淡紫红色，被1～2列毛。叶片宽卵形或卵形，长1.5～2.5厘米，宽1～1.5厘米，顶端渐尖或急尖，基部渐狭或近心形，全缘；基生叶具长柄，上部叶常无柄或具短柄。疏聚伞花序顶生；花梗细弱，具1列短毛，花后伸长，下垂，长7～14毫米；萼片5，卵状披针形，长约4毫米，顶端稍钝或近圆形，边缘宽膜质，外面被短腺毛；花瓣白色，长椭圆形，比萼片短，深2裂达基部，裂片近线形；雄蕊3～5，短于花瓣；花柱3，线形。蒴果卵形，稍长于宿存萼，顶端6裂，具多数种

花与茎

子；种子卵圆形至近圆形，稍扁，红褐色，直径1～1.2毫米，表面具半球形瘤状突起，脊较显著。花期6—7月，果期7—8月。

二、生物学特性

喜温和湿润的环境，耐寒，贵州秋冬季生长良好。适宜的生长温度为13～23℃。能适较轻的霜冻。以山坡、林下、田边、路旁、秋季玉米地多见。

三、区域分布

贵州全省广泛分布，特别是秋季作物地成片分布。全国几乎都有分布。

植株与群落

藜

学名：*Chenopodium album* L.

别名：灰条菜、灰藜

一、植物学特征

藜科藜属。一年生草本，高20～40厘米。茎平卧或外倾，具条棱及绿色或紫红色色条。叶片矩圆状卵形至披针形，长2～4厘米，宽6～20毫米，肥厚，先端急尖或钝，基部渐狭，边缘具缺刻状牙齿，上面无粉，平滑，下面有粉而呈灰白色，稍带紫红色；中脉明显，黄绿色；叶柄长5～10毫米。花两性兼有雌性，通常数花聚成团伞花序，再于分枝上排列成有间断而通常短于叶的穗状或圆锥状花序；花被

叶片

植株与种群

裂片3～4，浅绿色，稍肥厚，通常无粉，狭矩圆形或倒卵状披针形，长不及1毫米，先端通常钝；雄蕊1～2，花丝不伸出花被，花药球形；柱头2，极短。胞果顶端露出于花被外，果皮膜质，黄白色。种子扁球形，直径0.75毫米，横生、斜生及直立，暗褐色或红褐色，边缘钝，表面有细点纹。花果期5—10月。

二、生物学特性

生于农田、菜园、村房、水边，喜中性偏碱性的土壤。

三、区域分布

贵州全省分布，常见种。广布于南北半球的温带。

地肤

学名：*Kochia scoparia* (L.) Schrad

别名：铁扫帚、扫帚菜

一、植物学特征

藜科地肤属。一年生草本，高50～100厘米。根略呈纺锤形。茎直立，圆柱状，淡绿色或带紫红色，有多数条棱，稍有短柔毛或下部几乎无毛；分枝稀疏，斜上。叶为平面叶，披针形或条状披针形，长2～5厘米，宽

叶片、枝条

3～7毫米，无毛或稍有毛，先端短渐尖，基部渐狭入短柄，通常有3条明显的主脉，边缘有疏生的锈色绢状缘毛；茎上部叶较小，无柄，1脉。花两性或雌性，通常1～3个生于上部叶腋，构成疏穗状圆锥状花序，花下有时有锈色长柔毛；花被近球形，淡绿色，花被裂片近三角形，无毛或先端稍有毛；翅端附属物三角形至倒卵形，有时近扇形，膜质，脉不很明显，边缘微波状或具缺刻；花丝状，花药淡黄色；柱头2，丝状，紫褐色，花柱极短。胞果扁球形，果皮膜质，与种子离生。种子卵形，黑褐色，长1.5～2毫米，稍有光泽；胚环形，胚乳块状。花期6—9月，果期7—10月。

植株、群落、生境

二、生物学特性

喜光，耐寒，耐干旱贫瘠。生于房前屋后、田边、路旁、荒地等处。

三、区域分布

分布于安顺、黔西南州等地，以中低海拔地区多见。全国各地均产。

莲子草

学名：*Alternanthera philoxeroides* (Mart.) Griseb.

别名：空心苋、水蕹菜、革命草、长梗满天星、空心莲子菜

一、植物学特征

苋科莲子草属，多年生草本；茎基部匍匐，上部上升，管状，不明显4棱，长55～120厘米，具分枝，幼茎及叶腋有白色或锈色柔毛，茎老时无毛，仅在两侧纵沟内保留。叶片矩圆形、矩圆状倒卵形或倒卵状披针形，长2.5～5厘米，宽7～20毫米，顶端急尖或圆钝，具短尖，基部渐狭，全缘，两面无毛或上面有贴生毛及缘毛，下面有颗粒状突起；叶柄长3～10毫米，无毛或微有柔毛。花密生，具总花梗的头状花序，单生在叶腋，球形，直径8～15毫米；苞片及小苞片白色，顶端渐尖，具1脉；苞片卵形，长2～2.5毫米，小苞片披针形，长2毫米；花被片矩圆形，长5～6毫米，白色，光亮，无毛，顶端急尖，背部侧扁；雄蕊花丝长2.5～3毫米，基部连合成杯状；退化雄蕊矩圆状条形，和雄蕊约等长，顶端裂成窄条；子房倒卵形，具短柄，背面侧扁，顶端圆形。果实未见。花期5—10月。

二、生物学特性

喜潮湿水生环境，生在池沼、水沟内。

三、区域分布

贵州全省中低海拔分布，低洼地方常见。在富营养化的沼泽地常形成单一群落。在我国引种于北京、江苏、浙江、江西、湖南、福建地区，后逸为野生。

开花的植株

单一群落

苋

学名：*Amaranthus tricolor* L.

别名：苋菜、雁来红、老来少、三色苋

种穗

一、植物学特征

苋科苋属。一年生草本，高80～150厘米；茎粗壮，绿色或红色，常分枝，幼时有毛或无毛。叶片卵形、菱状卵形或披针形，长4～10厘米，宽2～7厘米，绿色或常成红色，紫色或黄色，或部分绿色加杂其他颜色，顶端圆钝或尖凹，具凸尖，基部楔形，全缘或波状缘，无毛；叶柄长2～6厘米，绿色或红色。花簇腋生，直到下部叶，或同时具顶生花簇，成下垂的穗状花序；花簇球形，直径5～15毫米，雄花和雌花混生；苞片及小苞片卵状披针形，长2.5～3毫米，透明，顶端有1长芒尖，背面具1绿色或红色隆起中脉；花被片矩圆形，长3～4毫米，绿色或黄绿色，顶端有1长芒尖，背面具1绿色或紫色隆起中脉；雄蕊比花被片长或短。胞果卵状矩圆形，长2～2.5毫米，环状横裂，包裹在宿存花被片内。种子近圆形或倒卵形，直径约1毫米，黑色或黑棕色，边缘钝。花期5—8月，果期7—9月。

群落

二、生物学特性

喜光，耐寒，耐阴。

三、区域分布

贵州全省分布，栽培、逸生并存。旱地常见。田间地头、房前屋后常见。全国各地均有栽培，有时逸为半野生。

香叶子

学名：*Lindera fragrans* Oliv.

别名：香树

一、植物学特征

樟科山胡椒属，常绿小乔木，高可达5米；树皮黄褐色，有纵裂及皮孔。幼枝青绿或棕黄色，纤细、光滑、有纵纹，无毛或被白色柔毛。叶互生；披针形至长狭卵形，先端渐尖，基部楔形或宽楔形；上面绿色，无毛；下面绿带苍白色，无毛或被白色微柔毛；三出脉，第一对侧脉紧沿叶缘上伸，纤细而不甚明显，但有时几与叶缘并行而近似羽状脉；叶柄长5～8毫米。伞形花序腋生；总苞片4，内有花2～4朵。雄花黄色，有香味；花被片6，近等长，外面密被黄褐色短柔毛；雄蕊9，花丝无毛，第三轮的基部有2个宽肾形几无柄的腺体；退化子房长椭圆形，柱头盘状。雌

春季枝条

植株

花未见。果长卵形，长1厘米，宽0.7厘米，幼时青绿，成熟时紫黑色，果梗长0.5～0.7厘米，有疏柔毛，果托膨大。

本种叶形与海拔高度的不同而有很大变异，海拔700～1 000米的，叶为披针形，纸质、无光泽，长3～5厘米，被白色柔毛；1 000～1 500米以上的，叶披针形，长5～12厘米，纸质或近革质，有光泽，无毛；海拔愈高则第一对侧脉更紧贴叶缘，甚至有时就在叶缘上。

二、生物学特性

生于海拔700～2 030米的沟边、山坡灌丛中，叶形随海拔高度的不同而变化。

三、区域分布

贵州全省中高海拔区分布。陕西、湖北、四川、广西等省区都有分布。

扬子毛茛

学名：*Ranunculus sieboldii* Miq.

别名：辣子草、地胡椒

一、植物学特征

毛茛科毛茛属。多年生草本。须根伸长簇生。茎铺散，斜升，高20～50厘米，下部节偃地生根，多分枝，密生开展的白色或淡黄色柔毛。基生叶与茎生叶相似，为三出复叶；叶片圆肾形至宽卵形，长2～5厘米，宽3～6厘米，基部心形，中央小叶宽卵形或菱状卵形，3浅裂至较深裂，边缘有锯齿，小叶柄长1～5毫米，生开展柔毛；侧生小叶不等地2裂，背面或两面疏生柔毛；叶柄长2～5厘米，密生开展的柔毛，基部扩大成褐色膜质的宽鞘抱茎，上部叶较小，叶柄也较短。花与叶对生，直径1.2～1.8厘米；花梗长3～8厘米，密生柔毛；萼片狭卵形，长4～6毫米，为宽的2倍，外面生柔毛，花期向下反折，迟落；花瓣5，黄色或上面变白色，狭倒卵形至椭圆形，长6～10毫米，宽3～5毫米，有5～9条或深色脉纹，下部渐窄成长爪，蜜槽小鳞片位于爪的基部；雄蕊20余枚，花药长约2毫米；花托粗短，密生白柔毛。聚合果圆球形，直径约1厘米；瘦果扁平，长3～4米，宽3～3.5毫米，为厚的5倍以上，无毛，边缘有宽约0.4毫米的宽棱，喙长约1毫米，成锥状外弯。花果期5—10月。

花

植株与群落

二、生物学特性

喜光，耐寒，耐干旱贫瘠。生田边、荒地、河岸沙地、草甸、山坡湿地，海拔300～2 500米。

三、区域分布

贵州全省，为常见种，成片分布。四川、云南东部、广西、湖南、湖北、江西、江苏、浙江、福建及陕西、甘肃等省区有分布。

三颗针

学名：*Berberis julianae* Schneid

别名：鲜黄小檗、黄檗、黄花刺

一、植物学特征

小檗科小檗属。落叶灌木，高1～3米。幼枝绿色，老枝灰色，具条棱和疣点；茎刺三分叉，粗壮，长1～2厘米，淡黄色。叶坚纸质，长圆形或倒卵状长圆形，长1.5～4厘米，宽5～16毫米，先端微钝，基部楔形，边缘具2～12刺齿，偶有全缘，上面暗绿色，侧脉和网脉突起，背面淡绿色，有时微被白粉；具短柄。花2～5朵簇生，偶有单生，黄色；花梗长12～22毫米；萼片2轮，外萼片近卵形，长约8毫米，宽约5.5毫米，内萼片椭圆形，长约9毫米，宽约6毫米；花瓣卵状椭圆形，长6～7毫米，宽5～5.5毫米，先端急尖，锐裂，基部缢缩呈爪，具2枚分离腺体；雄蕊长约4.5毫米，药隔先端平截；胚珠6～10枚。浆果红色，卵状长圆形，长1～1.2厘米，直径6～7毫米，先端略斜弯，有时略被白粉，具明显缩存花柱。花期5—6月，果期7—9月。

叶、果、刺

植株

二、生物学特性

耐干旱贫瘠。生于灌丛中、草甸、林缘、坡地或云杉林中。海拔1000～3600米。

三、区域分布

贵州威宁等高海拔地区有分布。陕西、甘肃、青海有分布。

南天竹

学名：*Nandina domestica.*

别名：蓝田竹

一、植物学特征

小檗科南天竹属。常绿小灌木。茎常丛生而少分枝，高1～3米，光滑无毛，幼枝常为红色，老后呈灰色。叶互生，集生于茎的上部，三回羽状复叶，长30～50厘米；二至三回羽片对生；小叶薄革质，椭圆形或椭圆状披针形，长2～10厘米，宽0.5～2厘米，顶端渐尖，基部楔形，全缘，上面深绿色，冬季变红色，背面叶脉隆起，两面无毛；近无柄。圆锥花序直立，长20～35厘米；花小，白色，具芳香，直径6～7毫米；萼片多轮，外轮萼片卵状三角形，长1～2毫米，向内各轮渐大，最内轮萼片卵状长圆形，长2～4毫米；花瓣长圆形，长约4.2毫米，宽约2.5毫米，先端圆钝；雄蕊6，

果实

植株

长约3.5毫米，花丝短，花药纵裂，药隔延伸；子房1室，具1～3枚胚珠。果柄长4～8毫米；浆果球形，直径5～8毫米，熟时鲜红色，稀橙红色。种子扁圆形。花期3—6月，果期5—11月。

二、生物学特性

喜光，耐干旱贫瘠。生于山地林下沟旁、路边或灌丛中。海拔1 200米以下。

三、区域分布

贵州全省中低海拔地区有分布。贵阳等广泛栽培。福建、浙江、山东、江苏、江西、安徽、湖南、湖北、广西、广东、四川、云南、陕西、河南等省区均有分布。

贵州金丝桃

学名：*Hypericum kouytchense* Levl.

别名：过路黄

一、植物学特征

藤黄科金丝桃属灌木，高1～1.8米，有拱弯或下垂的枝条。茎红色，幼时具4纵线棱，渐变成具2纵线棱，最后呈圆柱形；节间长1～4厘米，短于或长于叶；皮层红褐色。叶具柄，叶柄长0.5～1.5毫米；叶片椭圆形或披针形至卵形或三角状卵形，长2～5.8厘米，宽0.6～3厘米，先端锐尖至钝形或偶为圆形而具小尖突，基部楔形或近狭形至圆形，边缘平坦，坚纸质，上面绿色，下面淡绿但不或几乎不呈苍白色，主侧脉3～4对，中脉在上方分枝，无或有模糊的第三级脉网，腹腺体多密生，叶片腺体点状及短条纹状。花序具1～7花，自茎顶端第1～2节生出，近伞房状；花梗长0.5～1厘米；苞片披针形至狭披针形，凋落。花直径4～6.5厘米，星状；花蕾狭卵珠形，先端锐尖至近渐尖。萼片离生，覆瓦状排列，在现蕾及结果时开张，狭卵形或披针形，长0.7～1.5厘米，宽0.25～0.7厘米，先端锐尖或锐渐尖，全缘，中脉明显，小脉不显著，腺体10～11个，线形。花瓣亮金黄色，无红晕，开张或

花

下弯，倒卵状长圆形或倒卵形，长2.4～4厘米，宽1.6～2.5厘米，长约为萼片的3倍，边缘向顶端有细的具腺小齿，有近顶生的小尖突，小尖突先端锐尖。雄蕊5束，每束有雄蕊35～50枚，最长者长1.8～2.9厘米，长为花瓣7/10～4/5，花药金黄色。子房卵珠状角锥形或狭卵珠形，长6～8毫米，宽4～6毫米；花柱长8～10毫米，长为子房的1.2～1.35倍，离生，直立，先端略外弯；柱头小。蒴果略呈狭卵珠状角锥形或卵珠形，长1.7～2厘米，宽0.8～1厘米，成熟时红色。种子深紫褐色，狭圆柱形，长2～3.2毫米，有狭翅，近于平滑。花期5—7月，果期8—9月。

植株

二、生物学特性

喜光，耐寒、耐旱、耐瘠薄。生于草地、山坡、河滩、路旁、地头、多石地，海拔1500～2000米。

三、区域分布

贵州中高海拔地区有分布。在贵阳、安顺、威宁等地为常见种。

荠

学名：*Capsella bursa～pastoris* (L.) Medic.

别名：荠菜、地米菜、菱角菜

一、植物学特征

十字花科荠属。一年或二年生草本，高10～50厘米，无毛、有单毛或分叉毛；茎直立，单一或从下部分枝。基生叶丛生呈莲座状，大头羽状分裂，长可达12厘米，宽可达2.5厘米，顶裂片卵形至长圆形，长5～30毫米，宽2～20毫米，侧裂片3～8对，长圆形至卵形，长5～15毫米，顶端渐尖，浅裂、或有不规则粗锯齿或近全缘，叶柄长5～40毫米；茎生叶窄披针形或披针形，长5～6.5毫米，宽2～15毫米，基部箭形，抱茎，边缘有缺刻或锯齿。总状花序顶生及腋生，果期延长达20厘米；花

花及种子

植株与生境

梗长3～8毫米；萼片长圆形，长1.5～2毫米；花瓣白色，卵形，长2～3毫米，有短爪。短角果倒三角形或倒心状三角形，长5～8毫米，宽4～7毫米，扁平，无毛，顶端微凹，裂瓣具网脉；花柱长约0.5毫米；果梗长5～15毫米。种子2行，长椭圆形，长约1毫米，浅褐色。花果期4—6月。

二、生物学特性

喜光，耐寒、耐干旱贫瘠，适应性广泛。生在山坡、田边及路旁。

三、区域分布

贵州全省分布，特别是春季撂荒地、耕地常见，常成片分布。贵阳等地有栽培。我国各省区市几乎都有分布。

豆瓣菜

学名：*Nasturtium officinale* R. Br.

别名：西洋菜、水田芥、水蔊菜、水生菜

一、植物学特征

十字花科豆瓣菜属。多年生水生草本，高20～40厘米，全体光滑无毛。茎匍匐或浮水生，多分枝，节上生不定根。单数羽状复叶，小叶片3～7枚，宽卵形、长圆形或近圆形，顶端1片较大，长2～3厘米，宽1.5～2.5厘米，钝头或微凹，近全缘或呈浅波状，基部截平，小叶柄细而扁，侧生小叶与顶生的相似，基部不等称，叶柄基部成耳状，略抱茎。总状花序顶生，花多数；萼片长卵形，长2～3毫米，宽约1毫米，边缘膜质，基部略呈囊状；花瓣白色，倒卵形或宽匙形，具脉纹，长3～4毫米，宽1～1.5毫米，顶端圆，基部渐狭成细爪。长角果圆柱形而扁，长15～20毫米，宽1.5～2毫米；果柄纤细，开展或微弯；花柱短。种子每室2行。卵形，直径约1毫米，红褐色，表面具网纹。花期4—5月，果期6—7月。

花及花序

二、生物学特性

喜生水中、水沟边、山涧河边、沼泽地或水田中，海拔850～3 700米处均可生长。

三、区域分布

贵州全省中高海拔地区有分布。贵阳等地有栽培。黑龙江、河北、山西、山东、河南、安徽、江苏、广东、广西、陕西、四川、云南、西藏地区有分布。

植株与群落

诸葛菜

学名：*Orychophragmus violaceus* (Linn.) O. E. Schulz

别名：二月兰、蓝花籽

一、植物学特征

十字花科诸葛菜属。一年或二年生草本，高10～50厘米，无毛；茎单一，直立，基部或上部稍有分枝，浅绿色或带紫色。基生叶及下部茎生叶大头羽状全裂，顶裂片近圆形或短卵形，长3～7厘米，宽2～3.5厘米，顶端钝，基部心形，有钝齿，侧裂片2～6对，卵形或三角状卵形，长3～10毫米，越向下越小，偶在叶轴上杂有极

花、种荚

植株与种群

小裂片，全缘或有牙齿，叶柄长2～4厘米，疏生细柔毛；上部叶长圆形或窄卵形，长4～9厘米，顶端急尖，基部耳状，抱茎，边缘有不整齐牙齿。花紫色、浅红色或褪成白色，直径2～4厘米；花梗长5～10毫米；花萼筒状，紫色，萼片长约3毫米；花瓣宽倒卵形，长1～1.5厘米，宽7～15毫米，密生细脉纹，爪长3～6毫米。长角果线形，长7～10厘米。具4棱，裂瓣有1凸出中脊，喙长1.5～2.5厘米；果梗长8～15毫米。种子卵形至长圆形，长约2毫米。稍扁平，黑棕色，有纵条纹。花期4—5月，果期5—6月。

二、生物学特性

喜光，喜潮湿肥沃土壤。耐寒，适应性强。生在平原、山地、路旁或地边。

三、区域分布

贵州全省中高海拔地区有分布。辽宁、河北、山西、山东、河南、安徽、江苏、浙江、湖北、江西、陕西、甘肃、四川等省区有分布。

枫香树

学名：*Liquidambar formosana* Hance

一、植物学特征

金缕梅科枫香树属。落叶乔木，高达30米，胸径最大可达1米，树皮灰褐色，方块状剥落；小枝干后灰色，被柔毛，略有皮孔；芽体卵形，长约1厘米，略被微毛，鳞状苞片敷有树脂，干后棕黑色，有光泽。叶薄革质，阔卵形，掌状三裂，中央裂片较长，先端尾状渐尖；两侧裂片平展；基部心形；上面绿色，干后灰绿色，不发亮；下面有短柔毛，或变秃净仅在脉腋间有毛；掌状脉3～5条，在上下两面均显著，网脉明显可见；边缘有锯齿，齿尖有腺状突；叶柄长达11厘米，常有短柔毛；托叶线形，游离，或略与叶柄连生，长1～1.4厘米，红褐色，被毛，早落。雄性短穗状花序常多个排成总状，雄蕊多数，花丝不等长，花药比花丝略短。雌性头状花序有花24～43朵，花序柄长3～6厘米，偶有皮孔，无腺体；萼齿4～7个，针形，长4～8毫米，子房下半部藏在头状花序轴内，上半部游离，有柔毛，花柱长6～10毫米，先端常卷曲。头状果序圆球形，木质，直径3～4厘米；蒴果下半部藏

叶片

植株

于花序轴内，有宿存花柱及针刺状萼齿。种子多数，褐色，多角形或有窄翅。

二、生物学特性

生于海拔500米以上地区。性喜阳光，多生于平地和村落附近以及低山的次生林。

三、区域分布

贵州全省分布。秦岭、淮河以南各省有分布。在海南岛常组成次生林的优势种，性耐火烧，萌生力极强。

檵木

学名：*Loropetalum chinensis* (R. Br.) Oliv.

一、植物学特征

金缕梅科檵木属。灌木，有时为小乔木，多分枝，小枝有星毛。叶革质，卵形，长2～5厘米，宽1.5～2.5厘米，先端尖锐，基部钝，不等侧，上面略有粗毛或秃净，干后暗绿色，无光泽，下面被星毛，稍带灰白色，侧脉约5对，在上面明显，在下面突起，全缘；叶柄长2～5毫米，有星毛；托叶膜质，三角状披针形，长3～4毫米，宽1.5～2毫米，早落。花3～8朵簇生，有短花梗，白色，比新叶先开放，或与嫩叶同时开放，花序柄长约1厘米，被毛；苞片线形，长3毫米；萼筒杯状，被星毛，萼齿卵形，长约2毫米，花后脱落；花瓣4片，带状，长1～2厘米，先端圆或钝；雄蕊4个，花丝极短，药隔突出成角状；退化雄蕊4个，鳞片状，与雄蕊互生；子房完全下位，被星毛；花柱极短，长约1毫米；胚珠1个，垂生于心皮内上角。蒴果卵圆形，长7～8毫米，宽6～7毫米，先端圆，被褐色星状绒毛，萼筒长为蒴果的2/3。种子圆卵形，长4～5毫米，黑色，发亮。花期3—4月。原种白花。

檵木

红花檵木变种，学名：*Loropetalum chinense* var. rubrum。

叶与原种相同，多为栽培种。花紫红色，长2厘米。

二、生物学特性

适应性强，耐阴、耐瘠薄和干旱，喜生于向阳的丘陵及山地，亦常出现在马尾松林及杉林下。

三、区域分布

贵州全省中高海拔区零星分布，贵州施秉云台山有檵木单一群落。我国中部、南部及西南各省区皆有分布。

红花檵木植株

海桐

学名：*Pittosporum tobira* (Thunb.) Ait.

别名：花镜

一、植物学特征

常绿灌木或小乔木，高达6米，嫩枝被褐色柔毛，有皮孔。叶聚生于枝顶，二年生，革质，嫩时上下两面有柔毛，以后变秃净，倒卵形或倒卵状披针形，长4～9厘米，宽1.5～4厘米，上面深绿色，发亮、干后暗晦无光，先端圆形或钝，常微凹入或为微心形，基部窄楔形，侧脉6～8对，在靠近边缘处相结合，有时因侧脉间的支脉较明显而呈多脉状，网脉稍明显，网眼细小，全缘，干后反卷，叶柄长

花和叶

植株

达2厘米。伞形花序或伞房状伞形花序顶生或近顶生，密被黄褐色柔毛，花梗长1～2厘米；苞片披针形，长4～5毫米；小苞片长2～3毫米，均被褐毛。花白色，有芳香，后变黄色；萼片卵形，长3～4毫米，被柔毛；花瓣倒披针形，长1～1.2厘米，离生；雄蕊2型，退化雄蕊的花丝长2～3毫米，花药近于不育；正常雄蕊的花丝长5～6毫米，花药长圆形，长2毫米，黄色；子房长卵形，密被柔毛，侧膜胎座3个，胚珠多数，2列着生于胎座中段。蒴果圆球形，有棱或呈三角形，直径12毫米，多少有毛，子房柄长1～2毫米，3片裂开，果片木质，厚1.5毫米，内侧黄褐色，有光泽，具横格；种子多数，长4毫米，多角形，红色，种柄长约2毫米。叶革质，倒卵形，先端圆，簇生于枝顶呈假轮生状。

二、生物学特性

喜光，耐干旱贫瘠。

三、区域分布

贵阳、安顺、黔西南州等中海拔地区有野生种。现各地栽培作为观赏和绿化植物。

野花椒

学名：*Zanthoxylum simulans* Hance

别名：刺椒、黄椒、大花椒、天角椒、香椒

一、植物学特征

芸香科花椒属。灌木或小乔木；枝干散生基部宽而扁的锐刺，嫩枝及小叶背面沿中脉或仅中脉基部两侧或有时及侧脉均被短柔毛，或各部均无毛。叶有小叶5～15片；叶轴有狭窄的叶质边缘，腹面呈沟状凹陷；小叶对生，无柄或位于叶轴基部的有甚短的小叶柄，卵形，卵状椭圆形或披针形，长2.5～7厘米，宽1.5～4厘米，两侧略不对称，顶部急尖或短尖，常有凹口，油点多，干后半透明且常微突起，间有窝状凹陷，叶面常有刚毛状细刺，中脉凹陷，叶缘有疏离而浅的钝裂齿。花序顶生，长1～5厘米；花被片5～8片，狭披针形、宽卵形或近于三角形，大小及形状有时不相同，长约2毫米，淡黄绿色；雄花的雄蕊5～8枚，花丝及半圆形突起的退化雌蕊均淡绿色，药隔顶端有1干后暗褐黑色的油点；雌花的花被片为狭长披针形；心皮2～3个，花柱斜向背弯。果红褐色，分果瓣基部变狭窄且略延长1～2毫米呈柄状，油点多，微突起，单个分果瓣径约5毫米；种子长4～4.5毫米。花期3—5月，果期7—9月。

春季开花

植株

二、生物学特性

见于平地、低丘陵或略高的山地疏或密林下，喜阳光，耐干旱。

三、区域分布

贵州全省有分布，常见种。青海、甘肃、山东、河南、安徽、江苏、浙江、湖北、江西、台湾、福建、湖南等地都有分布。

马桑

学名：*Coriaria nepalensis* Wall.

别名：马桑柴、千年红、马鞍子、水马桑、野马桑、乌龙须、醉鱼儿

一、植物学特征

马桑科马桑属灌木，高1.5～2.5米，分枝水平开展，小枝四棱形或成四狭翅，幼枝疏被微柔毛，后变无毛，常带紫色，老枝紫褐色，具显著圆形突起的皮孔；芽鳞膜质，卵形或卵状三角形，长1～2毫米，紫红色，无毛。叶对生，纸质至薄革质，椭圆形或阔椭圆形，长2.5～8厘米，宽1.5～4厘米，先端急尖，基部圆形，全缘，两面无毛或沿脉上疏被毛，基出3脉，弧形伸至顶端，在叶面微凹，叶背突起；叶短柄，长2～3毫米，疏被毛，紫色，基部具垫状突起物。总状花序生于二年生的枝条上，雄花序先叶开放，长1.5～2.5厘米，多花密集，序轴被腺状微柔毛；苞片和小苞片卵圆形，长约2.5毫米，宽约2毫米，膜质，半透明，内凹，上部边缘具流苏状细齿；花梗长约1毫米，无毛；萼片卵形，长1.5～2毫米，宽1～1.5毫米，边缘半透明，上部具流苏状细齿；花瓣极小，卵形，长约0.3毫米，里面龙骨

嫩枝叶

开花期的植株

状；雄蕊10，花丝线形，长约1毫米，开花时伸长，长3～3.5毫米，花药长圆形，长约2毫米，具细小疣状体，药隔伸出，花药基部短尾状；不育雌蕊存在；雌花序与叶同出，长4～6厘米，序轴被腺状微柔毛；苞片稍大，长约4毫米，带紫色；花梗长1.5～2.5毫米；萼片与雄花同；花瓣肉质，较小，龙骨状；雄蕊较短，花丝长约0.5毫米，花药长约0.8毫米，心皮5，耳形，长约0.7毫米，宽约0.5毫米，侧向压扁，花柱长约1毫米，具小疣体，柱头上部外弯，紫红色，具多数小疣体。果球形，果期花瓣肉质增大包于果外，成熟时由红色变紫黑色，直径4～6毫米；种子卵状长圆形。

二、生物学特性

适应性强，耐寒、耐旱，生于海拔400～3 200米的灌丛中。

三、区域分布

贵州全省有分布，常见种。云南、四川、湖北、陕西、甘肃、西藏有分布。

盐肤木

学名：*Rhus chinensis* Mill.

别名：五倍子树、五倍柴、五倍子、木五倍子、红盐果、倍子柴、盐肤

一、植物学特征

漆树科盐肤木属，落叶小乔木或灌木，高2～10米；小枝棕褐色，被锈色柔毛，具圆形小皮孔。奇数羽状复叶有小叶3～6对，叶轴具宽的叶状翅，小叶自下而上逐渐增大，叶轴和叶柄密被锈色柔毛；小叶多形，卵形或椭圆状卵形或长圆形，长6～12厘米，宽3～7厘米，先端急尖，基部圆形，顶生小叶基部楔形，边缘具粗锯齿或圆齿，叶面暗绿色，叶背粉绿色，被白粉，叶面沿中脉疏被柔毛或近无毛，叶背被锈色柔毛，脉上较密，侧脉和细脉在叶面凹陷，在叶背突起；小叶无柄。圆锥花序宽大，多分枝，雄花序长30～40厘米，雌花序较短，密被锈色柔毛；苞片披针形，长约1毫米，被微柔毛，小苞片极小，花白色，花梗长约1毫米，被微柔

春季嫩叶

种穗

毛；雄花：花萼外面被微柔毛，裂片长卵形，长约1毫米，边缘具细睫毛；花瓣倒卵状长圆形，长约2毫米，开花时外卷；雄蕊伸出，花丝线形，长约2毫米，无毛，花药卵形，长约0.7毫米；子房不育；雌花：花萼裂片较短，长约0.6毫米，外面被微柔毛，边缘具细睫毛；花瓣椭圆状卵形，长约1.6毫米，边缘具细睫毛，里面下部被柔毛；雄蕊极短；花盘无毛；子房卵形，长约1毫米，密被白色微柔毛，花柱3，柱头头状。核果球形，略压扁，径4～5毫米，被具节柔毛和腺毛，成熟时红色，果核径3～4毫米。花期8—9月，果期10月。

二、生物学特性

喜光，耐瘠薄。生于海拔170～2 700米的向阳山坡、沟谷、溪边的疏林或灌丛中。

三、区域分布

贵州全省分布，常见种。我国除东北、内蒙古和新疆外，其余省区均有分布。

南蛇藤

学名：*Celastrus orbiculatus* Thunb.

别名：铃铛菜、蔓性落霜红、南蛇风、大南蛇、香龙草、果山藤

一、植物学特征

卫矛科南蛇藤属。藤本。小枝光滑无毛，灰棕色或棕褐色，具稀而不明显的皮孔；腋芽小，卵状到卵圆状，长1～3毫米。叶通常阔倒卵形，近圆形或长方椭圆形，长5～13厘米，宽3～9厘米，先端圆阔，具有小尖头或短渐尖，基部阔楔形到近钝圆形，边缘具锯齿，两面光滑无毛或叶背脉上具稀疏短柔毛，侧脉3～5对；叶柄细长1～2厘米。聚伞花序腋生，间有顶生，花序长1～3厘米，小花1～3朵，偶仅1～2朵，小花梗关节在中部以下或近基部；雄花萼片钝三角形；花瓣倒卵椭圆形或

长方形，长3～4厘米，宽2～2.5毫米；花盘浅杯状，裂片浅，顶端圆钝；雄蕊长2～3毫米，退化雌蕊不发达；雌花花冠较雄花窄小，花盘稍深厚，肉质，退化雄蕊极短小；子房近球状，花柱长约1.5毫米，柱头3深裂，裂端再2浅裂。蒴果近球状，直径8～10毫米；种子椭圆状稍扁，长4～5毫米，直径2.5～3毫米，赤褐色。花期5—6月，果期7—10月。

叶

藤蔓

二、生物学特性

喜生海拔450～2 200米的灌丛、林下、田边地坎，潮湿土壤生长良好。

三、区域分布

贵州全省分布，为常见种。黑龙江、吉林、辽宁、内蒙古、河北、山东、山西、河南、陕西、甘肃、江苏、安徽、浙江、江西、湖北、四川分布广泛。

黄杨

学名：*Buxus sinica* (Rehd. et Wils.) Cheng

别名：黄杨木、小叶黄杨

一、植物学特征

黄杨科黄杨属。灌木或小乔木，高1～6米；枝圆柱形，有纵棱，灰白色；小枝

植株

贵州省草原监理站麦坪基地黄杨灌木利用强度试验

四棱形，全面被短柔毛或外方相对两侧面无毛，节间长0.5～2厘米。叶革质，阔椭圆形、阔倒卵形、卵状椭圆形或长圆形，大多数长1.5～3.5厘米，宽0.8～2厘米，先端圆或钝，常有小凹口，不尖锐，基部圆或急尖或楔形，叶面光亮，中脉凸出，下半段常有微细毛，侧脉明显，叶背中脉平坦或稍凸出，中脉上常密被白色短线状钟乳体，全无侧脉，叶柄长1～2毫米，上面被毛。花序腋生，头状，花密集，花序轴长3～4毫米，被毛，苞片阔卵形。长2～2.5毫米，背部多少有毛；雄花：约10朵，无花梗，外萼片卵状椭圆形，内萼片近圆形，长2.5～3毫米，无毛，雄蕊连花药长4毫米，不育雌蕊有棒状柄，末端膨大，高2毫米左右（高度约为萼片长度的2/3或和萼片几等长）；雌花：萼片长3毫米，子房较花柱稍长，无毛，花柱粗扁，柱头倒心形，下延达花柱中部。蒴果近球形，长6～8毫米，宿存花柱长2～3毫米。花期3月，果期5—6月。

二、生物学特性

多生山谷、溪边、林下，海拔1 200～2 600米。

三、区域分布

贵州全省中高海拔地区有分布，常见种。陕西、甘肃、湖北、四川、广西、广东、江西、浙江、安徽、江苏、山东等省区有分布。绿化栽培普遍。

异叶鼠李

学名：*Rhamnus heterophylla* Oliv.

别名：崖枣树

一、植物学特征

鼠李科鼠李属，矮小灌木，高2米，枝无刺，幼枝和小枝细长，被密短柔毛。叶纸质，大小异形，在同侧交替互生，小叶近圆形或卵圆形，长0.5～1.5厘米，顶端圆形或钝；大叶矩圆形、卵状椭圆形或卵状矩圆形，长1.5～4.5厘米，宽1～2.2厘米，顶端锐尖或短渐尖，常具小尖头，基部楔形或圆形，边缘具细锯齿或细圆齿，干时多少背卷，上面浅绿色，两面无毛或仅下面脉腋被簇毛，稀沿脉被疏短柔毛，侧脉每边2～4条，上面不明显，下面稍突起，叶柄长2～7毫米，有短柔毛；托叶钻形或线状披针形，短于叶柄，宿存。花单性，雌雄异株，单生或2～3个簇生于侧枝上的叶腋，5基数，花梗长1～2毫米，被疏微柔毛；萼片外面被疏柔毛，内面具3脉；雄花的花瓣匙形，顶端微凹，具退化雌蕊，子房不发育，花柱3半裂；雌花花瓣小，2浅裂，早落，有极小的退化雄蕊，子房球形，3室，每室有

叶、果

植株与群落

1胚珠，花柱短，3半裂。核果球形，基部有宿存的萼筒，成熟时黑色，具3分核；果梗长1～2毫米；种子背面具长为种子4/5上窄下宽的纵沟。花期5—8月，果期9—12月。

二、生物学特性

生于山坡灌丛或林缘，海拔300～1450米。

三、区域分布

贵州中低海拔地区有分布。在甘肃东南部、陕西南部、湖北西部、四川、云南有分布。

崖爬藤

学名：*Tetrastigma obtectum* (Wall.) Planch.

一、植物学特征

葡萄科崖爬藤属。木质藤本。小枝圆柱形，无毛或被疏柔毛。卷须4～7呈伞状集生，相隔2节间断与叶对生。叶为掌状5小叶，小叶菱状椭圆形或椭圆披针形，长1～4厘米，宽0.5～2厘米，顶端渐尖、急尖或钝，基部楔形，外侧小叶基部不对称，边缘每侧有3～8个锯齿或细牙齿，上面绿色，下面浅绿色，两面均无毛；侧脉4～5对，网脉不明显；叶柄长1～4厘米，小叶柄极短或几无柄，无毛或被疏柔毛；托叶褐色，膜质，卵圆形，常宿存。花序长1.5～4厘米，比叶柄短、近等长或较叶柄长，顶生或假顶生于具有1～2片叶的短枝上，多数花集生成单伞形；花序梗长1～4厘米，无毛或被稀疏柔毛；花蕾椭圆形或卵椭圆形，高1.5～3毫米，顶端近截形或近圆形；萼浅碟形，边缘呈波状浅裂，外面无毛或稀疏柔毛；花瓣4，长椭圆形，高1.3～2.7毫米，顶端有短角，外面无毛；雄蕊4，花丝丝状，花药黄色，卵圆形，长宽近相等，在雌花内雄蕊显著短而败育；花盘明显，4浅裂，在雌花中不发达；子房锥形，花柱短，柱头扩大呈碟形，边缘不规则分裂。果实球形，直径0.5～1厘米，有种子1颗；种子椭圆形，顶端圆形，基部有

花果

植株

短喙，种脐在种子背面下部1/3处呈长卵形，两侧有棱纹和凹陷，腹部中棱脊突出，两侧洼穴呈沟状向上斜展达种子顶端1/4处。花期4—6月，果期8—11月。

二、生物学特性

喜光，喜攀援生长。耐阴，耐干旱贫瘠。生长在房前屋后、山谷林中或山坡灌丛，海拔300～1500米。

三、区域分布

贵州全省，尤其贵阳等中海拔地区分布广泛。陕西、河南、山东、安徽、江苏、浙江、湖北、湖南、福建、台湾、广东、广西、海南、四川、云南等省区有分布。

毛葡萄

学名：*Vitis heyneana* Roem. & Schult-Syst.

别名：五角叶葡萄、野葡萄

一、植物学特征

嫩叶

葡萄科葡萄属。木质藤本。小枝圆柱形，有纵棱纹，被灰色或褐色蛛丝状绒毛。卷须2叉分枝，密被绒毛，每隔2节间断与叶对生。叶卵圆形、长卵椭圆形或卵状五角形，长4～12厘米，宽3～8厘米，顶端急尖或渐尖，基部心形或微心形，基缺顶端凹成钝角，稀成锐角，边缘每侧有9～19

植株

个尖锐锯齿，上面绿色，初时疏被蛛丝状绒毛，以后脱落无毛，下面密被灰色或褐色绒毛，稀脱落变稀疏，基生脉3～5出，中脉有侧脉4～6对，上面脉上无毛或有时疏被短柔毛，下面脉上密被绒毛，有时短柔毛或稀绒毛状柔毛；叶柄长2.5～6厘米，密被蛛丝状绒毛；托叶膜质，褐色，卵披针形，长3～5毫米，宽2～3毫米，顶端渐尖，稀钝，边缘全缘，无毛。花杂性异株；圆锥花序疏散，与叶对生，分枝发达，长4～14厘米；花序梗长1～2厘米，被灰色或褐色蛛丝状绒毛；花梗长1～3毫米，无毛；花蕾倒卵圆形或椭圆形，高1.5～2毫米，顶端圆形；萼碟形，边缘近全缘，高约1毫米；花瓣5，呈帽状黏合脱落；雄蕊5，花丝状，长1～1.2毫米，花药黄色，椭圆形或阔椭圆形，长约0.5毫米，在雌花内雄蕊显著短，败育；花盘发达，5裂；雌蕊1，子房卵圆形，花柱短，柱头微扩大。果实圆球形，成熟时紫黑色，直径1～1.3厘米；种子倒卵形，顶端圆形，基部有短喙，种脐在背面中部呈圆形，腹面中棱脊突起，两侧洼穴狭窄呈条形，向上达种子1/4处。花期4—6月，果期6—10月。

二、生物学特性

喜光，耐阴、耐寒、耐干旱贫瘠。生于海拔100～3 200米山坡、沟谷灌丛、林缘或林中。

三、区域分布

贵州全省分布。山西、陕西、甘肃、山东、河南、安徽、江西、浙江、福建、广东、广西、湖北、湖南、四川、云南、西藏等地有分布。

牛奶子

学名：*Elaeagnus umbellate* Thunb.

别名：羊奶子、剪子果、甜枣、麦粒子

一、植物学特征

胡颓子科胡颓子属。落叶直立灌木，高1～4米，具长1～4厘米的刺；小枝甚开展，多分枝，幼枝密被银白色和少数黄褐色鳞片，有时全被深褐色或锈色鳞片，老枝鳞片脱落，灰黑色；芽银白色或褐色至锈色。叶纸质或膜质，椭圆形至卵状椭圆形或倒卵状披针形，长3～8厘米，宽1～3.2厘米，顶端钝形或渐尖，基部圆形至楔形，边缘全缘或皱卷至波状，上面幼时具白色星状短柔毛或鳞片，成熟后全部或部分脱落，干燥后淡绿色或黑褐色，下面密被银白色和散生少数褐色鳞片，侧脉5～7对，两面均略明显；叶柄白色，长5～7毫米。花较叶先开放，黄白色，芳香，密被银白色盾形鳞片，1～7花簇生新枝基部，单生或成对生于幼叶腋；花梗白色，长3～6毫米；萼筒圆筒状漏斗形，稀圆筒形，长5～7毫米，在裂片下面扩展，向基部渐窄狭，在子房上略收缩，裂片卵状三角形，长2～4毫米，顶端钝尖，内面几无毛或疏生白色星状短柔毛；雄蕊的花丝极短，长约为花药的一半，花药矩圆形，长约1.6毫米；花柱直立，疏生少数白色星状柔毛和鳞片，长6.5毫米，柱头侧生。果实几球形或卵圆形，长5～7毫米，幼时绿色，被银白色或有时全被褐色鳞片，成熟时红色；果梗直立，粗壮，长4～10毫米。花期4—5月，果期7—8月。

花、叶

果

二、生物学特性

喜凉爽气候。生于海拔3 000米以下向阳的灌木林、路旁、地坎。由于环境的变化和影响，因此植物体各部形态、大小、颜色、质地均有不同程度的变化。

三、区域分布

贵州中西部1 500米以上高海拔地区多分布，以威宁、赫章一带常见，有单一群落。四川有分布。

戟叶堇菜

学名：*Viola betonicifolia* J. E. Smith

别名：尼泊尔堇菜、箭叶堇菜

一、植物学特征

种荚

植株

堇菜科堇菜属。多年生草本，无地上茎。根状茎通常较粗短，长5～10毫米，斜生或垂直，有数条粗长的淡褐色根。叶多数，均基生，莲座状；叶片狭披针形、长三角状戟形或三角状卵形，长2～7.5厘米，宽0.5～3厘米，先端尖，有时稍钝圆，基部截形或略呈浅心形，有时宽楔形，花期后叶增大，基部垂片开展并具明显的牙齿，边缘具疏而浅的波状齿，近基部齿较深，两面无毛或近无毛；叶柄较长，长1.5～13厘米，上半部有狭而明显的翅，通常无毛，有时下部有细毛；托叶褐色，约3/4与叶柄合生，离生部分线状披针形或钻形，先端渐尖，边缘全缘或疏生细齿。花白色或淡紫色，有深色条纹，长1.4～1.7厘米；花梗细长，与叶等长或超出于叶，通常无毛，有时仅下部有细毛，中部附近有2枚线形小苞片；萼片卵状披针形或狭卵形，长5～6毫米，先端渐尖或稍尖，基部附属物较短，长0.5～1毫米，末端圆，有时疏生钝齿，具狭膜质缘，具3脉；上方花瓣倒卵形，长1～1.2厘米，侧方花瓣长圆状倒卵形，长1～1.2厘米，里面基部密生或有时生较少量的须毛，下方花瓣通常稍短，连距长1.3～1.5厘米；距管状，稍短而粗，长2～6毫米，粗2～3.5毫米，末端圆，直或稍向上弯；花药及药隔顶部附属物均长约2毫米，下方2枚雄蕊具长1～3毫米的距；子房卵球形，长约2毫米，无毛，花柱棍棒状，基部稍向前膝曲，上部逐渐增粗，柱头两侧及后方略增厚成狭缘边，前方具明显的短喙，喙端具柱头孔。蒴果椭圆形至长圆形，长6～9毫米，无毛。花果期4—9月。

二、生物学特性

喜光，喜湿润环境。生于田间、荒地、山坡草丛、林缘或灌丛中。在庭园较湿润处常形成小群落。

三、区域分布

贵州全省分布。黑龙江、吉林、辽宁、内蒙古、河北、山西、陕西、甘肃、山东、江苏、安徽、浙江、江西、福建、台湾、河南、湖北、湖南、广西、四川、云南等地有分布。

白簕

学名：*Acanthopanax trifoliatus* (L.) Merr.

别名：鹅掌簕、三加皮、三叶五加

一、植物学特征

五加科五加属。灌木，高1～7米；枝软弱铺散，常依持他物上升，老枝灰白色，新枝黄棕色，疏生下向刺；刺基部扁平，先端钩曲。叶有小叶3，稀4～5；叶柄长2～6厘米，有刺或无刺，无毛；小叶片纸质，稀膜质，椭圆状卵形至椭圆状长圆形，稀倒卵形，

花序

长4～10厘米，宽3～6.5厘米，先端尖至渐尖，基部楔形，两侧小叶片基部歪斜，两面无毛，或上面脉上疏生刚毛，边缘有细锯齿或钝齿，侧脉5～6对，明显或不甚明显，网脉不明显；小叶柄长2～8毫米，有时几无小叶柄。伞形花序3～10个、稀多至20个组成顶生复伞形花序或圆锥花序，直径1.5～3.5厘米，有花多数，稀少数；总花梗长2～7厘米，无毛；花梗细长，长1～2厘米，无毛；花黄绿色；萼长约1.5毫米，无毛，边缘有5个三角形小齿；花瓣5，三角状卵形，长约2毫米，开花时反曲；雄蕊5，花丝长约3毫米；子房2室；花柱2，基部或中部以下合生。果实扁球形，直径约5毫米，黑色。花期8—11月，果期9—12月。

植株

二、生物学特性

喜光，耐寒，耐干旱贫瘠。生于村落，山坡路旁、林缘和灌丛中，海拔3 200米以下。

三、区域分布

贵州全省分布，安顺等地常见。我国中部和南部广大地区均有分布。

刺楸

学名：*Kalopanax septemlobus* (Thunb.) Koidz.

别名：鼓钉刺、刺枫香树、刺桐、云楸、茨楸、棘楸、辣枫香树

一、植物学特征

五加科刺楸属。落叶乔木，高约10米，最高可达30米，胸径达70厘米以上，树皮暗灰棕色；小枝淡黄棕色或灰棕色，散生粗刺；刺基部宽阔扁平，通常长5～6毫米，基部宽6～7毫米，在茁壮枝上的长达1厘米以上，宽1.5厘米以上。叶片纸质，在长枝上互生，在短枝上簇生，圆形或近圆形，直径9～25厘米，稀达35厘米，掌状5～7浅裂，裂片阔三角状卵形至长圆状卵形，长不及全叶片的1/2，茁壮枝上的叶片分裂较深，裂片长超过全叶片的1/2，先端渐尖，基部心形，上面深绿色，无毛或几无毛，下面淡绿色，幼时疏生短柔毛，边缘有细锯齿，放射状主脉5～7条，两面均明显；叶柄细长，长8～50厘米，无毛。圆锥花序大，长15～25厘米，直径20～30厘米；伞形花序直径1～2.5厘米，有花多数；总花梗细长，长2～3.5厘米，无毛；花梗

细长，无关节，无毛或稍有短柔毛，长5～12毫米；花白色或淡绿黄色；萼无毛，长约1毫米，边缘有5小齿；花瓣5，三角状卵形，长约1.5毫米；雄蕊5；花丝长3～4毫米；子房2室，花盘隆起；花柱合生成柱状，柱头离生。果实球形，直径约5毫米，蓝黑色；宿存花柱长2毫米。花期7—10月，果期9—12月。

幼树

二、生物学特性

喜光，耐阴。多生于阳性森林、灌木林中和林缘，腐植质较多土壤生长良好。

三、区域分布

贵州全省分布。贵阳等地有栽培。辽宁、山东、河南、江苏、浙江等地也有分布。

叶片

竹叶柴胡

学名：*Bupleurum marginatum* Wall. ex DC.

别名：紫柴胡、竹叶防风

一、植物学特征

伞形科柴胡属，多年生高大草本。根木质化，直根发达，外皮深红棕色，纺锤形，有细纵绉纹及稀疏的小横突起，长10～15厘米，直径5～8毫米，根的顶端常有一段红棕色的地下茎，木质化，长2～10厘米，有时扭曲缩短与根较难区分。茎高

50～120厘米，绿色，硬挺，基部常木质化，带紫棕色，茎上有淡绿色的粗条纹，实心。叶鲜绿色，背面绿白色，革质或近革质，叶缘软骨质，较宽，白色，下部叶与中部叶同形，长披针形或线形，长10～16厘米，宽6～14毫米，顶端急尖或渐尖，有硬尖头，长达1毫米，基部微收缩抱茎，脉9～13，向叶背显著突出，淡绿白色，茎上部叶同形，但逐渐缩小，7～15脉。复伞形花序很多，顶生花序往往短于侧生花序；直径1.5～4厘米；伞辐3～4，不等长，长1～3厘米；总苞片2～5，很小，不等大，披针形或小如鳞片，长1～4毫米，宽0.2～1毫米，1～5脉；小伞形花序直径4～9毫米；小总苞片5，披针形，短于花柄，长1.5～2.5毫米，宽0.5～1毫米，顶端渐尖，有小突尖头，基部不收缩，1～3脉，有白色膜质边缘，小伞形花序有花8～10，直径1.2～1.6毫米；花瓣浅黄色，顶端反折处较平而不突起，小舌片较大，方形；花柄长2～4.5毫米，较粗，花柱基厚盘状，宽于子房。果长圆形，长3.5～4.5毫米，宽1.8～2.2毫米，棕褐色，棱狭翼状，每棱槽中油管3，合生面4。花期6—9月，果期9—11月。

花及花序

植株

二、生态学特性

生长在海拔750～2 300米的荒山坡、田野、向阳山坡路边、岸旁或草丛中。

三、区域分布

贵州全省中高海拔地区分布，贵阳、黔南等地为常见种。我国西南、中部和南部各省区分布。

小果珍珠花

学名：*Lyonia ovalifolia* (Wall.) Drude var. elliptica Hand.-Mazz.

别名：小果南烛、小果米饭花、椭叶南烛、小果卵叶梫木

一、植物学特征

杜鹃花科珍珠花属，珍珠花原变种。常绿或落叶灌木或小乔木，高8～16米；枝淡灰褐色，无毛；冬芽长卵圆形，淡红色，无毛。叶革质，卵形或椭圆形，长8～10厘米，宽4～5.8厘米，先端渐尖，基部钝圆或心形，表面深绿色，无毛，背面淡绿色，近于无毛，中脉在表面下陷，在背面突起，侧脉羽状，在表面明显，脉上多少被毛；叶柄长4～9毫米，无毛。总状花序长5～10厘米，着生叶腋，近基部有2～3枚叶状苞片，小苞片早落；花序轴上微被柔毛；花梗长约6毫米，近于无毛；花萼深5裂，裂片长椭圆形，长约2.5毫米，宽约1毫米，外面近于无毛；花冠圆筒状，长约8毫米，径约4.5毫米，外面疏被柔毛，上部浅5裂，裂片向外反折，先端钝圆；雄蕊10枚，花丝线形，长约4毫米，顶端有2枚芒状附属物，中下部疏被白色长柔毛；子房近球形，无毛，花柱长约6毫米，柱头头状，略伸出花冠

叶片与枝条

花及花序

外。蒴果球形，直径4～5毫米，缝线增厚；种子短线形，无翅。花期5—6月，果期7—9月。

小果珍珠花与原变种不同在于叶较薄，纸质，卵形，先端渐尖或急尖；果实较小，直径约3毫米；果序长12～14厘米。

二、生物学特性

喜光，耐旱，生于阳坡灌丛中。

三、区域分布

贵州全省中低海拔地区分布。陕西南部、江苏、安徽南部、浙江、江西、福建、台湾、湖北、湖南、广东、广西、四川、云南等省区有分布。

云南杜鹃

学名：*Rhododendron yunnanense* Franch.

一、植物学特征

杜鹃花科杜鹃属，落叶、半落叶或常绿灌木，偶成小乔木，高1～4米。幼枝疏生鳞片，无毛或有微柔毛，老枝光滑。叶通常向下倾斜着生，叶片长圆形、披针形，长圆状披针形或倒卵形，长2.5～7厘米，宽0.8～3厘米，先端渐尖或锐尖，有短尖头，基部渐狭成楔形，上面无鳞片或疏生鳞片，无毛或沿中脉被微柔毛，偶或叶面全有微柔毛并疏生刚毛，下面绿或灰绿色，网脉纤细而清晰，疏生鳞片，鳞片中等大小，相距为其直径的2～6倍，边缘无或疏生刚毛；叶柄长3～7毫米，疏生鳞片，被短柔毛或有时疏生刚毛。花序顶生或同时枝顶腋生，3～6花，伞形着生或成短总状；花序轴长2～3毫米；花梗长0.5～3厘米，疏生鳞片或无鳞片；花萼环状或5裂，裂片长0.5～1毫米，疏生鳞片或无鳞片，无缘毛或疏生缘毛；花冠宽漏斗状，略呈两侧对称，长1.8～3.5厘米，白色、淡红色或淡紫色，内面有红、褐红、黄或黄绿色斑点，外面无鳞片或疏生鳞片；雄蕊不等长，长雄蕊伸

花及花序

植株

出花冠外，花丝下部或多或少被短柔毛；子房5室，密被鳞片，花柱伸出花冠外，洁净。蒴果长圆形，长0.6～2厘米。花期4—6月。

二、生物学特性

生于山坡杂木林、灌丛、松林、松—栎林、云杉或冷杉林缘，海拔1600～4000米。

三、区域分布

贵州西部高海拔地区有分布，常见种。陕西南部、四川西部、云南（西、西北、北、东北部）、西藏东南部等地有分布。

杜鹃

学名：*Rhododendron simsii* Planch.

别名：映山红

一、植物学特性

杜鹃科杜鹃属。落叶灌木，高2～5米；分枝多而纤细，密被亮棕褐色扁平糙伏毛。叶革质，常集生枝端，卵形、椭圆状卵形或倒卵形或倒卵形至倒披针形，长1.5～5厘米，宽0.5～3厘米，先端短渐尖，基部楔形或宽楔形，边缘微反卷，具细齿，上面深绿色，疏被糙伏毛，下面淡白色，密被褐色糙伏毛，中脉在上

花

植株

面凹陷，下面凸出；叶柄长2～6毫米，密被亮棕褐色扁平糙伏毛。花芽卵球形，鳞片外面中部以上被糙伏毛，边缘具睫毛。花2～6朵簇生枝顶；花梗长8毫米，密被亮棕褐色糙伏毛；花萼5深裂，裂片三角状长卵形，长5毫米，被糙伏毛，边缘具睫毛；花冠阔漏斗形，玫瑰色、鲜红色或暗红色，长3.5～4厘米，宽1.5～2厘米，裂片5，倒卵形，长2.5～3厘米，上部裂片具深红色斑点；雄蕊10，长约与花冠相等，花丝线状，中部以下被微柔毛；子房卵球形，10室，密被亮棕褐色糙伏毛，花柱伸出花冠外，无毛。蒴果卵球形，长达1厘米，密被糙伏毛；花萼宿存。花期4—5月，果期6—8月。

二、生物学特性

喜酸性土壤。生于海拔500～2 500米的山地疏灌丛或松林下，为我国中南及西南典型的酸性土指示植物。

三、区域分布

贵州全省酸性土壤地区分布，为常见种，是贵州省产煤山地的指示植物。我国江苏、安徽、浙江、江西、福建、台湾、湖北、湖南、广东、广西、四川和云南省区也有分布。

小叶女贞

学名：*Ligustrum quihoui* Carr.

别名：小叶水蜡

一、植物学特征

木犀科女贞属，落叶灌木，高1～3米。小枝淡棕色，圆柱形，密被微柔毛，后脱落。叶片薄革质，形状和大小变异较大，披针形、长圆状椭圆形、椭圆形、倒卵状长圆形至倒披针形或倒卵形，长1～5.5厘米，宽0.5～3厘米，先端锐尖、钝或微凹，基部狭楔形至楔形，叶缘反卷，上面深绿色，下面淡绿色，常具腺点，两面无毛，稀沿中脉被微柔毛，中脉在上面凹入，下面突起，侧脉2～6对，不明显，在上面微凹入，下面略突起，近叶缘处网结不明显；叶柄长0～5毫米，无毛或被微柔毛。圆锥花序顶生，近圆柱形，长4～22厘米，宽2～4厘米，分枝处常有1对叶状苞片；小苞片卵形，具睫毛；花萼无毛，长1.5～2毫米，萼齿宽卵形或钝三角形；花冠长4～5毫米，花冠管长2.5～3毫米，裂片卵形或椭圆形，长1.5～3毫米，先端钝；雄蕊伸出裂片外，花丝与花冠裂片近等长或稍长。果倒卵形、宽椭圆形或近球形，长5～9毫米，径4～7毫米，呈紫黑色。花期5—7月，果期8—11月。

花及花序

植株

二、生物学特性

喜阳，稍耐阴，较耐寒。萌发力强。适生于肥沃、排水良好的土壤。生于沟边、路旁或河边灌丛中，或山坡，海拔100～2500米。

三、区域分布

贵州西北部有野生分布。贵州全省栽培。山东、江苏、安徽、浙江、江西、河南、湖北、四川、云南等省区有分布。

迎春花

学名：*Jasminum nudiflorum* Lindl.

别名：迎春

一、植物学特征

木犀科素馨属。落叶灌木，直立或匍匐，高0.3～5米，枝条下垂。枝稍扭曲，光滑无毛，小枝四棱形，棱上多少具狭翼。叶对生，三出复叶，小枝基部常具单叶；叶轴具狭翼，叶柄长3～10毫米，无毛；叶片和小叶片幼时两面稍被毛，老时仅叶缘具睫毛；小叶片卵形、长卵形或椭圆形，狭椭圆形，稀倒卵形，先端锐尖或钝，具短尖头，基部楔形，叶缘反卷，中脉在上面微凹入，下面突起，侧脉不明显；顶生小叶片较大，长1～3厘米，宽0.3～1.1厘米，无柄或基部延伸成短柄，侧生小叶片长0.6～2.3厘米，宽0.2～11厘米，无柄；单叶为卵形或椭圆形，有时近圆形，长0.7～2.2厘米，宽0.4～1.3厘米。花单生于去年生小枝的叶腋，稀生于小枝顶端；苞片小叶状，披针形、卵形或椭圆形，长3～8毫米，宽1.5～4毫米；花梗长2～3毫米；花萼绿色，裂片5～6枚，窄披针形，长4～6毫米，

花、叶

植株

宽1.5～2.5毫米，先端锐尖；花冠黄色，径2～2.5厘米，花冠管长0.8～2厘米，基部直径1.5～2毫米，向上渐扩大，裂片5～6枚，长圆形或椭圆形，长0.8～1.3厘米，宽3～6毫米，先端锐尖或圆钝。贵州花期2—6月。

二、生物学特性

喜光，耐寒，耐干旱贫瘠。

三、区域分布

分布于贵阳、安顺、黔西南州等海拔800～2 000米区域。甘肃、陕西、四川、云南西北部、西藏东南部有分布。各地普遍栽培。

密蒙花

学名：*Buddleja officinalis* Maxim.

别名：酒药花、蒙花、小锦花、黄饭花、鸡骨头花、羊耳朵、蒙花树、米汤花、染饭花、黄花树

一、植物学特征

花及花序

马钱科醉鱼草属，灌木，高1～4米。小枝略呈四棱形，灰褐色；小枝、叶下面、叶柄和花序均密被灰白色星状短绒毛。叶对生，叶片纸质，狭椭圆形、长卵形、卵状披针形或长圆状披针形，长4～19厘米，宽2～8厘米，顶端渐尖、急尖或钝，基部楔形或宽楔形，有时下延至叶柄基部，通常全缘，稀有疏锯齿，叶上面深绿色，被星状毛，下面浅绿色；侧脉每边8～14条，上面扁平，干后凹陷，下面突起，网脉明显；叶柄长2～20毫米；托叶在两叶柄基部之间缢缩成一横线。花多而密集，组成顶生聚伞圆锥花序，花序长5～15厘米，宽2～10厘米；花梗极短；小苞片披针形，被短绒毛；花萼钟状，长2.5～4.5毫米，外面与花冠外面均密被星状短绒毛和一些腺毛，花萼裂片三角形或宽三角形，长和宽0.6～1.2毫米，顶端急尖或钝；花冠紫堇色，后变白色或淡黄白色，喉部橘黄色，长1～1.3厘米，张开直径2～3

毫米，花冠管圆筒形，长8～11毫米，直径1.5～2.2毫米，内面黄色，被疏柔毛，花冠裂片卵形，长1.5～3毫米，宽1.5～2.8毫米，内面无毛；雄蕊着生于花冠管内壁中部，花丝极短，花药长圆形，黄色，基部耳状，内向，2室；雌蕊长 3.5～5毫米，子房卵珠状，长1.5～2.2毫米，宽1.2～1.8毫米，中部以上至花柱基部被星状短绒毛，花柱长1～1.5毫米，柱头棍棒状，长1～1.5毫米。蒴果椭圆状，长4～8毫米，宽2～3毫米，2瓣裂，外果皮被星状毛，基部有宿存花被；种子多颗，狭椭圆形，长1～1.2毫米，宽0.3～0.5毫米，两端具翅。花期3—4月，果期5—8月。

叶片与果穗

二、生物学特性

生长在海拔200～2 800米向阳山坡、河边、村旁的灌木丛中或林缘。适应性较强，石灰岩山地亦能生长。

三、区域分布

贵州全省分布，常见种。山西、陕西、甘肃、江苏、安徽、福建、河南、湖北、湖南、广东、广西、四川、云南和西藏等省区有分布。

猪殃殃

学名：*Galium aparine* L.var. tenerum Gren.et (Godr.) Rebb.

别名：拉拉藤、连草籽、爬拉殃、八仙草

一、植物学特征

茜草科拉拉藤属。

拉拉藤（变种）：*Galium aparine* Linn. var. echinospermum (Wallr.) Cuf。多枝、蔓生或攀缘状草本，通常高30～90厘米；茎有4棱角；棱上、叶缘、叶脉上均有倒生的小刺毛。叶纸质或近膜质，6～8片轮生，稀为4～5片，带状倒披针形或长圆状倒披针形，长1～5.5厘米，宽1～7毫米，顶端有针状凸尖头，基部渐狭，两面常有紧贴的刺状毛，常萎软状，干时常卷缩，1脉，近无柄。聚伞花序腋生或顶生，少至多花，花小，4数，有纤细的花梗；花萼被钩毛，萼檐近截平；花冠黄绿色或白色，辐状，裂片长圆形，长不及1毫米，镊合状排列；子房被毛，花柱2裂至中部，柱头头状。果干燥，有1或2个近球状的分果爿，直径达5.5毫米，肿胀，密被钩毛，果柄直，长可达2.5厘米，较粗，每一爿有1颗平凸的种子。花期3—7月，果期4—11月。

花序

二、生物学特性

生于海拔20～4 600米的山坡、旷野、沟边、河滩、田中、林缘、草地。

三、区域分布

贵州全省分布，常见种。我国除海南及南海诸岛外，全国均有分布。

植株

鸡矢藤

学名：*Paederia scandens* (Lour.) Merr.

别名：鸡屎藤、牛皮冻、女青、解暑藤

一、植物学特征

茜草科鸡矢藤属。藤本，茎长3～5米，无毛或近无毛。叶对生，纸质或近革质，形状变化很大，卵形、卵状长圆形至披针形，长5～9厘米，宽1～4 厘米，顶端急尖或渐尖，基部楔形或近圆或截平，有时浅心形，两面无毛或近无毛，有时下面脉腋内有束毛；侧脉每边4～6条，纤细；叶柄长1.5～7厘米；托叶长3～5毫米，无毛。圆锥花序式的聚伞花序腋生和顶生，扩展，分枝对生，末次分枝上着生的花常呈蝎尾状排列；小苞片披针形，长约2毫米；花具短梗或无；萼管陀螺形，长1～1.2毫米，萼檐裂片5，裂片三角形，长0.8～1毫米；花冠浅紫色，管长7～10毫米，外面被粉末状柔毛，里面被绒毛，顶部5裂，裂片长1～2毫米，顶端急尖而直，花药背着，花丝长短不齐。果球形，成熟时近黄色，有光泽，平滑，直径5～7毫米，顶冠以宿存的萼檐裂片和花盘；小坚果无翅，浅黑色。花期5—7月。

花

嫩叶

二、生物学特性

耐寒、耐阴、耐干旱贫瘠。生于海拔200～2 000米的山坡、林中、林缘、沟谷边灌丛中或缠绕在灌木上。

三、区域分布

贵州全省分布，少见成片生长。陕西、甘肃、山东、江苏、安徽、江西、浙江、福建、台湾、河南、湖南、广东、香港、海南、广西、四川、云南有分布。

金剑草

学名：*Rubia alata* Roxb.

别名：大连草籽、红丝线、四穗竹

一、植物学特征

茜草科茜草属。草质攀援藤本，长1～4米或更长；茎、枝干时灰色，有光泽，均有4棱或4翅，通常棱上或多或少有倒生皮刺，无毛或节上被白色短硬毛。叶4片轮

花序及嫩叶

棱茎与枝蔓

生，薄革质，线形、披针状线形或狭披针形，偶有披针形，长3.5～9厘米或稍过之，宽0.4～2厘米，顶端渐尖，基部圆至浅心形，边缘反卷，常有短小皮刺，两面均粗糙；基出脉3或5条，在上面凹入，在下面突起，均有倒生小皮刺或侧生的1或2对上的皮刺不明显；叶柄2长2短，长的通常3～7厘米，有时可达10厘米，短的比长的短1/3～1/2，均有倒生皮刺，有时叶柄很短或无柄。花序腋生或顶生，通常比叶长，多回分枝的圆锥花序式，花序轴和分枝均有明显的4棱，通常有小皮刺；花梗直，有4棱，长2～3毫米；小苞片卵形，长1～2毫米；萼管近球形，浅2裂，径约0.7毫米；花冠稍肉质，白色或淡黄色，外面无毛，冠管长0.5～1毫米，上部扩大，裂片5，卵状三角形或近披针形，长1.2～1.5毫米，顶端尾状渐尖，里面和边缘均有密生微小乳凸状毛，脉纹几不可见；雄蕊5，生冠管之中部，伸出，花丝长约0.5毫米，花药长圆形，与花丝近等长；花柱粗壮，顶端2裂，长约0.5毫米，约1/2藏于肉质花盘内，柱头球状。浆果成熟时黑色，球形或双球形，长0.5～0.7毫米。花期夏初至秋初，果期秋冬。

二、生物学特性

喜潮湿肥沃土壤，耐阴。通常生于山坡林缘或灌丛中，亦见于村边和路边。

三、区域分布

贵州全省分布，尤其中低海拔地区常见。长江流域及其以南各省区有分布。

篱打碗花

学名：*calystegia sepium* (L.)R.Br.

别名：篱天剑、旋花、打碗花、喇叭花、狗儿弯藤

一、植物学特征

旋花科打碗花属。多年生草本，全体无毛。根状茎细圆柱形，白色。茎缠绕，有细棱。叶互生，三角状卵形或宽卵形，长4～15厘米以上，宽2～10厘米或更宽，先端渐尖或锐尖，基部戟形或心形，全缘或基部稍伸展为具2～3个大齿缺的裂片；叶柄短于叶片或近等长。花单生于叶腋，花梗长6～10厘米；苞片2，广卵形，长1.5～2.3厘米，先端锐尖，基部心形；萼片5，卵形，长1.2～1.6厘米，先端渐尖；花冠白色或淡红或紫色，漏斗状，长5～7厘米，冠檐微5裂；雄蕊5，花丝基部扩大，有小鳞毛；子房无毛，柱头2裂。蒴果卵形，长约1厘米，为增大的宿存苞片和萼片所包被。种子黑褐色，长约4毫米，表面有小疣。花期6—7月，果期7—8月。

幼苗

开花的植株

二、生物学特性

喜温和湿润气候，也耐恶劣环境，适应沙质土壤。生于路旁、溪边草

丛、田边或山坡林缘。

三、区域分布

贵州全省分布，安顺、贵阳等中海拔区常见。东北、华北、西北、华东、华中、西南及华南部分省区均有分布。

蕹菜

学名：*Ipomoea aquatica* Forssk.

别名：空心菜、通菜蓊、蓊菜、藤藤菜、通菜

一、植物学特征

花

旋花科番薯属。一年生草本，蔓生或漂浮于水。茎圆柱形，有节，节间中空，节上生根，无毛。叶片形状、大小有变化，卵形、长卵形、长卵状披针形或披针形，长3.5～17厘米，宽0.9～8.5厘米，顶端锐尖或渐尖，具小短尖头，基部心形、戟形或箭形，偶尔截形，全缘或波状，或有时基部有少数粗齿，两面近无毛或偶有稀疏柔毛；叶柄长3～14厘米，无毛。聚伞花序腋生，花序梗长1.5～9厘米，基部被柔毛，向上无毛，具1～3朵花；苞片小鳞片状，长1.5～2毫米；花梗长1.5～5厘米，无毛；萼片近于等长，卵形，长7～8毫米，顶端钝，具小短尖头，外面无毛；花冠白

种群

色、淡红色或紫红色，漏斗状，长3.5～5厘米；雄蕊不等长，花丝基部被毛；子房圆锥状，无毛。蒴果卵球形至球形，径约1厘米，无毛。种子密被短柔毛或有时无毛。

二、生物学特性

喜温和湿润气候，宜生长于气候温暖湿润，土壤肥沃多湿的地方，不耐寒，遇霜冻茎、叶枯死。生于路旁、溪边草丛、田边。

三、区域分布

贵州全省分布，安顺、贵阳等中海拔区常见。西南及华南部分省区均有分布。现已作为一种蔬菜广泛栽培，有时逸为野生状态。

圆叶牵牛

学名：*Pharbitis purpurea* (L.) Voisgt

别名：牵牛花、喇叭花

一、植物学特征

旋花科牵牛属。一年生缠绕草本，茎上被倒向的短柔毛杂有倒向或开展的长硬毛。叶圆心形或宽卵状心形，长4～18厘米，宽3.5～16.5厘米，基部圆，心形，顶端锐尖、骤尖或渐尖，通常全缘，偶有3裂，两面疏或密被刚伏毛；叶柄长2～12厘米，毛被与茎同。花腋生，单一或2～5朵着生于花序梗顶端成伞形聚伞花序，花序梗比叶柄短或近等长，长4～12厘米，毛被与茎相同；苞片线形，长6～7毫米，被开展的长硬毛；花梗长1.2～1.5厘米，被倒向短柔毛及长硬毛；萼片近等长，长1.1～1.6厘米，外面3片长椭圆形，渐尖，内面2片线状披针形，外面均被开展的硬毛，基部更密；花冠漏斗状，长4～6厘米，紫红色、红色或白色，花冠管通常白色，瓣中带于内面色深，外面色淡；雄蕊与花柱内藏；雄蕊不等长，花丝基部被柔毛；子房无毛，3室，每室2胚珠，柱头头状；花盘环状。蒴果近球形，直径9～10毫米，3瓣裂。种子卵状三棱形，长约5毫米，黑褐色或米黄色，被极短的糠

花

粃状毛。花期3—8月，果期6—10月。

二、生物学特性

喜光，耐寒、耐干旱贫瘠。生于海拔2 800米以下的田边、路边、宅旁或山谷林内，栽培或沦为野生。

三、区域分布

贵州全省分布，为常见种。我国大部分地区有分布。

藤蔓

黄荆

学名：*Vitex negundo* L.

别名：荆条

一、植物学特征

马鞭草科牡荆属，灌木或小乔木；小枝四棱形，密生灰白色绒毛。掌状复叶，小叶5，少有3；小叶片长圆状披针形至披针形，顶端渐尖，基部楔形，全缘或每边有少数粗锯齿，表面绿色，背面密生灰白色绒毛；中间小叶长4～13厘米，宽1～4厘米，两侧小叶依次递小，若具5小叶时，中间3片小叶有柄，最外侧的2片小叶无柄或近于无柄。聚伞花序排成圆锥花序式，顶生，长10～27厘米，花序梗密生灰白色绒毛；花萼钟状，顶端有5裂齿，外有灰白色绒毛；

花及花序

植株

花冠淡紫色，外有微柔毛，顶端5裂，二唇形；雄蕊伸出花冠管外；子房近无毛。核果近球形，径约2毫米；宿萼接近果实的长度。花期4—6月，果期7—10月。

二、生物学特性

耐瘠薄，生于山坡路旁或灌木丛中，常成片生长。

三、区域分布

贵州全省分布，尤其安顺、黔南、遵义等中海拔地区多见。我国长江以南各省均有分布。

臭牡丹

学名：*Clerodendrum bungei* Sterd.

别名：臭枫根、大红袍、矮桐子、臭梧桐、臭八宝

一、植物学特征

马鞭草科大青属。灌木，高1～2米，植株有臭味；花序轴、叶柄密被褐色、黄褐色或紫色脱落性的柔毛；小枝近圆形，皮孔显著。叶片纸质，宽卵形或卵形，长8～20厘米，宽5～15厘米，顶端尖或渐尖，基部宽楔形、截形或心形，边缘具粗或细锯齿，侧脉4～6对，表面散生短柔毛，背面疏生短柔毛和散生腺点或无毛，基部脉腋有数个盘状腺体；叶柄长4～17厘米。伞房状聚伞花序顶生，密集；

初花期

盛花期

苞片叶状，披针形或卵状披针形，长约3厘米，早落或花时不落，早落后在花序梗上残留突起的痕迹，小苞片披针形，长约1.8厘米；花萼钟状，长2～6毫米，被短柔毛及少数盘状腺体，萼齿三角形或狭三角形，长1～3毫米；花冠淡红色、红色或紫红色，花冠管长2～3厘米，裂片倒卵形，长5～8毫米；雄蕊及花柱均突出花冠外；花柱短于、等于或稍长于雄蕊；柱头2裂，子房4室。核果近球形，径0.6～1.2厘米，成熟时蓝黑色。花果期5—11月。

二、生物学特性

耐阴，潮湿肥沃土壤生长良好。生于海拔2 500米以下的山坡、林缘、沟谷、路旁、灌丛润湿处。

三、区域分布

贵州全省分布，南方各省区有分布。

香薷

学名：*Elsholtzia ciliata* (Thunb.) Hyland.

别名：水芳花、山苏子、小荆芥、拉拉香、小叶苏子、臭荆芥、荆芥、山苏、野紫苏、野芝麻

一、植物学特征

唇形科香薷属。直立草本，高0.3～0.5米，具密集的须根。茎通常自中部以上分枝，钝四棱形，具槽，无毛或被疏柔毛，常呈麦秆黄色，老时变紫褐色。叶卵形或椭圆状披针形，长3～9厘米，宽1～4厘米，先端渐尖，基部楔状下延成狭翅，边缘具锯齿，上面绿色，疏被小硬毛，下面淡绿色，主沿脉上疏被小硬毛，余部散布松脂状腺点，侧脉6～7对，与中肋两面稍明显；叶柄长0.5～3.5厘米，背平腹凸，边缘具狭翅，疏被小硬毛。穗状花序长2～7厘米，宽达1.3厘米，偏向一侧，由多花的轮

花序

植株

伞花序组成；苞片宽卵圆形或扁圆形，长宽约4毫米，先端具芒状突尖，尖头长达2毫米，多半退色，外面近无毛，疏布松脂状腺点，内面无毛，边缘具缘毛；花梗纤细，长1.2毫米，近无毛，序轴密被白色短柔毛。花萼钟形，长约1.5毫米，外面被疏柔毛，疏生腺点，内面无毛，萼齿5，三角形，前2齿较长，先端具针状尖头，边缘具缘毛。花冠淡紫色，约为花萼长的3倍，外面被柔毛，上部夹生有稀疏腺点，喉部被疏柔毛，冠筒自基部向上渐宽，至喉部宽约1.2毫米，冠檐二唇形，上唇直立，先端微缺，下唇开展，3裂，中裂片半圆形，侧裂片弧形，较中裂片短。雄蕊4，前对较长，外伸，花丝无毛，花药紫黑色。花柱内藏，先端2浅裂。小坚果长圆形，长约1毫米，棕黄色，光滑。花期7—10月，果期10月至翌年1月。

二、生物学特性

耐寒耐旱。生于路旁、山坡、荒地、林内、河岸，撂荒地、旱作地常见。海拔达3 400米。

三、区域分布

贵州全省分布，在威宁等地为常见种。除新疆、青海外几产全国各地。

益母草

学名：*Leonurus japonicus* Houtt

别名：益母蒿、益母花、野芝麻、益母艾、地母草、灯笼草、野麻

一、植物学特征

唇形科益母草属。一年生或二年生草本，有于其上密生须根的主根。茎直立，通常高30～120厘米，钝四棱形，微具槽，有倒向糙伏毛，在节及棱上尤为密集，在基部有时近于无毛，多分枝，或仅于茎中部以上有能育的小枝条。叶轮廓变化很大，茎下部叶轮廓为卵形，基部宽楔形，掌状3裂，裂片呈长圆状菱形至卵圆形，通常长2.5～6厘米，宽1.5～4厘米，裂片上再分裂，上面绿色，有糙伏毛，叶脉稍下陷，下面淡绿色，被疏柔毛及腺点，叶脉突出，叶柄纤细，长2～3厘米，由于叶基下延而在上部略具翅，腹面具槽，背面圆形，被糙伏毛；茎中部叶轮廓为菱形，较小，通常分裂成3个或偶有多个长圆状线形的裂片，基部狭楔形，叶柄长0.5～2厘米；花序最上部的苞叶近于无柄，线形或线状披针形，长3～12厘米，宽2～8毫米，全缘或具稀少牙齿。轮伞花序腋生，具8～15花，轮廓为圆球形，径

花序

植株

2～2.5厘米，多数远离而组成长穗状花序；小苞片刺状，向上伸出，基部略弯曲，比萼筒短，长约5毫米，有贴生的微柔毛；花梗无。花冠粉红至淡紫红色，长1～1.2厘米，外面于伸出萼筒部分被柔毛，冠筒长约6毫米，等大，内面在离基部1/3处有近水平向的不明显鳞毛毛环，毛环在背面间断，其上部多少有鳞状毛，冠檐二唇形，上唇直伸，内凹，长圆形，长约7毫米，宽4毫米，全缘，内面无毛，边缘具纤毛，下唇略短于上唇，内面在基部疏被鳞状毛，3裂，中裂片倒心形，先端微缺，边缘薄膜质，基部收缩，侧裂片卵圆形，细小。雄蕊4，均延伸至上唇片之下，平行，前对较长，花丝丝状，扁平，疏被鳞状毛，花药卵圆形，二室。花柱丝状，略超出于雄蕊而与上唇片等长，无毛，先端相等2浅裂，裂片钻形。花盘平顶。子房褐色，无毛。小坚果长圆状三棱形，长2.5毫米，顶端截平而略宽大，基部楔形，淡褐色，光滑。花期通常在6—9月，果期9—10月。

二、生物学特性

喜温暖湿润气候，喜阳光，对土壤要求不严，一般土壤和荒山坡地均可种植，以较肥沃的土壤为佳，需要充足水分条件，但不宜积水，怕涝。生长于多种环境，海拔可高达3 400米。

三、区域分布

贵州几乎全境分布，常见种。全国各地分布。生于野荒地、路旁、田埂、山坡草地、河边，以向阳处为多。

假酸浆

学名：*Nicandra physaloides* (Linn.) Gaertn.

别名：木瓜籽、冰粉籽、鞭打绣球

幼苗

一、植物学特征

茄科假酸浆属。茎直立，有棱条，无毛，高0.4～1.5米，上部交互不等的二歧分枝。叶卵形或椭圆形，草质，长4～12厘米，宽2～8厘米，顶端急尖或短渐尖，基部楔形，边缘有具圆缺的粗齿或浅裂，两面有稀疏毛；叶柄长为叶片长的1/4～1/3。花单生于枝腋而与叶对生，通常具较叶

植株

柄长的花梗，俯垂；花萼5深裂，裂片顶端尖锐，基部心脏状箭形，有2尖锐的耳片，果时包围果实，直径2.5～4厘米；花冠钟状，浅蓝色，直径达4厘米，檐部有折襞，5浅裂。浆果球状，直径1.5～2厘米，黄色。种子淡褐色，直径约1毫米。花果期夏秋季。

二、生物学特性

喜光，耐寒，肥沃土壤生长良好。生于田边、荒地或农村房前屋后。春夏秋季皆可发芽生长。

三、区域分布

贵州全省分布，为常见种，野生与逸生种皆有。我国河北、甘肃、四川、云南、西藏等省区逸为野生。

洋芋叶

学名：*Solanum tuberosum* L.

别名：阳芋、土豆、山药蛋、山药豆、地蛋、马铃薯

一、植物学特征

茄科茄属。草本，高30～80厘米，无毛或被疏柔毛。地下茎块状，扁圆形或长圆形，直径3～10厘米，外皮白色，淡红色或紫色。叶为奇数不相等的羽状复叶，小叶常大小相间，长10～20厘米；叶柄长2.5～5厘米；小叶，6～8对，卵形至长圆形，最大者长可达6厘

花

开花植株与群落

米，宽达3.2厘米，最小者长宽均不及1厘米，先端尖，基部稍不相等，全缘，两面均被白色疏柔毛，侧脉每边6～7条，先端略弯，小叶柄长1～8毫米。伞房花序顶生，后侧生，花白色或蓝紫色；萼钟形，直径约1厘米，外面被疏柔毛，5裂，裂片披针形，先端长渐尖；花冠辐状，直径2.5～3厘米，花冠筒隐于萼内，长约2毫米，冠檐长约1.5厘米，裂片5，三角形，长约5毫米；雄蕊长约6毫米，花药长为花丝长度的5倍；子房卵圆形，无毛，花柱长约8毫米，柱头头状。浆果圆球状，光滑，直径约1.5厘米。花期夏季。

二、生物学特性

喜凉爽气候，喜沙质土壤、壤土，海拔900～2700米生长良好。

三、区域分布

贵州全境分布，贵州全省种植面积为南方第一，全国第三。尤其以威宁土豆最为知名。我国各地均有栽培。

平车前

学名：*Plantago asiatica* L.

别名：车轮草、车轱辘菜

一、植物学特征

车前科车前属。二年生或多年生草本。须根多数。根茎短，稍粗。叶基生呈莲座状，平卧、斜展或直立；叶片薄纸质或纸质，宽卵形至宽椭圆形，长4～12厘米，宽2.5～6.5厘米，先端钝圆至急尖，边缘波状、全缘或中部以下有锯齿、牙齿或裂齿，基部宽楔形或近圆形，多少下延，两面疏生短柔毛；脉5～7条；叶柄长2～15厘米，基部扩大成鞘，疏生短柔毛。花序3～10个，直立或弓曲上升；花序梗长5～30厘米，有纵条纹，疏生白色短柔毛；穗状花序细圆柱状，长3～40厘米，紧密或稀疏，下部常间断；苞片狭卵状三角形或三角状披针形，长2～3毫米，长过于宽，龙骨突宽厚，无毛或先端疏生短毛。花具短梗；花萼长2～3毫米，萼片先端钝圆或钝尖，龙骨突不延至顶端，前对萼片椭圆形，龙骨突较宽，两侧片稍不对称，后对萼片宽倒卵状椭圆形或宽倒卵形。花冠白色，无毛，冠筒与萼片约等长，裂片狭三角形，长约1.5毫米，先端渐尖或急尖，具明显的中脉，于花后反折。雄蕊着生于冠筒内面近基部，与花柱明显外伸，花药卵状椭圆形，长1～1.2毫米，顶端具宽三角形突起，白色，干后变淡褐色。胚珠7～15。蒴果纺锤状卵形、卵球形或圆锥状卵形，长3～4.5毫米，于基部上方周裂。种子5～12，卵状椭圆形或椭圆形，长1.2～2毫米，具角，黑褐色至黑色，背腹面微隆起；子叶背腹向排列。花期4—8月，果期6—9月。

花

开花植株与群落

二、生物学特性

适应性强，耐践踏，耐干旱贫瘠。生于草地、沟边、河岸湿地、田边、路旁或村边空旷处。海拔3～3 200米。

三、区域分布

贵州全境分布，为常见种。全国皆有分布。

金银花

学名：*Lonicera japonica* Thunb.

别名：忍冬、金银藤、银藤、二色花藤、鸳鸯藤、双花

一、植物学特征

忍冬科忍冬属。半常绿藤本；幼枝洁红褐色，密被黄褐色、开展的硬直糙毛、腺毛和短柔毛，下部常无毛。叶纸质，卵形至矩圆状卵形，有时卵状披针形，稀圆卵形或倒卵形，极少有1至数个钝缺刻，长3～5厘米，顶端尖或渐尖，少有钝、圆或微凹缺，基部圆或近心形，有糙缘毛，上面深绿色，下面淡绿色，小枝上部叶通常两面均密被短糙毛，下部叶常平滑无毛而下面多少带青灰色；叶柄长4～8毫米，密被短柔毛。总花梗通常单生于小枝上部叶腋，与叶柄等长或稍较短，下方者则长达2～4厘米，密被短柔后，并夹杂腺毛；苞片大，叶状，卵形至椭圆形，长达2～3厘米，两面均有短柔毛或有时近无毛；小苞片顶端圆形或截形，长约1毫米，为萼筒的1/2～4/5，有短糙毛和腺毛；萼筒长约2毫米，无毛，萼齿卵状三角形或长三角形，顶端尖而有长毛，

花、叶

枝蔓

外面和边缘都有密毛；花冠白色，有时基部向阳面呈微红，后变黄色，长3～4.5厘米，唇形，筒稍长于唇瓣，很少近等长，外被多少倒生的开展或半开展糙毛和长腺毛，上唇裂片顶端钝形，下唇带状而反曲；雄蕊和花柱均高出花冠。果实圆形，直径6～7毫米，熟时蓝黑色，有光泽；种子卵圆形或椭圆形，褐色，长约3毫米，中部有1突起的脊，两侧有浅的横沟纹。花期4—6月（秋季亦常开花），果熟期10—11月。

二、生物学特性

生于山坡灌丛或疏林中、乱石堆、山足路旁及村庄篱笆边，海拔最高达1 500米。也常栽培。

三、区域分布

贵州全省中低海拔地区分布，常见种。黔西南、贵阳、遵义等地栽培面积较大。除黑龙江、内蒙古、宁夏、青海、新疆、海南和西藏无自然生长外，全国各省区均有分布。

红泡刺藤

学名：*Viburnum opulus* Linn. var. calvescens (Rehd.) H*ara*

别名：老母趣（威宁土名）、欧洲荚蒾、天目琼花

一、植物学特征

忍冬科荚蒾属，落叶灌木，高达1.5～4米；小枝有棱，无毛，有明显突起的皮孔，二年生小枝带色或红褐色，近圆柱形，老枝和茎干暗灰色，树皮质薄而非木栓质，常纵裂。冬芽卵圆形，有柄，有1对合生的外鳞片，无毛，内鳞片膜，基部合生成筒状。叶轮廓圆卵形至广卵形或倒卵形，长6～12厘米，通常3裂，具掌状3出脉，基部圆形、截形或浅心形，无毛，裂片顶端渐尖，边缘具不整齐粗牙齿，侧裂片略向外开展；位于小枝上部的叶常较狭长，椭圆形至矩圆状披针形而不

果实

分裂，边缘疏生波状牙齿，或浅3裂而裂片全缘或近全缘，侧裂片短，中裂片伸长；叶柄粗壮，长1～2厘米，无毛，有2～4至多枚明显的长盘形腺体，基部有2钻形托叶。复伞形式聚伞花序直径5～10厘米，大多周围有大型的不孕花，总花梗粗壮，长2～5厘米，无毛，第一级辐射枝6～8条，通常7条，花生于第二至第三级辐射枝上，花梗极短；萼筒倒圆锥形，长约1毫米，萼齿三角形，均无毛；花冠白色，辐状，裂片近圆形，长约1毫米；大小稍不等，筒与裂片几等长，内被长柔毛；雄蕊长至少为花冠的1.5倍，花药黄白色，长不到1毫米；花柱不存，柱头2裂；不孕花白色，直径1.3～2.5厘米，有长梗，裂片宽倒卵形，顶圆形，不等形。果实红色，近圆形，直径8～10毫米；核扁，近圆形，直径7～9毫米，灰白色，稍粗糙，无纵沟。花期5—6月，果熟期9—10月。

二、生物学特性

喜光，耐寒，耐干旱贫瘠。常生于海拔1 000～1 650米的林缘、山谷、荒坡、地坎、路边。

植株与群落

三、区域分布

贵州主要分布在1 000～2 200米的中高海拔区，在贵阳、六盘水、黔西南、威宁等地常见。黑龙江、吉林、辽宁、河北北部、山西、陕西南部、甘肃南部、河南西部、山东、安徽南部和西部、浙江西北部、江西（黄龙山）、湖北和四川有分布。

烟管荚蒾

学名：*Viburnum utile* Hemsl.

别名：烟管荚迷、有用荚蒾、黑汉条

一、植物学特征

忍冬科荚蒾属，常绿灌木，高达2米；叶下面、叶柄和花序均被由灰白色或黄白色簇状毛组成的细绒毛；当年小枝被带黄褐色或带灰白色绒毛，后变无毛，翌年变红褐色，散生小皮孔。叶革质，卵圆状矩圆形，有时卵圆形至卵圆状披针形，长

2～5厘米，顶端圆至稍钝，有时微凹，基部圆形，全缘或很少有少数不明显疏浅齿，边稍内卷，上面深绿色有光泽而无毛，或暗绿色而疏被簇状毛，侧脉5～6对，近缘前互相网结，上面略突起或不明显，下面稍隆起，有时被锈色簇状毛；叶柄长5～10毫米。聚伞花序直径5～7厘米，总花梗粗壮，长1～3厘米，第一级辐射枝通常5条，花通常生于第二至第三级辐射枝上；萼筒筒状，长约2毫米，无毛，萼齿卵状三角形，长约0.5毫米，无毛或具少数簇状缘毛；花冠白色，花蕾时带淡红色，辐状，直径6～7毫米，无毛，裂片圆卵形，长约2毫米，与筒等长或略较长；雄蕊与花冠裂片几等长，花药近圆形，直径约1毫米；花柱与萼齿近于等长。果实红色，后变黑色，椭圆状矩圆形至椭圆形，长6～8毫米；核稍扁，椭圆形或倒卵形，长 5～7毫米，直径 4～5毫米，有2条极浅背沟和3条腹沟。花期3—4月，果熟期8月。

叶片

植株

二、生物学特性

喜光，常生于山坡林缘、路旁、河边、灌丛中，海拔500～1 800米。

三、区域分布

除西部高寒山区，贵州全省皆有分布，在贵阳等中海拔地区为常见种。陕西西南部、湖北西部、湖南西部至北部、四川等地有分布。

阿拉伯婆婆纳

学名：*Veronica persica* Poir.

别名：肾子草、灯笼草

一、植物学特征

玄参科婆婆纳属。铺散多分枝草本，高10～50厘米。茎密生两列多细胞柔毛。叶2～4对（腋内生花的称苞片，见下面），具短柄，卵形或圆形，长6～20毫米，宽5～18毫米，基部浅心形，平截或浑圆，边缘具钝齿，两面疏生柔毛。总状花序很长；苞片互生，与叶同形且几乎等大；花梗比苞片长，有的超过1倍；花萼花期长仅3～5毫米，果期增大达8毫米，裂片卵状披针形，有睫毛，三出脉；花冠蓝色、紫色或蓝紫色，长4～6毫米，裂片卵形至圆形，喉部疏被毛；雄蕊短于花冠。蒴果肾形，长约5毫米，宽约7毫米，被腺毛，成熟后几乎无毛，网脉明显，凹口角度超过90度，裂片钝，宿存的花柱长约2.5毫米，超出凹口。种子背面具深的横纹，长约1.6毫米。花期3—5月。

花

常形成单一群落

二、生物学特性

喜光，耐寒，耐干旱贫瘠。春季返青早，常

生于撂荒地、旱地、林缘，常成片分布。

三、区域分布

贵州全省分布，中高海拔地区撂荒地常见。我国华东、华中及西南各省区有分布，为归化种。

沿阶草

学名：*Ophiopogon bodinieri* Lévl.

别名：麦门冬

一、植物学特征

花序、叶片

株丛

百合科沿阶草属。根纤细，近末端处有时具膨大成纺锤形的小块根；地下走茎长，直径1～2毫米，节上具膜质的鞘。茎很短。叶基生成丛，禾叶状，长20～40厘米，宽2～4毫米，先端渐尖，具3～5条脉，边缘具细锯齿。花葶较叶稍短或几等长，总状花序长1～7厘米，具几朵至十几朵花；花常单生或2朵簇生于苞片腋内；苞片条形或披针形，少数呈针形，稍带黄色，半透明，最下面的长约7毫米，少数更长些；花梗长5～8毫米，关节位于中部；花被片卵状披针形、披针形或近矩圆形，长4～6毫米，内轮三片宽于外轮三片，白色或稍带紫色；花丝很短，长不及1毫米；花药狭披针形，长约2.5毫米，常呈绿黄色；花柱细，长4～5毫米。种子近球形或椭圆形，直径5～6毫米。花期6—8月，果期8—10月。

二、生物学特性

耐旱、耐阴、耐瘠薄。常见于河岸、路边、田野及林缘。主要生于海拔600～3 400米地区。

三、区域分布

贵州全省皆有分布。广东、广西、福建、台湾、浙江、江苏、江西、湖南、湖北、四川、云南、安徽、河南、陕西（南部）和河北（北京以南）等地有分布。

菝葜

学名：*Smilax china* L.

别名：金刚兜、大菝葜、金刚刺、金刚藤

一、植物学特征

百合科菝葜属，多年生藤本落叶攀援灌木；根状茎粗厚，坚硬，为不规则的块状，粗2～3厘米。茎长1～3米，少数可达5米，疏生刺。叶薄革质或坚纸质，干后通常为红褐色或近古铜色，圆形、卵形或其他形状，长3～10厘米，宽1.5～6厘米，下面通常淡绿色，较少苍白色；叶柄长5～15毫米，占全长的1/2～2/3，具宽0.5～1毫米（一侧）的鞘，几乎都有卷须，少有例外，脱落点位于靠近卷须处。伞形花序生于叶尚幼嫩的小枝上，具十几朵或更多的花，常呈球形；总花梗长1～2厘米；花序托稍膨大，近球形，较少稍延长，具小苞片；花绿黄色，外花被片长3.5～4.5毫米，宽1.5～2毫米，内花被片稍狭；雄花中花药比花丝稍宽，常弯曲；雌花与雄花大小相似，有6枚退化雄蕊。浆果直径6～15毫米，熟时红色，有粉霜。花期2—5月，果期9—11月。

花序、茎杆

二、生物学特性

耐旱、喜光，稍耐阴，耐瘠薄。主要生于海拔2 000米以下的林下、灌丛中、路旁、河谷或山坡上。

三、区域分布

贵州全省皆有分布，常见种。我国各地都有分布。

果实、叶片

鸭跖草

学名：*Commelina communis* Linn.

别名：碧竹子、翠蝴蝶

一、植物学特征

鸭跖草科鸭跖草属。一年生披散草本。茎匍匐生根，多分枝，长可达1米，下部无毛，上部被短毛。叶披针形至卵状披针形，长3～9厘米，宽1.5～2厘米。总苞片佛焰苞状，有1.5～4厘米的柄，与叶对生，折叠状，展开后为心形，顶端短急尖，基部心形，长1.2～2.5厘米，边缘常有硬毛；聚伞花序，下面一枝仅有花1朵，具长8毫米的梗，不孕；上面一枝具花3～4朵，具短梗，几乎不伸出佛焰苞。花梗花期长仅3毫米，果期弯曲，长不过6毫米；萼片膜质，长约5毫米，内面2枚常靠近或合生；花瓣深蓝色；内面2枚具爪，长近1厘米。蒴果椭圆形，长5～7

花

植株与种群

毫米，2室，2爿裂，有种子4颗。种子长2～3毫米，棕黄色，一端平截、腹面平，有不规则窝孔。

二、生物学特性

喜光，耐阴、耐寒、耐旱、耐瘠薄。主要生于300～2 400米海拔的草地、山坡、河滩、路旁、地头，旱地常见且生长良好。

三、区域分布

贵州全省分布，在贵阳、安顺、威宁等地为常见种。云南、四川、甘肃以东的南北各省区有分布。

一把伞南星

学名：*Arisaema erubescens* (Wall.) Schott

别名：老蛇包谷

一、植物学特征

天南星科天南星属。块茎扁球形，直径可达6厘米，表皮黄色，有时淡红紫色。鳞叶绿白色、粉红色、有紫褐色斑纹。叶1，极稀2，叶柄长40～80厘米，中部以下具鞘，鞘部粉绿色，上部绿色，有时具褐色斑块；叶片放射状分裂，裂片无定数；幼株少则3～4枚，多年生植株有多至20枚的，常1枚上举，余放射状平展，披针形、长圆形至椭圆形，无柄，长8～24厘米，宽6～35毫米，长渐尖，具线形长尾（长可达7厘米）或否。花序柄比叶柄短，直立，果时下弯或否。佛焰苞绿色，背面有清晰的白色条纹，或淡紫色至深紫色而无条纹，管部圆筒形，长4～8毫米，粗9～20毫米；喉部边缘截形或稍外卷；檐部通常颜色较深，三角状卵形至长圆状卵形，有时为倒卵形，长4～7厘米，宽2.2～6厘米，先端渐狭，略下弯，有长5～15厘米的线形尾尖或否。肉穗花序单性，雄花序长2～2.5厘米，花密；雌花序长约2厘米，粗6～7毫米；各附属器棒状、圆柱形，中部稍膨大或否，直立，长2～4.5厘米，中部粗2.5～5毫米，先端钝，光滑，基部渐狭；雄花序的附属器下部光滑或有少数中性花；雌花序上的具多数中性花。雄花具短柄，淡绿色、紫色至暗褐色，雄蕊2～4，药室近球形，顶孔开裂成圆形。雌花：子房卵圆形，柱头无柄。果序柄下弯或直立，浆果红色，种子1~2，球形，淡褐色。花期5—7月，果9月成熟。

二、生物学特性

耐阴、耐寒、耐瘠薄。生于草地、山坡、林下、灌丛中，海拔3 200米以下。

三、区域分布

贵州全省皆有分布。呈零星分布。除西北、西藏外，我国大部分省区都有分布。

植株

芭蕉

学名：*Musa basjoo* Sieb. & Zucc.

别名：甘蕉、板蕉、大叶芭蕉、芭蕉头

一、植物学特征

芭蕉科芭蕉属。植株高2.5~4米。叶片长圆形，长2~3米，宽25~30厘米，先端钝，基部圆形或不对称，叶面鲜绿色，有光泽；叶柄粗壮，长达30厘米。花序顶生，下垂；苞片红褐色或紫色；雄花生于花序上部，雌花生于花序下部；雌花在每一苞片内10~16朵，排成2列；合生花被片长4~4.5厘米，具5（3+2）齿裂，离生花被片几与合生花被片等长，顶端具小尖头。浆果三棱状，长圆形，长5~7厘米，具3~5棱，近无柄，肉质，内具多数

花

种子。种子黑色，具疣突及不规则棱角，宽6～8毫米。

二、生物学特性

喜光，喜温暖气候。

三、区域分布

贵州全省中部及南部，尤其低海拔河谷地区常见。多栽培于庭园及农舍附近。我国热带、亚热带地区有分布。

植株

马尾松

学名：*Pinus massoniana* Lamb.

别名：青松、山松、枞松

一、植物学特征

裸子植物门松科松属。乔木，高达45米，胸径1.5米；树皮红褐色，下部灰褐色，裂成不规则的鳞状块片；枝平展或斜展，树冠宽塔形或伞形，枝条每年生长一轮，但在广东南部则通常生长两轮，淡黄褐色，无白粉，稀有白粉，无毛；冬芽卵状圆柱形或圆柱形，褐色，顶端尖，芽鳞边缘丝状，先端尖或成渐尖的长尖头，微反曲。针叶2针一束，稀3针一束，长12～20厘米，细柔，微扭曲，两面有气孔线，边缘有细锯齿；横切面皮下层细胞单型，第一层连续排列，第二层由个别细

花及花序

胞断续排列而成，树脂道约4～8个，在背面边生，或腹面也有2个边生；叶鞘初呈褐色，后渐变成灰黑色，宿存。雄球花淡红褐色，圆柱形，弯垂，长1～1.5厘米，聚生于新枝下部苞腋，穗状，长6～15厘米；雌球花单生或2～4个聚生于新枝近顶端，淡紫红色，一年生小球果圆球形或卵圆形，径约2厘米，褐色或紫褐色，上部珠鳞的鳞脐具向上直立的短刺，下部珠鳞的鳞脐平钝无刺。球果卵圆形或圆锥状卵圆形，长4～7厘米，径2.5～4厘米，有短梗，下垂，成熟前绿色，熟时栗褐色，陆续脱落；中部种鳞近矩圆状倒卵形，或近长方形，长约3厘米；鳞盾菱形，微隆起或平，横脊微明显，鳞脐微凹，无刺，生于干燥环境者常具极短的刺；种子长卵圆形，长4～6毫米，连翅长2～2.7厘米；子叶5～8枚；长1.2～2.4厘米；初生叶条形，长2.5～3.6厘米，叶缘具疏生刺毛状锯齿。花期4—5月，球果第二年10—12月成熟。

二、生物学特性

喜光、不耐庇荫，喜温暖湿润气候，能生于干旱、瘠薄的红壤、石砾土及沙质土，或生于岩石缝中。在肥润、深厚的沙质壤土上生长迅速。

植株

三、区域分布

贵州贵阳以西区域分布。在威宁、赫章、毕节等地为森林主要建群种。我国南方省区有分布。

银杏

学名：*Ginkgo biloba* L.

别名：白果、公孙树、鸭脚子、鸭掌树

一、植物学特征

裸子植物门银杏科银杏属。乔木，高达40米，胸径可达4米；幼树树皮浅纵裂，大树之皮呈灰褐色，深纵裂，粗糙。叶扇形，有长柄，淡绿色，无毛，有多数叉状并列细脉，顶端宽5～8厘米，在短枝上常具波状缺刻，在长枝上常2裂，基部宽楔形，柄长3～10（多为5～8）厘米，叶在一年生长枝上螺旋状散生，在短枝上3～8叶呈簇生状，秋季落叶前变为黄色。球花雌雄异株，单性，生于短枝顶端的鳞片状叶

叶片

植株

的腋内，呈簇生状；雄球花葇荑花序状，下垂，雄蕊排列疏松，具短梗，花药常2个，长椭圆形，药室纵裂，药隔不发；雌球花具长梗，梗端常分两叉，稀3～5叉或不分叉，每叉顶生一盘状珠座，胚珠着生其上，通常仅一个叉端的胚珠发育成种子，内媒传粉。种子具长梗，下垂，常为椭圆形、长倒卵形、卵圆形或近圆球形，长2.5～3.5厘米，径为2厘米，外种皮肉质，熟时黄色或橙黄色，外被白粉，有臭叶；中处皮白色，骨质，具2～3条纵脊；内种皮膜质，淡红褐色；胚乳肉质，味甘略苦；子叶2枚。花期3—4月，种子9—10月成熟。

二、生物学特性

喜光，深根性，对气候、土壤的适应性较宽，能在高温多雨及雨量稀少、冬季寒冷的地区生长；能生于酸性土壤（pH值4.5）、石灰性土壤（pH值8）及中性土壤上。气候温暖湿润，年降水量700～1 500毫米，土层深厚、肥沃湿润、排水良好的地区生长最好。

三、区域分布

贵州全省以500～1 500米海拔地区分布多。盘县、长顺等地有千年古树。黔西南、贵阳、遵义等地栽培。全国城市绿化常见栽培树种。

问荆

学名：*Equisetum arvense* L.

一、植物学特征

蕨类植物门木贼科木贼属。中小型植物。根茎斜升，直立和横走，黑棕色，节和根密生黄棕色长毛或光滑无毛。地上枝当年枯萎。枝二型。能育枝春季先萌发，高5～35厘米，中部直径3～5毫米，节间长2～6厘米，黄棕色，无轮茎分枝，脊不明显，要密纵沟；鞘筒栗棕色或淡黄色，长约0.8厘米，鞘齿9～12枚，栗棕色，长4～7毫米，狭三角形，鞘背仅上部有一浅纵沟，孢子散后能育枝枯萎。不育枝后萌发，高达40厘米，主枝中部直径1.5～3.0毫米，节间长2～3厘米，绿色，轮生分枝多，主枝中部以下有分枝。脊的背部弧形，无棱，有横纹，无小瘤；鞘筒狭长，绿色，鞘齿三角形，5～6枚，中间黑棕色，边缘膜质，淡棕色，宿存。侧枝柔软纤细，扁平状，有3～4条狭而高的脊，脊的背部有横纹；鞘齿3～5个，披针形，绿色，边缘膜质，宿存。孢子囊穗圆柱形，长1.8～4.0厘米，直径0.9～1.0厘米，顶端钝，成熟时柄伸长，柄长3～6厘米。

株丛

芽孢

二、生物学特性

喜光，耐干旱贫瘠，在潮湿肥沃条件下生长良好。海拔0～3 700米。

三、区域分布

贵州全省有分布。黑龙江、吉林、辽宁、内蒙古、北京、天津、河北、陕西、甘肃、新疆、河南、湖北、四川、重庆等省区市有分布。

第七节　贵州主要毒害草生物学特性

紫茎泽兰

学名：*Ageratina adenophora*（Spreng.）R.M. King et H.Rob.

别名：飞机草、臭草、解放草、黑头草、大泽兰

一、植物学特征

菊科泽兰属。茎紫色、被腺状短柔毛。叶对生、卵状三角形、棱形，边缘具粗锯齿。头状花序，直径可达6毫米，排成伞房状，总苞片三四层，小花白色。呈半灌木，高0.8～2.5米。有性或无性繁殖。每株可年产瘦果1万粒左右，瘦果五棱形。具冠毛，借冠毛随风传播。每年2—3月开花，4—5月种子成熟，种子很小，有刺毛，可随风飘散，种子产量巨大，每株年产种子1万粒左右。

二、生物学特性

适应性强，根状茎发达，可依靠强大的根状茎快速扩展蔓延。适应能力极强，干旱、瘠薄的荒坡隙地，甚至石缝和楼顶上都能生长。喜湿润疏松土壤。生于海拔160～3 400米山坡、山谷林缘、灌丛林下的草坪中，河谷、溪边、河槽潮湿地、旷野、耕地边等处也常见。

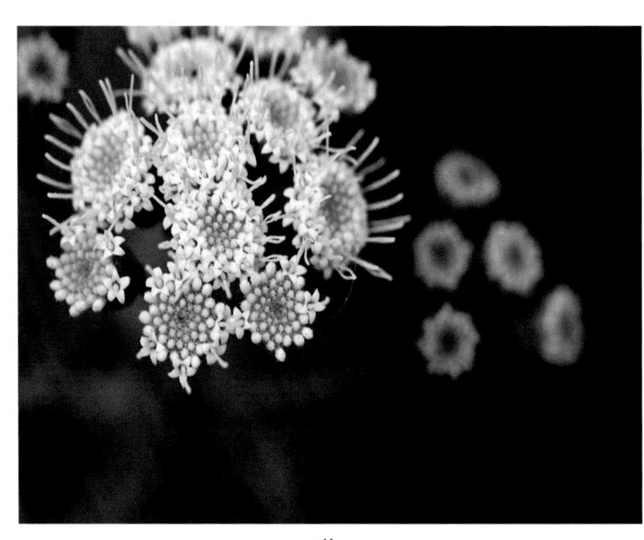

花

营养生长期，常形成单一群落

三、区域分布

主要危害黔西南州、安顺、黔南等地。紫茎泽兰约于20世纪40年代由缅甸传入中国与其接壤的云南省临沧地区最南部的沧源、耿马等县，后迅速蔓延，经半个多世纪的传播扩散，现已在西南地区的云南、贵州、四川、广西、重庆、湖北、西藏等省区广泛分布和危害，并仍以每年大约60千米的速度，随西南风向东和向北扩散。其中云南省有93个县（市）分布，面积达250多万公顷。至目前为止，云南80%面积的土地都有紫茎泽兰分布。

原产于中、南美洲的墨西哥至哥斯达黎加一带，1865年起始作为观赏植物引进到美国、英国、澳大利亚等地栽培，现已广泛分布于全世界的热带、亚热带地区。

泽漆

学名：*Euphorbia helioscopia* Linn.

别名：五朵云、五灯草、五风草

一、植物学特征

大戟科大戟属。一年生草本。根纤细，长7～10厘米，直径3～5毫米，下部分枝。茎直立，单一或自基部多分枝，分枝斜展向上，高10～30厘米，直径3～5毫米，光滑无毛。叶互生，倒卵形或匙形，长1～3.5厘米，宽5～15毫米，先端具牙齿，中部以下渐狭或呈楔形；总苞叶5枚，倒卵状长圆形，长3～4厘米，宽8～14毫米，先端具牙齿，基部略渐狭，无柄；总伞幅5枚，长2～4厘米；苞叶2枚，卵圆形，先端具牙齿，基部呈圆形。花序单生，有柄或近无柄；总苞钟状，高约2.5毫米，直径约2毫米，光滑无毛，边缘5裂，裂片半圆形，边缘和内侧具柔毛；腺体4，盘状，中部内凹，基部具短柄，淡褐色。雄花数枚，明显伸出总苞外；雌花1枚，子房柄略伸出总苞边缘。蒴果三棱状阔圆形，光滑，无毛；具明显的三纵沟，长2.5～3.0 毫米，直径3～4.5毫米；成熟时分裂为3个分果爿。种子卵状，长约2毫米，

花、果

植株与生境

直径约1.5毫米，暗褐色，具明显的脊网；种阜扁平状，无柄。花果期4—10月。

二、生物学特性

适应性强，耐干旱贫瘠。生于路旁、荒野和山坡，较常见。

三、区域分布

广泛分布于贵州全省各地。广布于全国（除黑龙江、吉林、内蒙古、广东、海南、台湾、新疆、西藏地区外）。

第三章　概略养分分析

牧草样品粗纤维（CF）采用滤袋技术测定，粗蛋白（CP）采用凯氏定氮法测定（全自动定氮仪），粗脂肪（EE）采用残余法测定（Tecator公司脂肪测定仪），粗灰分（Ash）、钙（Ca）、磷（P）等的测定和推算参照《饲料分析及饲料质量检测技术》（张丽英，2010）相关方法进行，具体方法步骤略。

第一节　禾本科常规养分评定及相关性分析

如表3-1所示，35种禾本科牧草CP含量在4.48%～22.74%，CP含量高于20.0%的有1种，为早熟禾，EE、CF、Ca、P含量分别为0.51%～5.18%、27.91%～50.73%、0.2%～2.66%和0.06%～0.95%。

表 3-1　禾本科营养成分（干物质，%）

序号	品种	粗灰分（Ash）	钙（Ca）	磷（P）	粗蛋白（CP）	粗纤维（CF）	粗脂肪（EE）
1	矛叶荩草	6.06	1.11	0.12	5.58	41.31	1.42
2	野古草	5.18	0.92	0.1	4.48	44.49	1.36
3	扁穗雀麦	10.55	1.25	0.53	12.52	32.89	3.23
4	拂子茅	8.71	0.83	0.19	15.58	27.91	3.66
5	细柄草	9.6	0.79	0.2	5.31	41.32	1.9
6	竹节草	9.54	1.04	0.95	11.98	33.17	0.9
7	薏苡	10.87	0.48	0.2	7.9	38.38	1.12
8	青香茅	4.82	1.23	0.11	7.57	40.12	5.18
9	橘草	9.64	0.78	0.12	5.03	45.05	1.76
10	狗牙根	8.33	0.78	0.32	8.99	31.8	1.47

（续表）

序号	品种	粗灰分（Ash）	钙（Ca）	磷（P）	粗蛋白（CP）	粗纤维（CF）	粗脂肪（EE）
11	鸭茅	7.48	0.9	0.18	13.05	28.18	1.88
12	马唐	7.61	1.11	0.1	5.34	47.5	1.43
13	黑穗画眉草	12.5	0.55	0.34	7.83	33.68	2.23
14	旱茅	6.32	0.39	0.06	7.24	45.12	3.86
15	拟金茅	10.04	1.01	0.28	13.05	42.55	2.38
16	白茅	6.33	1.14	0.2	14.53	30.95	3.96
17	刚莠竹	9.03	0.35	0.12	7.06	43.64	0.93
18	芒	5.84	0.7	0.12	5.68	44.5	1.42
19	类芦	9.33	1.24	0.14	8.95	38.23	4.64
20	毛花雀稗	8.67	0.6	0.09	8.22	42.06	1.46
21	双穗雀稗	13.66	2.66	0.4	16.37	30.08	3.8
22	狼尾草	10.77	0.51	0.43	7.35	42.82	0.94
23	象草	8.49	0.83	0.16	10.81	36.66	1.29
24	毛竹	7.98	0.69	0.08	9.45	42.8	4.47
25	早熟禾	11.4	1.43	0.4	22.74	28.19	3.9
26	金发草	6.45	0.77	0.11	5.15	40.42	0.51
27	棒头草	9.1	2.2	0.1	7.2	33.2	1.51
28	斑茅	6.6	0.2	0.1	5.41	50.73	1.01
29	甘蔗	7.02	0.92	0.12	7.83	39.47	1.28
30	金色狗尾草	6.33	1.56	0.22	19.36	31.86	2.63
31	棕叶狗尾草	11.06	1.05	0.26	9.83	39.23	0.66
32	狗尾草	15.7	0.51	0.44	7.78	30.12	2.26
33	鼠尾粟	5.88	0.84	0.16	5.85	41.57	2.54
34	黄背草	7.21	0.72	0.09	5.1	46.49	1.01
35	荻	7.77	0.39	0.17	4.49	38.1	1.99

第二节 豆科常规养分评定及相关性分析

如表3-2所示，21种豆科牧草CP含量在9.93%～27.17%，CP含量高于20.0%的有5种，为天蓝苜蓿、紫花苜蓿、刺槐、白三叶和野豌豆，EE、CF、Ca、P含量分别为1.38%～4.08%、10.34%～38.01%、1.07%～2.72%和0.11%～1.35%。豆科牧草中CP含量与CF含量呈负相关（$P<0.05$），但$r^2<0.3$，为弱相关，与Ash、EE、Ca和P无显著相关关系。

表 3-2 豆科营养成分（干物质，%）

序号	品种	粗灰分（Ash）	钙（Ca）	磷（P）	粗蛋白（CP）	粗纤维（CF）	粗脂肪（EE）
1	合欢	6.37	1.77	0.18	15.92	27.15	1.38
2	紫穗槐	5.05	1.07	0.36	18.52	17.18	2.29
3	紫云英	8.97	1.37	0.35	19.78	18.14	1.98
4	鞍叶羊蹄甲	7.17	1.90	0.23	17.58	32.11	2.67
5	杭子梢	4.85	1.18	0.24	14.81	28.6	2.12
6	紫荆	5.20	1.10	0.35	19.12	16.20	2.31
7	长波叶山蚂蝗	6.98	2.18	0.23	14.24	38.01	3.13
8	野大豆	5.36	1.78	0.11	10.89	33.03	4.08
9	多花木蓝	8.84	2.72	0.27	19.54	18.23	2.76
10	胡枝子	7.07	2.29	0.12	9.93	35.90	3.55
11	百脉根	10.23	1.87	0.15	15.34	34.34	2.49
12	天蓝苜蓿	8.76	2.36	0.34	20.13	22.47	2.38
13	紫花苜蓿	9.87	2.64	0.22	22.92	21.46	2.68
14	老虎刺	4.88	1.50	0.15	15.32	10.34	2.75
15	葛	8.31	1.73	0.31	18.96	30.32	1.72

（续表）

序号	品种	粗灰分（Ash）	钙（Ca）	磷（P）	粗蛋白（CP）	粗纤维（CF）	粗脂肪（EE）
16	刺槐	6.66	1.61	0.36	27.17	19.43	1.83
17	白刺花	6.33	1.56	0.22	19.36	31.86	2.63
18	黄花槐	10.38	2.53	1.35	18.24	24.22	3.93
19	红三叶	7.46	2.19	0.19	19.04	20.97	2.42
20	白三叶	10.10	1.88	0.40	26.76	17.3	3.26
21	野豌豆	7.38	1.20	0.23	21.13	28.92	1.50

第三节　蓼科常规养分评定及相关性分析

如表3-3所示，8种蓼科牧草CP含量在9.89%~23.36%，CP含量高于20.0%的有4种，为金荞麦、水蓼、尼泊尔蓼和酸模，EE、CF、Ca、P含量分别为1.28%~2.79%、9.65%~38.41%、1.17%~2.86%和0.25%~0.68%。蓼科牧草中CP含量与CF含量呈负相关（$P<0.05$），$r^2=0.86$，为强相关，与EE、Ash、Ca和P无显著相关关系。

表 3-3　蓼科营养成分（干物质，%）

序号	品种	粗灰分（Ash）	钙（Ca）	磷（P）	粗蛋白（CP）	粗纤维（CF）	粗脂肪（EE）
1	金荞麦	11.52	1.96	0.33	20.81	19.57	2.32
2	细柄野荞麦	12.12	2.21	0.37	18.79	18.98	2.25
3	何首乌	7.41	2.86	0.28	16.65	26.89	2.79
4	萹蓄	7.98	1.87	0.34	13.25	29.67	1.28
5	水蓼	15.62	2.05	0.41	21.77	14.76	2.29
6	尼泊尔蓼	27.25	1.69	0.68	20.26	9.65	1.58
7	杠板归	8.98	2.34	0.25	9.89	38.41	2.13
8	酸模	10.60	1.17	0.49	23.36	14.04	2.47

第四节　菊科常规养分评定及相关性分析

如表3-4所示，12种菊科牧草CP含量在10.64%～18.67%，未有菊科牧草CP含量高于20.0%，EE、CF、Ca、P含量分别为1.24%～4.57%、12.18%～37.83%、1.01%～3.26%和0.19%～1.85%。菊科牧草中CP含量与EE含量呈负相关（$P<0.05$），$r^2<0.4$，为中度相关，与CF、Ash、Ca和P无显著相关关系。

表3-4　菊科营养成分（干物质，%）

序号	品种	粗灰分（Ash）	钙（Ca）	磷（P）	粗蛋白（CP）	粗纤维（CF）	粗脂肪（EE）
1	清明菜	8.64	2.34	1.85	17.13	24.75	2.97
2	大籽蒿	8.04	1.41	0.31	17.28	27.14	2.12
3	一年蓬	5.40	1.01	0.19	10.64	37.83	4.57
4	牛膝菊	7.79	1.24	0.22	18.12	23.14	1.24
5	抱茎苦荬菜	14.48	3.26	0.49	15.64	12.18	3.48
6	马兰	9.66	1.74	0.46	13.42	21.13	2.16
7	千里光	10.26	1.96	0.25	14.72	21.02	3.59
8	腺梗豨莶	14.08	2.14	0.45	14.97	15.18	1.74
9	苦苣菜	13.64	2.98	0.47	16.25	13.67	3.14
10	蒲公英	12.39	3.12	0.39	16.53	13.25	3.64
11	苍耳	15.02	2.68	0.45	18.67	13.98	2.66
12	黄鹌菜	11.01	1.73	0.38	13.10	24.23	4.05

第五节　蔷薇科常规养分评定及相关性分析

如表3-5所示，10种蔷薇科牧草CP含量在5.44%～15.04%，未有蔷薇科牧草CP含量高于20.0%，EE、CF、Ca、P含量分别为1.01%～4.32%、17.53%～68.37%、1.35%～4.13%和0.06%～0.64%。蔷薇科牧草中CP含量与CF含量呈负相关（$P<0.05$），r^2= 0.66，为强相关，与EE、Ash、Ca和P无显著相关关系。

表 3-5　蔷薇科营养成分（干物质，%）

序号	品种	粗灰分（Ash）	钙（Ca）	磷（P）	粗蛋白（CP）	粗纤维（CF）	粗脂肪（EE）
1	平枝栒子	9.12	1.35	0.64	8.34	39.14	1.32
2	蛇莓	8.47	1.57	0.61	10.31	28.14	1.12
3	扁核木	12.74	4.13	0.06	13.10	20.19	2.21
4	火棘	6.44	1.81	0.18	14.51	18.11	2.08
5	小果蔷薇	4.94	1.41	0.13	5.44	49.42	2.58
6	野蔷薇	8.32	2.37	0.13	11.54	23.85	4.32
7	峨眉蔷薇	5.67	1.55	0.21	8.36	43.64	2.29
8	缫丝花	6.84	1.44	0.22	15.04	27.25	1.01
9	白叶莓	8.10	1.84	0.22	14.92	17.53	1.68
10	红泡刺藤	4.78	1.82	0.14	8.01	68.37	2.43

第六节　其他科常规养分评定及相关性分析

如表3-6所示，70种其他科饲用植物CP含量在4.4%～29.45%，CP含量高于20.0%的饲用植物有10种，分别为垂柳、楮、长叶水麻、藜、莲子草、枫香树、竹叶柴胡、篱打碗花、假酸浆和洋芋叶，EE、CF、Ca、P含量分别为0.91%～10.33%、9.69%～63.10%、0.64%～5.49%和0.10%～1.22%。其他科饲用植物中CP含量与CF、Ash含量呈负相关（$P<0.05$），$r^2<0.3$，为弱相关，与EE、Ca和P无显著相关关系。

表 3-6　其他科饲用植物营养成分（干物质，%）

序号	品种	粗灰分（Ash）	钙（Ca）	磷（P）	粗蛋白（CP）	粗纤维（CF）	粗脂肪（EE）
1	化香树	7.23	1.82	0.40	15.59	14.18	1.94
2	垂柳	7.60	1.74	0.40	20.71	17.15	2.57
3	川榛	8.77	2.12	0.14	16.98	39.45	1.55
4	白栎	6.32	1.76	0.15	10.91	41.84	3.30
5	楮	12.60	2.94	0.38	24.45	13.15	2.58
6	地果	10.66	2.62	0.14	7.84	63.10	1.48
7	湖桑	14.60	3.93	0.29	17.09	9.69	4.06
8	长叶水麻	11.62	2.96	0.47	26.21	12.56	1.17
9	荨麻	18.50	5.49	0.25	19.39	17.15	3.11
10	落葵薯	16.99	1.51	0.34	16.91	24.54	1.76
11	繁缕	17.20	1.71	0.32	11.18	26.95	2.26
12	藜	21.30	2.62	0.51	29.45	13.24	3.18
13	地肤	15.06	2.37	0.22	19.48	25.95	1.85
14	莲子草	19.40	1.87	0.28	22.08	20.40	2.49
15	苋	12.55	2.00	0.33	15.66	17.05	3.53
16	香叶子	4.46	1.22	0.13	10.75	17.53	5.57
17	扬子毛茛	8.79	1.45	0.31	8.45	35.12	2.13
18	三颗针	7.30	1.68	0.24	12.54	25.64	2.21
19	南天竹	6.69	1.87	0.22	13.19	24.73	1.96
20	贵州金丝桃	3.27	1.20	0.11	4.40	51.63	3.19
21	荠	-	1.20	-	14.5	11.00	2.00

（续表）

序号	品种	粗灰分（Ash）	钙（Ca）	磷（P）	粗蛋白（CP）	粗纤维（CF）	粗脂肪（EE）
22	豆瓣菜	22.78	4.67	0.55	18.26	11.77	1.68
23	诸葛菜	-	2.10	-	15.2	12.30	2.50
24	枫香树	11.40	3.46	0.24	21.81	15.07	0.95
25	檵木	8.45	2.14	0.37	9.78	25.79	2.64
26	海桐	9.68	3.02	0.14	9.76	32.79	5.88
27	野花椒	8.10	1.81	0.23	17.08	33.17	2.84
28	马桑	5.62	1.63	0.16	16.25	13.56	3.16
29	盐肤木	11.42	3.46	0.10	8.92	42.76	5.75
30	南蛇藤	10.28	2.70	0.39	17.38	32.23	3.28
31	黄杨	8.09	2.28	0.14	17.99	25.73	2.37
32	异叶鼠李	6.14	2.15	0.11	6.41	37.28	3.76
33	崖爬藤	8.78	1.97	0.23	16.97	30.47	2.89
34	毛葡萄	7.98	2.34	0.22	17.36	28.57	3.02
35	牛奶子	15.21	2.14	0.35	16.59	21.78	3.22
36	戟叶堇菜	7.31	1.65	0.22	17.42	29.87	2.54
37	白栎	8.33	1.87	0.20	8.85	23.06	3.13
38	刺楸	8.27	1.67	0.36	19.68	20.17	1.41
39	竹叶柴胡	13.27	1.82	0.32	28.55	12.92	0.91
40	小果珍珠花	4.30	1.15	0.11	7.92	41.14	2.45
41	云南杜鹃	5.24	1.69	0.13	9.34	28.66	2.79
42	杜鹃	6.21	1.97	0.21	8.98	27.88	3.01
43	小叶女贞	6.97	1.87	0.15	11.52	23.17	2.81
44	迎春花	7.65	1.67	0.21	10.98	25.22	2.61
45	密蒙花	5.45	1.64	0.11	12.04	27.10	2.37
46	猪殃殃	11.54	2.44	0.29	14.21	32.10	1.95

（续表）

序号	品种	粗灰分（Ash）	钙（Ca）	磷（P）	粗蛋白（CP）	粗纤维（CF）	粗脂肪（EE）
47	鸡矢藤	8.97	1.65	0.31	13.58	29.18	2.14
48	金剑草	8.22	2.29	0.15	11.77	29.34	2.05
49	篱打碗花	15.31	1.51	0.34	24.11	15.43	3.05
50	空心菜	13.56	2.24	0.40	15.60	22.46	4.27
51	圆叶牵牛	11.12	2.05	0.54	12.16	26.68	2.07
52	黄荆	5.68	1.43	0.19	13.62	25.02	2.90
53	臭牡丹	6.65	1.34	0.24	11.29	28.75	2.54
54	香薷	9.45	2.34	0.28	13.12	21.42	2.37
55	益母草	10.34	2.21	0.36	12.35	22.18	2.19
56	假酸浆	12.79	1.37	0.79	25.46	19.79	8.42
57	洋芋叶	14.75	2.05	0.37	29.02	14.58	1.62
58	平车前	15.16	2.92	0.32	14.81	18.18	1.56
59	金银花	8.54	1.51	0.25	13.48	27.59	4.31
60	红泡刺藤	18.06	2.28	1.22	6.98	22.30	6.02
61	烟管荚蒾	11.42	3.46	0.10	8.92	42.76	5.75
62	阿拉伯婆婆纳	11.98	2.12	0.41	11.35	21.23	2.56
63	沿阶草	13.24	2.14	0.24	8.60	33.45	2.12
64	菝葜	4.12	0.94	0.19	10.66	26.24	2.35
65	鸭跖草	6.21	1.97	0.35	14.28	19.78	2.16
66	一把伞南星	8.67	2.94	0.54	11.31	24.32	3.65
67	芭蕉（叶）	21.08	1.89	0.25	7.54	36.77	1.22
68	马尾松	3.28	0.64	0.23	11.43	32.62	3.92
69	银杏	14.34	3.99	0.26	9.62	15.23	10.33
70	问荆	22.90	2.23	0.18	10.08	22.54	1.28

第七节　常见毒害草营养成分评定

常见毒害草营养成分见表3-7

表 3-7　常见毒害草营养成分（干物质，%）

序号	品种	粗灰分（Ash）	钙（Ca）	磷（P）	粗蛋白（CP）	粗纤维（CF）	粗脂肪（EE）
1	紫茎泽兰	10.00	1.83	0.28	14.40	17.65	6.41
2	泽漆	11.48	2.97	0.87	15.12	15.68	5.52

第四章　SPSS聚合分类评定

试验数据采用Excel 2007进行初步整理，用SPSS 19.0 软件进行回归模型构建。同时，假设粗蛋白、粗纤维、粗脂肪、粗灰分、钙、磷等营养成分在分类中不重叠，在营养价值综合评定时权重相同，先将实测营养成分数据进行全距-1到1标准化，以平方Euclidean距离为度量标准，采用SPSS 19.0组间联接聚类方法进行聚合分类，并绘制树状图和冰柱图。

第一节　禾本科营养成分SPSS聚合类群分析

如图4-1所示，采用SPSS 19.0组间联接聚类方法进行聚合分类，由程序自动将35种禾本科牧草分成5个类群时，双穗雀稗和早熟禾为第一类群；第二类群为竹节草；第三类群为黑穗画眉草、狗尾草；第四类群为棒头草、象草、鸭茅、狗牙根、金色狗尾草、白茅、拂子茅和扁穗雀麦；第五类群为野古草、橘草、马唐、旱茅、芒、斑茅、黄背草、矛叶荩草、细柄草、青香茅、薏苡、拟金茅、刚莠竹、类芦、毛花雀稗、狼尾草、毛竹、金发草、甘蔗、棕叶狗尾草、鼠尾粟和荻。

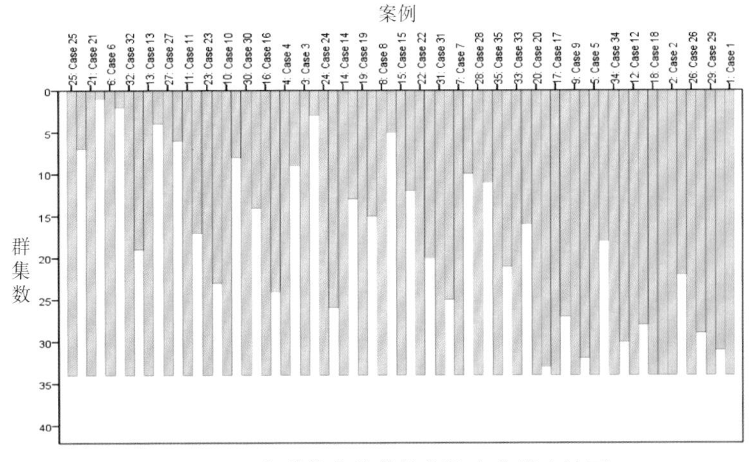

图 4-1　禾本科牧草营养价值聚合分类冰柱图

如图4-2所示，当35种禾本科牧草分为5类时，竹节草与其他牧草营养价值相隔较远，单独为一个类群；双穗雀稗和早禾熟营养价值相隔较近；黑穗画眉草和狗尾草营养价值相隔较近；狗牙根、象草、鸭茅营养价值相隔较近，拂子茅、白茅、金色狗尾草；青香茅、旱茅、类芦和毛竹营养价值相隔较近，薏苡、拟金茅、狼尾草和棕叶狗尾草营养价值相隔较近，其他禾本科牧草营养价值相隔较近。

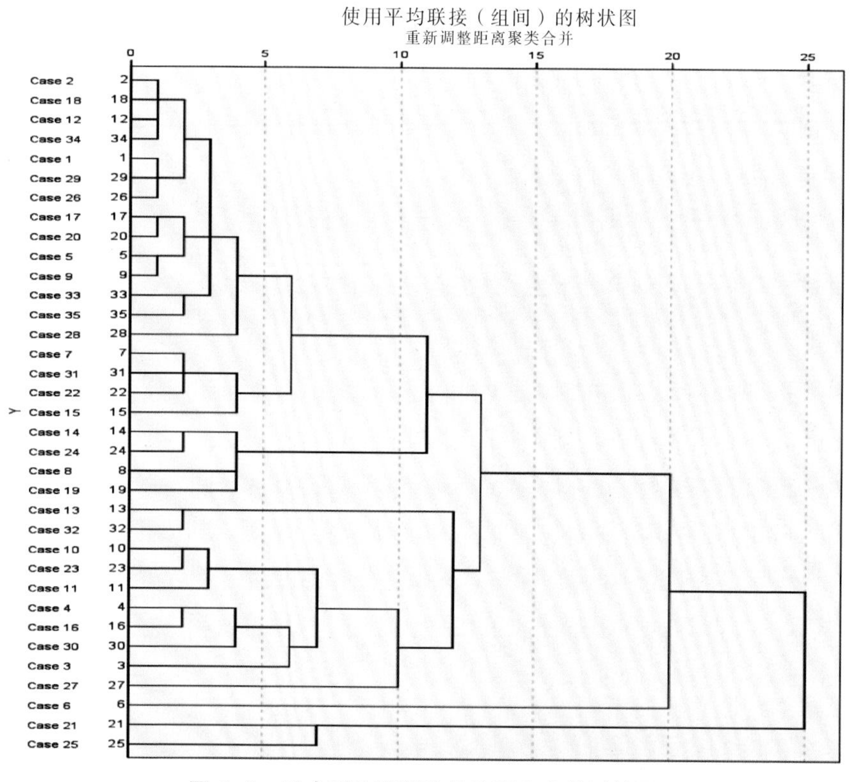

图 4-2　禾本科牧草营养价值聚合分类树状图

第二节　豆科营养成分 SPSS 聚合类群分析

如图4-3所示，采用SPSS 19.0组间联接聚类方法进行聚合分类，由程序自动将21种豆科牧草分成5个类群时，第一类群为黄花槐；第二类群为长波叶山蚂蝗、野大豆、胡枝子；第三类群为百脉根；第四类群为多花木蓝、天蓝苜蓿、紫花苜蓿、白三叶和红三叶；第五类群为合欢、鞍叶羊蹄甲、杭子梢、葛、白刺花、野豌豆、老虎刺、刺槐、紫穗槐、紫云英和紫荆。

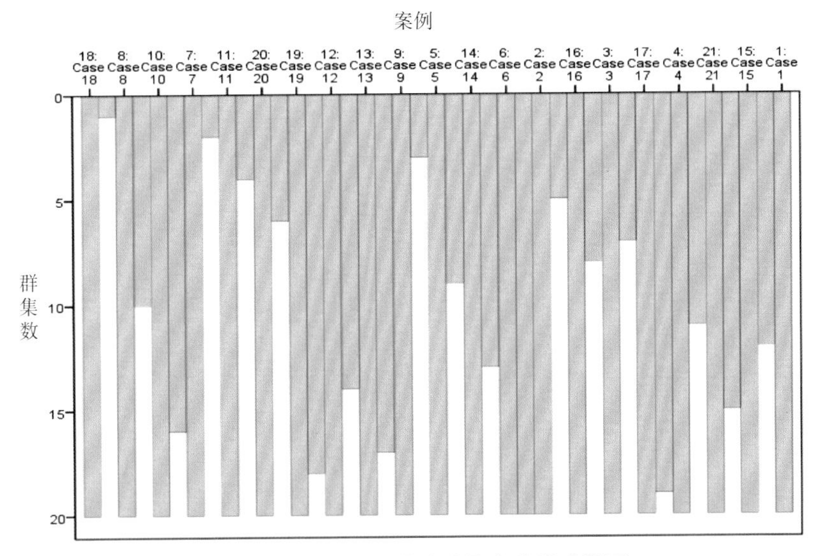

图 4–3　豆科牧草营养价值聚合分类冰柱图

如图4-4所示，黄花槐与其他豆科牧草营养价值相隔较远，独立成为一个类群；长波叶山蚂蝗、野大豆和胡枝子营养价值相隔较近；天蓝苜蓿、红三叶、多花木蓝、紫花苜蓿营养价值相隔较近；紫云英和刺槐营养价值相隔较近，合欢、葛和野豌豆营养价值相隔较近，鞍叶羊蹄甲和白刺花营养价值相隔较近，紫穗槐和紫荆豆营养价值相隔较近。

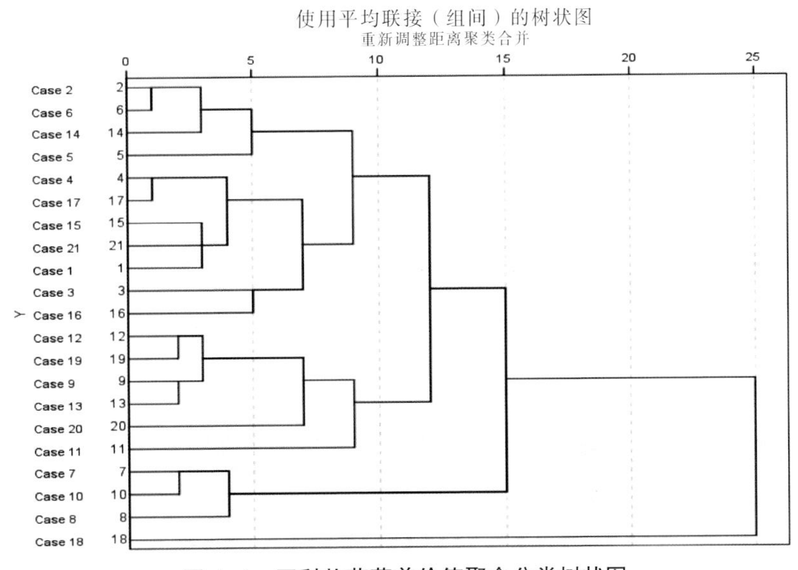

图 4–4　豆科牧草营养价值聚合分类树状图

第三节　蓼科营养成分SPSS聚合类群分析

如图4-5所示，采用SPSS 19.0组间联接聚类方法进行聚合分类，由程序自动将8种蓼科牧草分成3个类群时，第一类群为尼泊尔蓼；第二类群为萹蓄和杠板归；第三类群为何首乌、金荞麦、细柄野荞麦、水蓼和酸模。

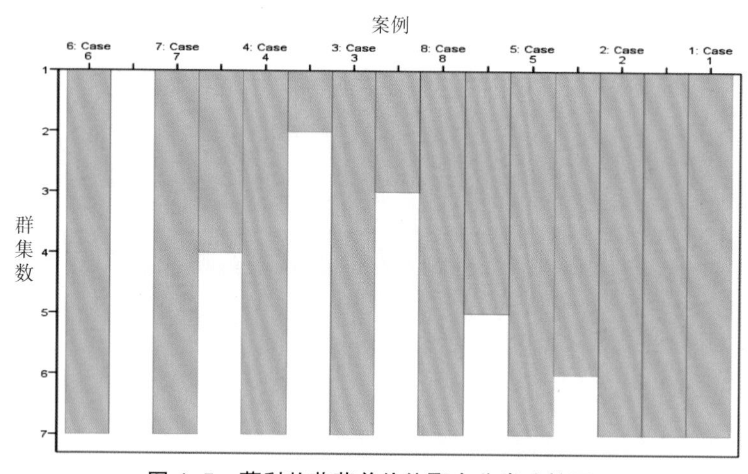

图4-5　蓼科牧草营养价值聚合分类冰柱图

如图4-6所示，尼泊尔蓼和其他蓼科牧草营养价值相隔较远，独立成为一类群；萹蓄与杠板归营养价值相隔较近；水蓼、细柄野荞麦、金荞麦营养价值相隔较近。

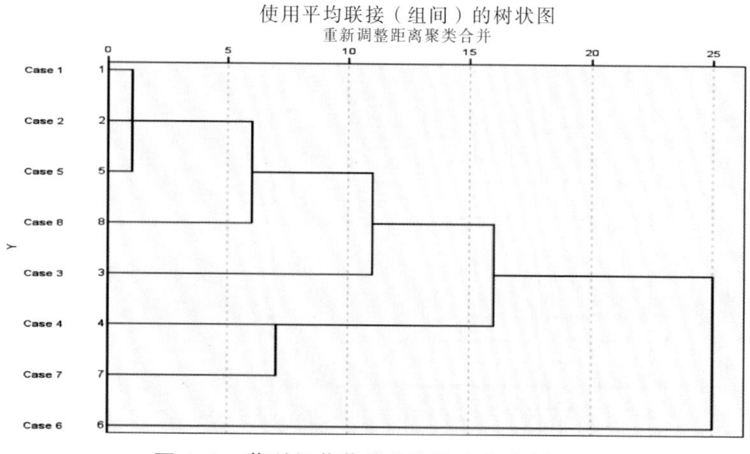

图4-6　蓼科牧草营养价值聚合分类树状图

第四节　菊科营养成分 SPSS 聚合类群分析

如图4-7所示，采用SPSS 19.0组间联接聚类方法进行聚合分类，由程序自动将12种菊科牧草分成4个类群时，第一类群为一年蓬；第二类群为抱茎苦荬菜、腺梗豨莶、苦苣菜、蒲公英和苍耳；第三类群为大籽蒿、牛膝菊、马兰、千里光和黄鹌菜；第四类群为清明菜。

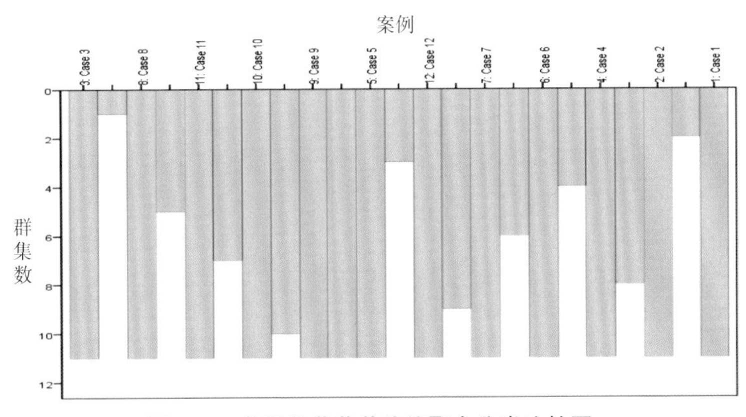

图 4-7　菊科牧草营养价值聚合分类冰柱图

如图4-8所示，一年蓬与其他菊科牧草营养价值相隔较远，独立成为一个类群；马兰、千里光、黄鹌菜营养价值相隔较近，大籽蒿、牛膝菊营养价值相隔较近；清明菜、营养价值相隔较近；抱茎苦荬菜、苦苣菜、蒲公英营养价值相隔较近。

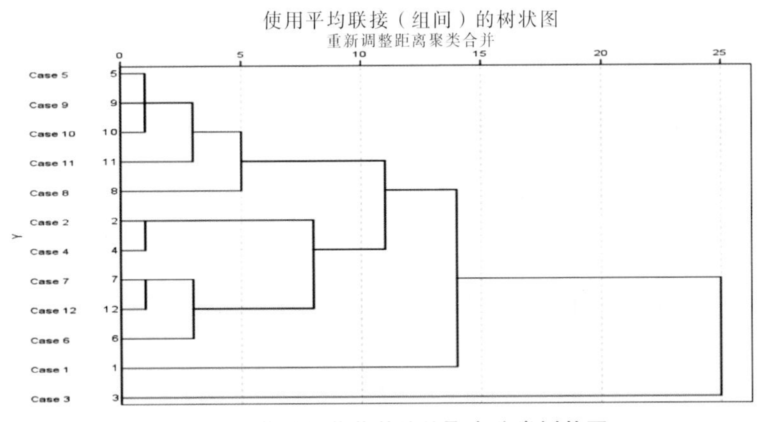

图 4-8　菊科牧草营养价值聚合分类树状图

第五节　蔷薇科营养成分 SPSS 聚合类群分析

如图4-9所示，采用SPSS 19.0组间联接聚类方法进行聚合分类，由程序自动将10种蔷薇科牧草分成4个类群时，第一类群为扁核木；第二类群为小果蔷薇、峨眉蔷薇、红泡刺藤；第三类群为火棘、野蔷薇、缫丝花和白叶莓；第四类群为平枝栒子和蛇莓。

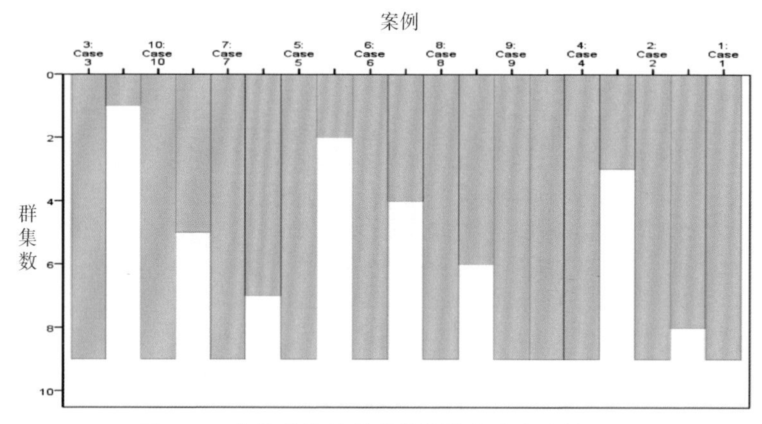

图 4-9　蔷薇科牧草营养价值聚合分类冰柱图

如图4-10所示，扁核木与其他蔷薇科牧草营养价值相隔较远，独立为一个类群；峨眉蔷薇、小果蔷薇和红泡刺藤营养价值相隔较近；平枝栒子与蛇莓营养价值相隔较近；火棘、缫丝花和白叶莓营养价值相隔较近。

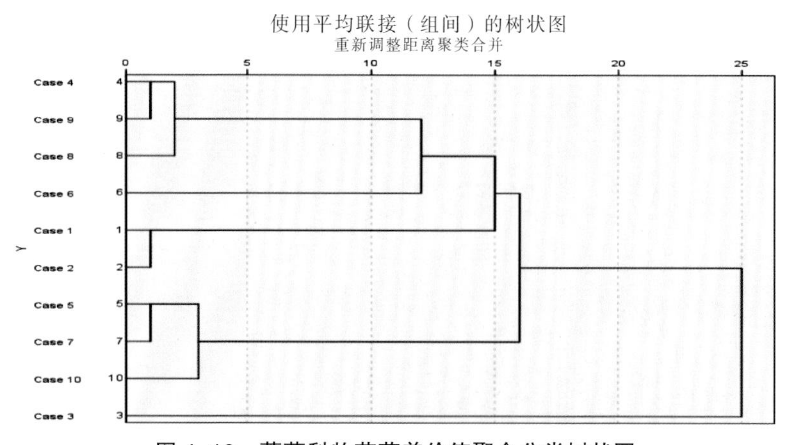

图 4-10　蔷薇科牧草营养价值聚合分类树状图

第六节 其他科营养成分 SPSS 聚合类群分析

如图4-11所示，采用SPSS 19.0组间联接聚类方法进行聚合分类，由程序自动将70种其他科牧草分成10个类群时，第一类群为红泡刺藤；第二类群为银杏；第三类群为假酸浆；第四类群为地果；第五类群为湖桑、荨麻、豆瓣菜；第六类群为篱打碗花、莲子草、空心菜、牛奶子、苋、平车前、地肤、落葵薯；第七类群为藜、洋芋叶、竹叶柴胡、枫香树、长叶水麻、楮；第八类群为问荆、芭蕉（叶）、沿阶草繁缕；第九类群为海桐、盐肤木、烟管荚蒾；第十类群为贵州金丝桃、白栎、扬子毛茛、异叶鼠李、马尾松、化香树、垂柳、黄杨、戟叶堇菜、猪殃殃、毛葡萄、崖爬藤、南蛇藤、野花椒、圆叶牵牛、臭牡丹、鸡矢藤、金剑草、密蒙花、金银花、菝葜、杜鹃、云南杜鹃、白栎、一把伞南星、迎春花、小叶女贞、黄荆、檵木、南天竹、三颗针、鸭跖草、阿拉伯婆婆纳、益母草、香薷、诸葛菜、荠、香叶子、刺楸和马桑。

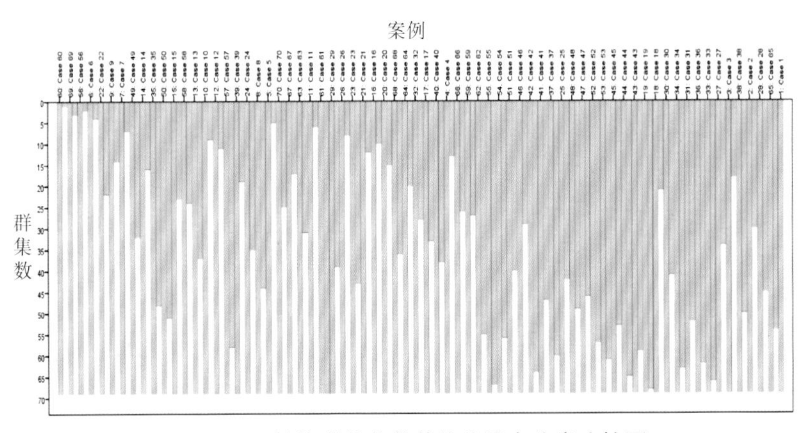

图 4-11 其他科牧草营养价值聚合分类冰柱图

如图4-12所示，红泡刺藤与其他牧草，独立为一个类群；楮、长叶水麻和枫香树营养价值相隔较近，竹叶柴胡和洋芋叶营养价值相隔较近；落葵薯、地肤和平车前营养价值相隔较近，苋、牛奶子和空心菜营养价值相隔较近，篱打碗花和莲子草；湖桑、荨麻、豆瓣菜营养价值相隔较近；繁缕和沿阶草营养价值相隔较近，芭蕉（叶）和问荆；荠和诸葛菜，白栎、扬子毛茛、异叶鼠李、小果珍珠花营养价值相隔较近，菝葜和马尾松（马尾松），云南杜鹃、杜鹃、檵木、白栎、三颗针、南天竹、小叶女贞、迎春花、密蒙花、臭牡丹、黄荆、鸡矢藤、金剑草、香薷、益母草、圆叶牵牛、阿拉伯婆婆纳、猪殃殃、金银花、一把伞南星营养价值相隔较近，黄杨、毛葡萄、野花椒、崖爬藤、戟叶堇菜、南蛇藤、川榛营养价值相隔较近，化香树、垂柳、马桑、刺楸、鸭跖草营养价值相隔较近；烟管荚蒾、盐肤木、海桐营养价值相隔较近。

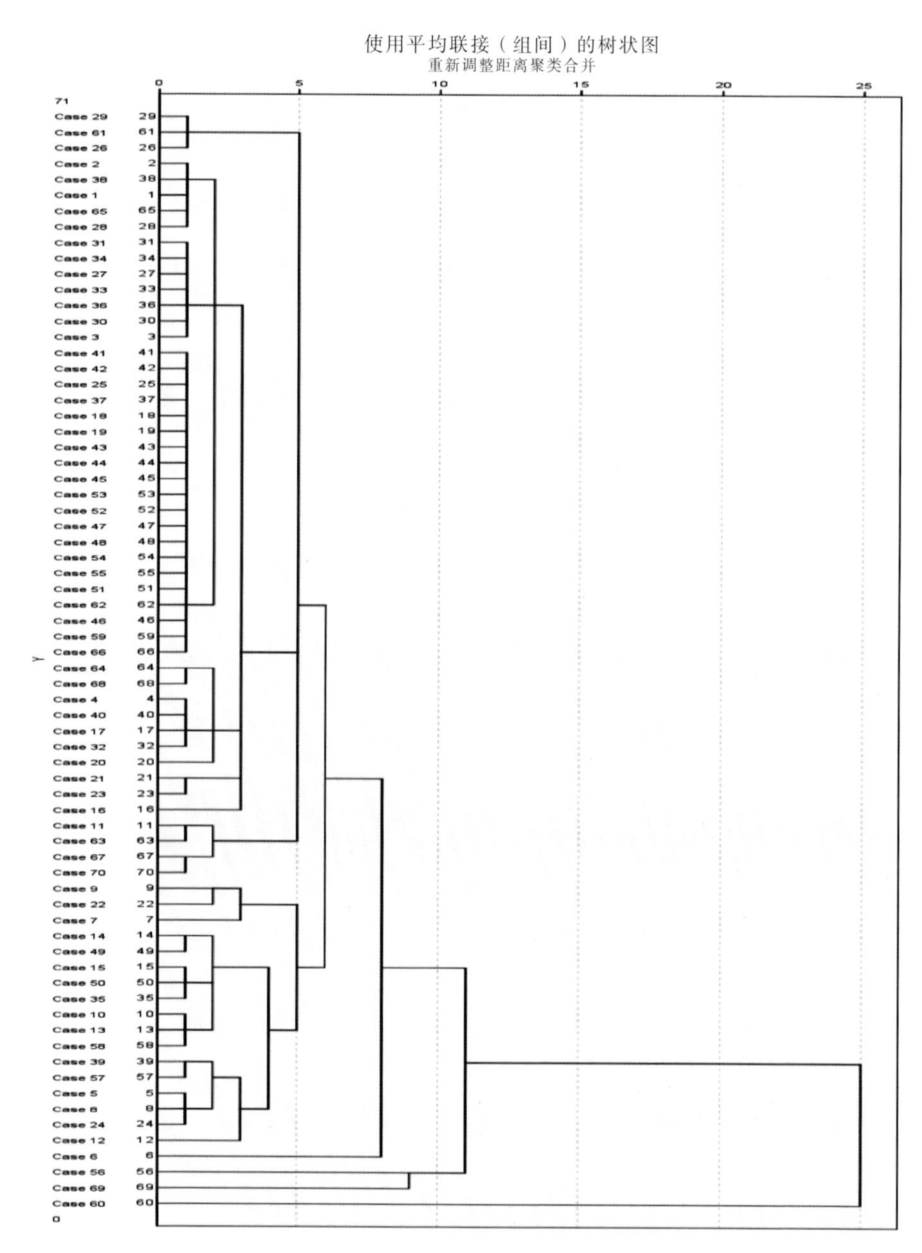

图 4-12　其他科牧草营养价值聚合分类树状图

第五章　CNCPS体系评定

从采集的156种野生牧草（含毒草2种）中，选择牛羊适口性好，营养成分含量比较适合牛羊养殖的禾本科27种、豆科14种、蓼科4种、菊科8种、蔷薇科12种、其他科55种，共120种开展CNCPS体系评定。

第一节　指标测定及计算

中性洗涤纤维（NDF）和酸性洗涤纤维（ADF）采用滤袋技术测定，能量（氧弹式测热计）等的测定和推算参照《饲料分析及饲料质量检测技术》（张丽英，2010）相关方法进行，具体方法步骤略。可溶性粗蛋白（SP）采用Roe等（1990）的方法测定；中性洗涤纤维不溶粗蛋白（NDFIP）采用L. I. Citra等（1995）的方法测定；酸性洗涤不溶粗蛋白（ADFIP）采用G. Licitra（1996）的方法测得；非蛋白氮（NPN）采用三氯乙酸法测定；淀粉（Starch）采用宁开桂（1993）的方法测定。

CNCPS体系将饲料中碳水化合物分为在瘤胃中可快速降解的糖类（CA）、中度降解的淀粉（CB1）、缓慢降解的可利用细胞壁（CB2）、不可利用的细胞壁（CC），各组分推算公式如下：

CHO(%DM)=100－CP(% DM)－EE(%DM)－ASH(%DM)；

CC(%CHO)=100×[NDF (%DM)×0.01×LIGNIN(%NDF)×2.4]/CHO(%DM)；

CB2(%CHO)=100×[(NDF(%DM)－NDFIP(%CP)×0.01×CP(%DM)－NDF(%DM) ×0.01×LIGNIN(%NDF)×2.4]/CHO(%DM)；

NSC(%CHO)=100－CB2(%CH0)－CC(%CHO)；

CB1(%CHO)=STRACH (%NSC)×[100－CB2(%CHO)－CC(%CHO)]/100；

CA(%CHO)=[100－STARCH(%NSC)]×[100－CB2(%CHO)－CC(%CHO)]/100。

式中：CHO为碳水化合物，NSC为非结构性碳水化合物，LIGNIN为木质素，STRACH为淀粉，单位（%DM）表示组分占干物质百分比，（%CHO）表示组分占碳水化合物百分比（Sniffen等，1992）。

CNCPS体系将饲料中蛋白质分为非蛋白氮PA（NPN）、真蛋白（PB1、PB2、PB3）和不可利用蛋白（PC），各组分推算公式如下：

PA(%CP)=NPN(%SCP)×0.01×SCP(%CP)；

PB1(%CP)=SCP(%CP)－PA(%CP)；

PB3(%CP)=NDFIP(%CP)－ADFIP(%CP)；

PC(%CP)=ADFIP(%CP)；

PB2(%CP)=100－PA(%CP)－PB1(%CP)－PB3(%CP)－PC(%CP)。

式中：CP为粗蛋白质，NPN为非蛋白氮，SCP为可溶性蛋白，NDFIP为中性洗涤不溶粗蛋白，ADFIP为酸性洗涤不溶粗蛋白，单位（%CP）表示组分占粗蛋白的百分比（Sniffen等，1992）。

第二节　CNCPS 指标计算相关营养成分分析

一、禾本科 CNCPS 指标计算相关营养成分分析

如表5-1所示，禾本科牧草NDF含量在48.24%～83.33%，平均值为65.30%；ADF含量在34.05%～65.07%，平均值为48.34%；Starch含量在0.96%～1.96%，平均值为1.32%；SCP/（CP%）在33.90%～69.25%，平均值为48.06%；NPN/（SCP%）在57.81%～93.72%，平均值为73.98%；NDFIP/（CP%）在18.78%～36.97%，平均值为25.97%；ADFIP/（CP%）在9.64%～18.40%，平均值为13.15%；ADL/（NDF%）在7.20%～18.55%，平均值为13.25%。

表 5-1　禾本科牧草 CNCPS 指标计算相关营养成分（干物质基础，%）

名称	CP	EE	ASH	NDF	ADF	Starch	SCP（CP%）	NPN（SCP%）	NDFIP（CP%）	ADFIP（CP%）	ADL（NDF%）
黑麦草	10.54	2.58	4.69	56.36	34.05	1.08	38.90	60.78	21.58	10.88	12.55
毛花雀稗	14.53	3.96	6.33	60.51	42.09	1.49	69.04	87.87	28.46	18.35	11.61
早熟禾	22.74	3.90	11.40	48.24	37.01	1.80	41.77	65.26	23.19	11.59	10.23
扁穗雀麦	10.64	4.57	5.40	61.38	38.41	1.09	39.66	61.96	22.01	11.07	13.58

（续表）

名称	CP	EE	ASH	NDF	ADF	Starch	SCP（CP%）	NPN（SCP%）	NDFIP（CP%）	ADFIP（CP%）	ADL（NDF%）
甘蔗	7.83	1.28	7.02	65.33	42.45	1.28	54.14	84.60	30.12	14.66	13.93
旱茅	3.68	2.05	6.20	63.79	38.68	1.20	58.51	91.42	32.57	15.74	15.78
皇竹草	10.81	1.29	8.49	64.41	42.50	1.12	40.94	63.97	22.73	11.38	12.14
芒	5.68	1.42	5.84	62.89	47.94	1.96	37.90	59.23	21.03	10.63	16.25
类芦	8.95	4.64	9.33	51.26	42.64	1.04	62.60	87.82	34.86	16.75	18.55
棕叶狗尾草	9.83	0.66	11.06	64.24	41.14	1.12	69.25	88.21	28.58	18.40	10.22
野古草	4.48	1.36	5.18	61.66	37.02	1.04	46.70	72.96	25.95	12.81	14.51
双穗雀稗	16.37	3.80	13.66	52.77	41.21	1.80	47.22	73.79	26.25	12.94	11.13
白茅	11.04	1.80	7.35	67.65	52.82	1.04	42.68	66.68	23.70	11.81	8.66
猪殃殃	14.21	1.95	11.54	56.32	43.97	1.60	48.76	76.20	27.11	13.32	13.40
鸭茅	13.05	1.88	7.48	49.44	38.60	1.34	40.00	62.50	22.20	11.15	13.49
毛竹	9.45	4.47	7.98	75.09	58.63	0.97	66.38	93.72	36.97	17.69	17.99
青香茅	7.57	5.18	4.82	70.39	54.96	1.44	52.18	81.53	29.02	14.17	11.48
拟金茅	13.05	2.38	10.04	74.65	58.29	1.80	57.86	90.41	32.20	15.58	7.20
鼠尾粟	5.85	2.54	5.88	72.93	56.95	1.44	39.19	61.23	21.75	10.95	13.87
黄背草	5.10	1.01	7.21	81.56	63.68	1.96	51.38	80.28	28.57	13.97	14.99
细柄草	5.31	1.90	9.60	72.49	56.60	1.52	45.82	71.60	25.46	12.59	12.13
矛叶荩草	5.58	1.42	6.06	72.47	56.59	0.96	37.15	68.05	20.60	10.44	15.51
橘草	5.03	1.76	9.64	79.04	61.71	1.28	50.85	79.46	28.28	13.84	14.96
金发草	5.15	0.51	6.45	70.91	55.37	1.04	33.90	62.97	18.78	9.64	14.56
马唐	5.34	1.43	7.61	83.33	65.07	1.12	35.34	65.21	19.59	9.99	13.67
麦纤草	9.97	2.59	6.74	67.47	52.68	1.03	52.45	81.96	29.17	14.24	10.78
铃铛菜	17.38	3.28	10.28	56.54	44.15	1.20	37.00	57.81	20.52	10.41	14.69

二、豆科CNCPS指标计算相关营养成分分析

如5-2所示，豆科牧草NDF含量在24.44%～66.68%，平均值为41.75%；ADF含量在14.32%～52.07%，平均值为33.54%；Starch含量在1.36%～5.24%，平均值为2.65%；SCP/（CP%）在31.13%～54.28%，平均值为45.18%；NPN/（SCP%）在61.39%～84.81%，平均值为72.74%；NDFIP/（CP%）在15.80%～30.19%，平均值为24.67%；ADFIP/（CP%）在8.95%～14.69%，平均值为12.44%；ADL/（NDF%）在7.48%～17.17%，平均值为13.56%。

表5-2　豆科牧草CNCPS指标计算相关营养成分（干物质基础，%）

名称	CP	EE	ASH	NDF	ADF	Starch	SCP（CP%）	NPN（SCP%）	NDFIP（CP%）	ADFIP（CP%）	ADL（NDF%）
刺槐	27.17	1.83	6.66	41.16	32.13	1.88	39.52	61.74	21.93	11.03	15.14
球子崖豆	13.19	1.96	6.69	39.20	30.76	3.84	41.06	64.16	22.79	11.41	14.26
老虎刺	15.32	2.75	4.88	28.75	14.32	1.57	39.29	61.39	15.80	10.98	14.84
紫花苜蓿	22.92	2.68	9.87	33.43	22.36	2.35	43.13	67.39	23.95	11.93	13.54
绒毛崖豆	13.53	1.44	7.30	44.69	34.71	1.44	43.63	68.17	24.23	12.05	14.26
胡枝子	9.93	3.55	7.07	54.39	33.28	1.84	34.29	63.58	19.00	9.74	13.67
红三叶	19.04	2.42	7.46	34.84	28.12	1.95	49.53	77.40	27.54	13.51	10.51
白刺花	19.36	2.63	6.33	48.21	37.50	1.96	51.95	81.17	28.89	14.11	13.86
截叶铁扫帚	19.48	1.85	15.06	45.27	34.57	2.72	52.86	82.59	29.40	14.34	17.17
杭子梢	14.81	2.12	4.85	46.01	44.30	4.88	53.30	83.28	29.65	14.45	14.97
紫穗槐	18.52	2.29	5.05	41.52	38.87	5.24	45.61	71.26	25.34	12.54	11.76
白三叶	26.76	3.26	10.10	35.86	27.53	1.36	54.28	84.81	30.19	14.69	7.48
长波叶山蚂蝗	14.24	3.13	6.98	66.68	52.07	1.36	31.13	68.65	17.24	8.95	11.88
黄花槐	24.22	10.38	2.53	24.44	19.08	4.67	52.95	82.73	29.45	14.36	16.46

三、蓼科CNCPS指标计算相关营养成分分析

如5-3所示，蓼科牧草NDF含量在34.33%～42.38%，平均值为38.93%；

ADF含量在26.81%～41.77%，平均值为34.05%；Starch含量在1.20%～3.76%，平均值为2.66%；SCP/（CP%）在31.48%～46.45%，平均值为39.36%；NPN/（SCP%）在59.19%～72.58%，平均值为66.49%；NDFIP/（CP%）在17.43%～25.81%，平均值为21.84%；ADFIP/（CP%）在9.04%～12.75%，平均值为10.99%；ADL/（NDF%）在11.12%～15.33%，平均值为12.95%。

表 5-3　蓼科牧草 CNCPS 指标计算相关营养成分（干物质基础，%）

名称	CP	EE	ASH	NDF	ADF	Starch	SCP（CP%）	NPN（SCP%）	NDFIP（CP%）	ADFIP（CP%）	ADL（NDF%）
尼泊尔蓼	21.77	2.29	15.62	42.38	32.27	2.72	34.44	63.81	19.09	9.77	12.77
首乌藤	16.65	2.79	7.41	38.00	41.77	3.76	31.48	59.19	17.43	9.04	15.33
酸模	23.36	2.47	10.60	41.01	35.33	1.20	46.45	72.58	25.81	12.75	12.58
金荞麦	20.81	2.32	11.52	34.33	26.81	2.96	45.05	70.39	25.03	12.40	11.12

四、菊科 CNCPS 指标计算相关营养成分分析

如5-4所示，菊科牧草NDF含量在20.60%～42.51%，平均值为31.92%；ADF含量在16.08%～33.19%，平均值为26.42%；Starch含量在1.12%～5.60%，平均值为2.00%；SCP/（CP%）在38.23%～66.09%，平均值为49.49%；NPN/（SCP%）在59.74%～93.27%，平均值为74.70%；NDFIP/（CP%）在11.21%～29.27%，平均值为19.89%；ADFIP/（CP%）在10.71%～17.62%，平均值为13.50%；ADL/（NDF%）在10.69%～17.99%，平均值为12.82%。

表 5-4　菊科牧草 CNCPS 指标计算相关营养成分（干物质基础，%）

名称	CP	EE	ASH	NDF	ADF	Starch	SCP（CP%）	NPN（SCP%）	NDFIP（CP%）	ADFIP（CP%）	ADL（NDF%）
马兰	13.42	2.16	9.66	34.77	33.18	1.20	42.80	66.87	23.77	11.84	11.08
千里光	14.72	3.59	10.26	38.17	29.06	1.51	52.62	82.21	29.27	14.28	10.69
一年蓬	21.56	1.48	13.97	29.20	28.04	1.12	50.71	79.24	18.20	13.80	10.70
紫茎泽兰	14.14	6.41	10.00	26.14	21.05	2.40	66.09	93.27	15.81	17.62	17.99
苍耳	18.67	2.66	15.02	27.29	22.14	1.76	64.60	89.93	15.97	17.25	17.04
黄鹌菜	13.10	4.05	11.01	42.51	33.19	1.20	40.38	63.09	22.41	11.24	12.48

（续表）

名称	CP	EE	ASH	NDF	ADF	Starch	SCP（CP%）	NPN（SCP%）	NDFIP（CP%）	ADFIP（CP%）	ADL（NDF%）
豨莶	15.18	14.08	2.14	20.60	16.08	5.60	38.23	59.74	11.21	10.71	11.70
白蒿	17.84	1.44	10.80	36.68	28.64	1.20	40.47	63.23	22.46	11.27	10.88

五、蔷薇科CNCPS指标计算相关营养成分分析

如5-5所示，蔷薇科牧草NDF含量在28.55%～79.60%，平均值为44.67%；ADF含量在22.43%～62.15%，平均值为33.55%；Starch含量在0.96%～2.96%，平均值为1.51%；SCP/（CP%）在36.09%～57.30%，平均值为50.17%；NPN/（SCP%）在56.39%～89.53%，平均值为78.41%；NDFIP/（CP%）在20.01%～31.89%，平均值为27.90%；ADFIP/（CP%）在10.18%～15.44%，平均值为13.67%；ADL/（NDF%）在11.30%～20.08%，平均值为15.77%。

表5-5　蔷薇科牧草CNCPS指标计算相关营养成分（干物质基础，%）

名称	CP	EE	ASH	NDF	ADF	Starch	SCP（CP%）	NPN（SCP%）	NDFIP（CP%）	ADFIP（CP%）	ADL（NDF%）
缫丝花	15.04	1.01	6.84	41.30	32.06	0.96	55.03	85.99	30.62	14.88	11.62
白叶莓	14.92	1.68	8.10	37.58	25.20	2.96	54.13	84.57	30.11	14.65	17.09
野樱桃	17.01	1.63	8.59	28.55	22.43	1.56	52.06	81.34	28.95	14.14	18.15
小果蔷薇	5.44	2.58	4.94	64.55	39.09	0.96	36.09	56.39	20.01	10.18	17.90
火棘	14.51	2.08	6.44	31.77	24.81	1.49	51.03	79.74	28.38	13.88	20.08
野蔷薇	11.54	4.32	8.32	41.84	32.67	1.18	46.45	72.58	25.81	12.75	11.30
红泡刺藤	8.01	2.43	4.78	79.60	62.15	1.52	55.50	86.73	30.88	14.99	14.77
五瓣藤	15.34	1.36	7.87	38.63	30.40	1.04	57.30	89.53	31.89	15.44	17.99
栽秧藨	16.73	2.37	9.34	40.25	31.42	1.72	49.94	78.04	27.77	13.61	15.85
黑刺苞	21.26	1.62	7.56	39.79	31.07	1.60	48.45	75.70	26.93	13.24	16.34
野大豆	10.89	4.08	5.36	57.14	40.97	1.12	41.54	64.91	23.06	11.53	14.98
倒钩刺	10.25	3.54	5.59	35.00	30.28	2.00	54.57	85.26	30.36	14.76	13.17

六、其他科 CNCPS 指标计算相关营养成分分析

如5-6所示，其他科属牧草NDF含量在22.39%～73.40%，平均值为41.80%；ADF含量在17.48%～57.32%，平均值为33.99%；Starch含量在0.88%～5.68%，平均值为1.93%；SCP/（CP%）在25.79%～67.98%，平均值为52.65%；NPN/（SCP%）在57.47%～96.64%，平均值为81.34%；NDFIP/（CP%）在12.75%～37.87%，平均值为27.68%；ADFIP/（CP%）在7.63%～18.08%，平均值为14.28%；ADL/（NDF%）在5.88%～28.34%，平均值为13.82%。

表 5-6　其他科牧草 CNCPS 指标计算相关营养成分（干物质基础，%）

名称	科属	CP	EE	ASH	NDF	ADF	Starch	SCP（CP%）	NPN（SCP%）	NDFIP（CP%）	ADFIP（CP%）	ADL（NDF%）
枫香树	乔木	21.81	0.95	11.40	34.67	28.12	3.60	52.60	82.19	29.26	14.27	14.31
洋芋叶	茄科	29.02	1.62	14.75	32.19	22.59	1.36	35.63	64.68	12.75	10.07	6.31
金银花	忍冬科	13.48	4.31	8.54	42.01	37.42	1.38	61.11	95.48	34.02	16.38	14.13
糯米果	忍冬科	11.02	4.86	7.98	41.78	37.54	0.96	60.38	94.35	33.61	16.20	12.12
南方荚蒾	忍冬科	15.46	2.71	5.52	46.16	44.14	1.64	58.21	90.95	32.40	15.66	14.41
竹叶柴胡	伞形科	28.55	0.91	13.27	38.30	27.20	1.52	32.08	60.13	17.77	9.19	11.59
楮	桑科	24.45	2.58	12.60	36.21	26.79	2.40	36.83	57.54	20.42	10.36	10.77
地果	桑科	7.84	1.48	10.66	45.71	42.54	1.12	54.22	84.72	30.16	14.67	16.38
蔊菜	十字花科	27.07	2.29	20.82	38.88	19.99	1.20	38.76	60.56	21.51	10.84	8.81
豆瓣菜	十字花科	18.26	1.68	22.78	23.87	20.26	1.44	25.79	60.29	14.24	7.63	9.26
繁缕	石竹科	11.18	2.26	17.20	40.17	29.11	4.96	25.88	60.43	14.29	7.65	8.01
竹节草	石竹科	11.98	0.90	9.54	60.65	37.72	1.60	46.21	72.20	25.68	12.69	17.00
异叶鼠李	鼠李科	6.41	3.76	6.14	49.87	41.29	1.92	43.42	67.84	24.11	12.00	15.14
马尾松	松科	11.43	3.92	3.28	61.66	47.54	1.17	63.48	89.19	35.35	16.97	20.23
贵州金丝桃	藤黄科	4.40	3.19	3.27	47.86	35.27	2.08	63.95	89.92	35.61	17.08	24.58
红泡刺藤	五福花科	18.06	6.28	6.98	46.31	39.63	2.08	59.99	93.73	33.39	16.10	14.67

（续表）

名称	科属	CP	EE	ASH	NDF	ADF	Starch	SCP（CP%）	NPN（SCP%）	NDFIP（CP%）	ADFIP（CP%）	ADL（NDF%）
烟管荚蒾	五福花科	7.43	4.93	7.57	52.84	38.40	1.84	51.12	79.88	28.43	13.91	13.51
白栎	五加科	8.85	3.13	8.33	43.60	40.75	2.48	61.85	96.64	34.44	16.56	12.28
刺楸	五加科	19.68	1.41	8.27	35.80	30.93	1.04	54.37	84.95	30.25	14.71	15.14
莲子草	苋科	22.08	2.49	19.40	38.08	29.41	1.20	36.78	57.47	20.40	10.35	9.65
灰藜	苋科	19.45	3.18	21.30	34.45	26.18	1.36	34.77	64.33	19.27	9.86	9.35
牵牛花	旋花科	12.16	2.07	11.12	42.72	40.33	1.36	51.14	79.90	28.44	13.91	12.30
葛藤	旋花科	18.96	1.72	8.31	53.19	41.53	3.44	66.79	94.35	37.20	17.79	17.35
空心菜	旋花科	15.16	4.27	13.56	39.40	30.77	1.36	38.08	59.51	21.13	10.68	5.88
长叶水麻	荨麻科	26.21	1.17	11.62	41.78	37.40	1.68	67.98	86.22	37.87	18.08	7.24
苎麻叶	荨麻科	25.20	0.56	18.28	24.16	18.86	1.12	42.49	66.40	23.60	11.77	7.17
水柳	杨柳科	20.71	2.57	7.60	28.26	24.38	1.04	62.15	87.13	18.60	16.64	16.86
榆树	榆科	16.78	1.27	5.05	33.70	28.63	0.88	50.32	78.63	27.98	13.71	17.49
野花椒	芸香豆科	12.31	4.20	8.48	28.04	21.89	2.72	52.27	81.67	22.07	14.19	15.98
山花椒	芸香科	17.08	2.84	8.10	36.17	29.19	3.12	52.59	82.17	29.25	14.27	19.09
香叶子	樟科	10.75	5.57	4.46	30.75	24.01	4.40	58.34	91.16	22.47	15.70	18.99
芭蕉	芭蕉科	16.27	2.12	1.89	37.23	29.07	1.76	46.47	72.61	25.82	12.75	7.51
金刚藤	百合科	10.66	2.35	4.12	50.05	44.77	2.00	57.55	89.93	32.03	15.50	13.23
过路黄	报春花科	9.52	2.29	4.28	41.55	29.91	1.36	66.91	94.55	37.27	17.82	11.64
平车前	车前科	14.81	1.56	15.16	37.02	34.74	1.28	35.44	65.37	19.65	10.02	8.25
荨麻	大戟科	25.20	0.56	18.28	45.88	42.00	1.12	60.35	94.30	33.60	16.19	9.77
黄花木	蝶形花科	10.06	3.68	3.92	59.12	41.51	1.03	53.13	83.02	29.55	14.40	17.17
冬青	冬青科	8.10	2.21	12.74	35.42	27.66	4.24	56.18	87.79	27.26	15.16	17.97
小叶杜鹃	杜鹃花科	9.34	2.79	5.24	54.43	50.61	1.60	65.55	92.42	36.51	17.48	15.33

（续表）

名称	科属	CP	EE	ASH	NDF	ADF	Starch	SCP（CP%）	NPN（SCP%）	NDFIP（CP%）	ADFIP（CP%）	ADL（NDF%）
小果南烛	杜鹃花科	7.92	2.45	4.30	72.18	56.36	1.44	54.82	85.66	30.50	14.82	15.94
杜仲叶	杜仲科	13.31	4.09	9.93	40.23	38.80	1.37	59.82	93.47	33.30	16.06	12.96
合欢树	含羞草科	15.92	1.38	6.37	45.50	28.54	1.84	61.68	86.38	34.34	16.52	10.82
白栎	壳斗科	10.91	3.30	6.32	73.40	57.32	1.44	59.55	93.05	33.15	16.00	19.06
藤三七	落葵科	16.91	1.76	16.99	53.43	33.85	5.68	33.45	62.26	18.53	9.53	10.13
黄荆	马鞭草科	13.62	2.90	5.68	42.85	35.93	2.56	44.31	69.23	24.61	12.22	11.96
密蒙花	马钱科	12.04	2.37	5.45	41.63	33.94	1.23	50.23	78.49	27.93	13.69	11.39
马桑	马桑科	16.25	3.16	5.62	30.47	22.58	1.67	64.17	90.27	35.74	17.14	7.36
小木通	毛茛科	11.77	2.05	8.22	42.48	31.13	1.12	66.05	93.20	36.79	17.60	14.41
多花木兰	木兰科	18.23	8.84	2.72	22.39	17.48	2.00	61.27	85.74	18.11	16.42	20.61
小叶女贞	木犀科	11.52	2.81	6.97	27.66	25.78	4.96	64.16	90.25	25.73	17.14	19.72
木贼	木贼科	10.82	1.28	22.90	42.07	37.85	1.28	58.87	91.99	32.77	15.83	15.47
野葡萄	葡萄科	12.68	1.50	6.46	38.23	29.85	1.12	55.07	86.04	22.64	14.88	13.02
盐肤木	漆树科	8.92	5.75	11.42	33.70	32.33	1.28	62.38	87.47	24.73	16.70	28.34
化香	胡桃科	15.59	1.94	7.23	34.93	30.87	1.28	59.19	92.48	32.95	15.91	15.78
小叶黄杨	黄杨科	17.99	2.37	8.09	48.16	36.64	1.85	59.46	92.91	33.10	15.97	16.16

第三节　CNCPS碳水化合物组分分析

一、禾本科CNCPS碳水化合物组分分析

如表5-7所示，禾本科牧草CHO/（%DM）在61.96%～88.98%，平均值为80.07%；CC（%CHO）在17.31%～41.50%，平均值为25.80%；CB_2（%CHO）在32.84%～77.21%，平均值为52.47%；NSC（%CHO）在3.89%～40.02%，平均

值为21.73%；CB_1（%CHO）在2.96～3.96%，平均值为3.32%；CA（%CHO）含量在2.09%～18.68%，平均值为8.41%。

表 5-7 禾本科 CNCPS 碳水化合物组分

名称	CHO（%DM）	CC（%CHO）	CB_2（%CHO）	NSC（%CHO）	CB_1（%CHO）	CA（%CHO）
黑麦草	82.19	20.65	45.16	34.20	3.08	13.11
毛花雀稗	75.18	22.42	52.56	25.01	3.49	3.52
早熟禾	61.96	19.11	50.23	30.65	3.80	8.85
扁穗雀麦	79.39	25.19	49.18	25.63	3.09	4.54
甘蔗	83.87	26.03	49.05	24.92	3.28	3.64
旱茅	88.07	27.44	43.63	28.93	3.20	7.73
皇竹草	79.41	23.63	54.39	21.98	3.12	5.86
芒	87.06	28.18	42.69	29.13	3.96	7.17
类芦	77.08	29.61	32.84	37.55	3.04	16.51
棕叶狗尾草	78.45	20.08	58.22	21.69	3.12	5.57
野古草	88.98	24.13	43.86	32.01	3.04	10.97
双穗雀稗	66.17	21.30	51.96	26.74	3.80	4.94
白茅	79.81	17.61	63.87	18.52	3.04	3.52
猪殃殃	72.30	25.05	47.52	27.44	3.60	5.84
毛竹	78.10	41.50	50.17	8.33	2.97	12.64
青香茅	82.43	23.53	59.20	17.28	3.44	4.16
拟金茅	74.53	17.31	77.21	5.48	3.80	16.32
鼠尾粟	85.73	28.31	55.28	16.41	3.44	5.03
黄背草	86.68	33.86	58.56	7.59	3.96	14.37
细柄草	83.19	25.36	60.15	14.49	3.52	7.03
矛叶荩草	86.94	31.02	51.02	17.96	2.96	3.00
橘草	83.57	33.95	58.92	7.13	3.28	14.15
金发草	87.89	28.20	51.39	20.42	3.04	5.62
马唐	85.62	31.93	64.18	3.89	3.12	17.23

（续表）

名称	CHO（%DM）	CC（%CHO）	CB_2（%CHO）	NSC（%CHO）	CB_1（%CHO）	CA（%CHO）
麦纤草	80.70	21.63	58.38	19.99	3.03	5.04
铃铛菜	69.06	28.87	47.85	23.29	3.20	2.09

二、豆科 CNCPS 碳水化合物组分分析

如表5-8所示，豆科牧草CHO/（%DM）在59.88%～79.45%，平均值为71.31%；CC（%CHO）在10.75%～29.33%，平均值为18.89%；CB_2（%CHO）在12.17%～59.78%，平均值为32.71%；NSC（%CHO）在15.10%～72.47%，平均值为48.37%；CB_1（%CHO）在3.36%～7.24%，平均值为4.65%；CA（%CHO）含量在6.26%～34.35%，平均值为23.05%。

表 5-8　豆科 CNCPS 碳水化合物组分

名称	CHO（%DM）	CC（%CHO）	CB_2（%CHO）	NSC（%CHO）	CB_1（%CHO）	CA（%CHO）
刺槐	64.34	23.25	31.46	45.29	3.88	23.41
球子崖豆	78.16	17.16	29.15	53.69	5.84	29.85
老虎刺	77.05	13.29	20.88	65.83	3.57	24.26
紫花苜蓿	64.53	16.84	26.46	56.70	4.35	34.35
绒毛崖豆	77.73	19.68	33.60	46.72	3.44	25.28
胡枝子	79.45	22.47	43.62	33.92	3.84	12.08
红三叶	71.08	12.36	29.28	58.36	3.95	26.41
白刺花	71.68	22.38	37.08	40.55	3.96	18.59
截叶铁扫帚	63.61	29.33	32.84	37.84	4.72	15.12
杭子梢	78.22	21.14	32.07	46.79	6.88	21.91
紫穗槐	74.14	15.81	33.86	50.33	7.24	25.09
白三叶	59.88	10.75	35.64	53.61	3.36	32.25
长波叶山蚂蝗	75.60	24.65	59.83	15.08	3.40	6.30
黄花槐	62.87	15.35	12.17	72.47	6.67	27.80

三、蓼科CNCPS碳水化合物组分分析

如表5-9所示，蓼科牧草CHO/（%DM）在60.32%～73.15%，平均值为65.60%；CC（%CHO）在14.02%～21.54%，平均值为18.54%；CB_2（%CHO）在28.87%～41.83%，平均值为34.20%；NSC（%CHO）在36.63%～55.43%，平均值为47.26%；CB_1（%CHO）在3.20%～5.76%，平均值为4.66%；CA（%CHO）含量在13.91%～32.47%，平均值为24.60%。

表5-9　蓼科CNCPS碳水化合物组分

名称	CHO（%DM）	CC（%CHO）	CB_2（%CHO）	NSC（%CHO）	CB_1（%CHO）	CA（%CHO）
尼泊尔蓼	60.32	21.54	41.83	36.63	4.72	13.91
首乌藤	73.15	19.11	28.87	52.02	5.76	28.26
酸模	63.57	19.47	35.55	44.97	3.20	23.77
金荞麦	65.35	14.02	30.55	55.43	4.96	32.47

四、菊科CNCPS碳水化合物组分分析

如表5-10所示，菊科牧草CHO/（%DM）在60.32%～79.47%，平均值为68.81%；CC（%CHO）在8.43%～42.25%，平均值为17.54%；CB_2（%CHO）在17.17%～45.56%，平均值为30.96%；NSC（%CHO）在12.18%～72.46%，平均值为51.50%；CB_1（%CHO）在3.12%～7.60%，平均值为4.16%；CA（%CHO）含量在9.26%～32.47%，平均值为24.61%。

表5-10　菊科CNCPS碳水化合物组分

名称	CHO（%DM）	CC（%CHO）	CB_2（%CHO）	NSC（%CHO）	CB_1（%CHO）	CA（%CHO）
马兰	74.76	12.37	29.88	57.76	3.20	26.56
千里光	71.43	13.71	33.69	52.59	3.51	31.08
一年蓬	62.99	11.91	28.22	59.87	3.12	28.75
紫茎泽兰	69.45	16.25	18.17	65.58	4.40	23.18
苍耳	63.65	17.53	20.66	61.81	3.76	20.05
黄鹌菜	71.84	17.73	37.36	44.92	3.20	23.72
豨莶	68.60	8.43	19.11	72.46	7.60	26.86
白蒿	69.92	13.71	33.03	53.27	3.20	32.07

五、蔷薇科 CNCPS 碳水化合物组分分析

如表5-11所示，蔷薇科牧草CHO/（%DM）在69.56%～87.04%，平均值为77.22%；CC（%CHO）在13.72%～33.28%，平均值为21.49%；CB_2（%CHO）在15.38%～57.69%，平均值为30.73%；NSC（%CHO）在9.03%～67.53%，平均值为47.78%；CB_1（%CHO）在2.96%～4.96%，平均值为3.51%；CA（%CHO）含量在6.13%～34.23%，平均值为24.19%。

表 5-11　蔷薇科 CNCPS 碳水化合物组分

名称	CHO/（%DM）	CC（%CHO）	CB_2（%CHO）	NSC（%CHO）	CB_1（%CHO）	CA（%CHO）
缫丝花	77.11	14.93	32.66	52.41	2.96	31.45
白叶莓	75.30	20.47	23.47	56.06	4.96	33.10
野樱桃	72.77	17.09	15.38	67.53	3.56	25.97
小果蔷薇	87.04	31.85	41.06	27.09	2.96	6.13
火棘	76.97	19.90	16.03	64.07	3.49	22.58
野蔷薇	75.82	14.97	36.29	48.74	3.18	27.56
红泡刺藤	84.78	33.28	57.69	9.03	3.52	12.49
五瓣藤	75.43	22.11	22.61	55.27	3.04	34.23
栽秧藨	71.56	21.40	28.35	50.25	3.72	28.54
黑刺苞	69.56	22.43	26.54	51.03	3.60	29.43
野大豆	79.67	25.78	42.79	31.43	3.12	10.31
倒钩刺	80.62	13.72	25.83	60.45	4.00	28.45

六、其他科 CNCPS 碳水化合物组分分析

如表5-12所示，其他科属牧草CHO/(%DM)在49.82%～89.14%，平均值为72.39%；CC（%CHO）在7.18%～42.25%，平均值为18.99%；CB_2（%CHO）在11.41%～57.99%，平均值为32.83%；NSC（%CHO）在12.18%～72.82%，平均值为48.18%；CB_1（%CHO）在2.88%～7.68%，平均值为3.93%；CA（%CHO）含量在1.40%～39.12%，平均值为21.21%。

表 5-12　其他科 CNCPS 碳水化合物组分

名称	科属	CHO（%DM）	CC（%CHO）	CB_2（%CHO）	NSC（%CHO）	CB_1（%CHO）	CA（%CHO）
枫香树	乔木	65.84	18.08	24.88	57.03	5.60	33.43
洋芋叶	茄科	54.61	8.92	43.25	47.83	3.36	26.47
金银花	忍冬科	73.67	19.33	31.47	49.20	3.38	27.82
糯米果	忍冬科	76.14	15.96	34.05	49.99	2.96	29.03
南方荚蒾	忍冬科	76.31	20.92	33.00	46.07	3.64	24.43
竹叶柴胡	伞形科	57.27	18.61	39.41	41.98	3.52	20.46
楮	桑科	60.37	11.47	24.63	63.90	4.40	21.50
地果	桑科	80.02	22.46	31.71	45.83	3.12	24.71
蔊菜	十字花科	49.82	16.50	49.86	33.64	3.20	12.44
豆瓣菜	十字花科	57.28	9.26	27.88	62.87	3.44	21.43
繁缕	石竹科	69.36	11.13	44.48	44.39	6.96	19.43
竹节草	石竹科	77.58	31.90	42.32	25.79	3.60	4.19
异叶鼠李	鼠李科	83.69	21.66	36.09	42.26	3.92	20.34
马尾松	松科	81.37	36.80	34.01	29.19	3.17	8.02
贵州金丝桃	藤黄科	89.14	31.68	20.25	48.07	4.08	25.99
红泡刺藤	五福花科	68.68	23.74	34.90	41.35	4.08	19.27
烟管荚蒾	五福花科	80.07	21.40	41.96	36.65	3.84	14.81
白栎	五加科	79.69	16.13	34.76	49.11	4.48	26.63
刺楸	五加科	70.64	18.41	23.84	57.75	3.04	36.71
莲子草	苋科	56.03	15.73	44.19	40.07	3.20	18.87
灰藜	苋科	56.07	13.79	40.97	45.24	3.36	23.88
牵牛花	旋花科	74.65	16.89	35.71	47.41	3.36	26.05
葛藤	旋花科	71.01	31.19	33.78	35.02	5.44	11.58
空心菜	旋花科	67.01	8.30	45.73	45.98	3.36	24.62

（续表）

名称	科属	CHO（%DM）	CC（%CHO）	CB_2（%CHO）	NSC（%CHO）	CB_1（%CHO）	CA（%CHO）
长叶水麻	荨麻科	61.00	11.90	40.32	47.78	3.68	26.10
苎麻叶	荨麻科	55.96	7.43	25.12	67.46	3.12	26.34
水柳	杨柳科	69.12	16.55	18.76	64.69	3.04	3.65
榆树	榆科	76.90	18.39	19.33	62.28	2.88	1.40
野花椒	芸香豆科	75.01	14.33	19.42	66.25	4.72	23.53
山花椒	芸香科	71.98	23.02	20.29	56.69	5.12	33.57
香叶子	樟科	79.22	17.69	18.08	64.23	6.40	9.83
芭蕉	芭蕉科	79.72	8.41	33.02	58.57	3.76	6.81
金刚藤	百合科	82.87	19.18	37.10	43.72	4.00	21.72
过路黄	报春花科	83.91	13.83	31.45	54.71	3.36	33.35
平车前	车前科	68.47	10.71	39.11	50.18	3.28	28.90
荨麻	大戟科	55.96	19.23	47.63	33.14	3.12	12.02
黄花木	蝶形花科	82.34	29.59	38.60	31.81	3.03	10.78
冬青	冬青科	76.95	19.86	23.30	56.84	6.24	32.60
小叶杜鹃	杜鹃花科	82.63	24.24	37.51	38.25	3.60	16.65
小果南烛	杜鹃花科	85.33	22.36	49.39	18.25	3.44	3.19
杜仲叶	杜仲科	72.67	17.22	32.04	50.74	3.37	29.37
合欢树	含羞草科	76.33	15.48	36.97	47.55	3.84	25.71
白栎	壳斗科	79.47	42.25	45.56	12.18	3.44	9.26
藤三七	落葵科	64.34	20.19	57.99	21.83	7.68	3.85
黄荆	马鞭草科	77.80	15.80	34.97	49.23	4.56	26.67
密蒙花	马钱科	80.14	14.21	33.55	52.25	3.23	31.01
马桑	马桑科	74.97	7.18	25.71	67.10	3.67	25.44

（续表）

名称	科属	CHO（%DM）	CC（%CHO）	CB_2（%CHO）	NSC（%CHO）	CB_1（%CHO）	CA（%CHO）
小木通	毛茛科	77.96	18.84	30.09	51.06	3.12	29.94
多花木兰	木兰科	70.21	15.77	11.41	72.82	4.00	20.82
小叶女贞	木犀科	78.70	16.63	14.74	68.62	6.96	23.66
木贼	木贼科	65.00	24.02	35.24	40.73	3.28	19.45
野葡萄	葡萄科	79.36	15.05	29.50	55.45	3.12	24.33
盐肤木	漆树科	73.91	31.01	11.60	57.39	3.28	26.11
化香	胡桃科	75.24	17.58	22.02	60.40	3.28	39.12
小叶黄杨	黄杨科	71.55	26.11	32.88	41.01	3.85	19.17

第四节 CNCPS 含氮化合物组分分析

一、禾本科 CNCPS 含氮化合物组分分析

如表5-12所示，禾本科牧草PA（%CP）在21.35%～62.61%，平均值为36.64%；PB_1（%CP）在4.17%～15.61%，平均值为11.42%；PB_3（%CP）在9.15%～19.29%，平均值为12.82%；PC（%CP）在9.64%～18.40%，平均值为13.15%；PB_2（%CP）在2.50%～47.31%，平均值为27.33%。

表 5-13 禾本科牧草 CNCPS 含氮化合物组分

名称	PA（%CP）	PB_1（%CP）	PB_3（%CP）	PC（%CP）	PB_2（%CP）
黑麦草	23.64	15.26	10.71	10.88	39.52
毛花雀稗	60.66	8.37	10.12	18.35	2.50
早熟禾	27.26	14.51	11.60	11.59	35.04
扁穗雀麦	24.57	15.08	10.94	11.07	38.34
甘蔗	45.81	8.34	15.47	14.66	15.73
旱茅	53.49	5.02	16.83	15.74	8.92
皇竹草	26.19	14.75	11.34	11.38	36.33

（续表）

名称	PA（%CP）	PB_1（%CP）	PB_3（%CP）	PC（%CP）	PB_2（%CP）
芒	22.45	15.46	10.40	10.63	41.07
类芦	54.98	7.63	18.11	16.75	12.54
棕叶狗尾草	61.09	8.16	10.18	18.40	12.17
野古草	34.07	12.62	13.14	12.81	27.35
双穗雀稗	34.84	12.38	13.30	12.94	26.53
白茅	28.46	14.22	11.89	11.81	33.62
猪殃殃	37.16	11.61	13.79	13.32	24.13
鸭茅	25.00	15.00	11.05	11.15	37.80
毛竹	62.21	4.17	19.29	17.69	13.35
青香茅	42.54	9.64	14.85	14.17	18.80
拟金茅	52.31	5.55	16.63	15.58	9.94
鼠尾粟	24.00	15.19	10.80	10.95	39.07
黄背草	41.25	10.13	14.60	13.97	20.05
细柄草	32.81	13.01	12.87	12.59	28.71
矛叶荩草	25.28	11.87	10.16	10.44	42.25
橘草	40.40	10.45	14.44	13.84	20.87
金发草	21.35	12.55	9.15	9.64	47.31
马唐	23.04	12.29	9.59	9.99	45.08
麦纤草	42.99	9.46	14.94	14.24	18.37
铃铛菜	21.39	15.61	10.11	10.41	42.49

二、豆科CNCPS含氮化合物组分分析

如表5-14所示，豆科牧草PA（%CP）在21.37%～46.03%，平均值为33.41%；PB_1（%CP）在8.25%～15.17%，平均值为11.77%；PB_3（%CP）在4.83%～15.51%，平均值为12.24%；PC（%CP）在8.95%～14.69%，平均值为12.43%；PB_2（%CP）在15.53%～51.63%，平均值为30.15%。

表 5-14　豆科牧草 CNCPS 含氮化合物组分

名称	PA（%CP）	PB_1（%CP）	PB_3（%CP）	PC（%CP）	PB_2（%CP）
刺槐	24.40	15.12	10.90	11.03	38.55
球子崖豆	26.34	14.72	11.38	11.41	36.15
老虎刺	24.12	15.17	4.83	10.98	44.90
紫花苜蓿	29.06	14.07	12.03	11.93	32.92
绒毛崖豆	29.74	13.89	12.18	12.05	32.14
胡枝子	21.80	12.49	9.27	9.74	46.70
红三叶	38.34	11.20	14.03	13.51	22.93
白刺花	42.17	9.78	14.78	14.11	19.16
截叶铁扫帚	43.66	9.20	15.06	14.34	17.74
杭子梢	44.38	8.91	15.20	14.45	17.06
紫穗槐	32.50	13.11	12.80	12.54	29.05
白三叶	46.03	8.25	15.51	14.69	15.53
长波叶山蚂蝗	21.37	9.76	8.28	8.95	51.63
黄花槐	43.80	9.14	15.09	14.36	17.60

三、蓼科 CNCPS 含氮化合物组分分析

如表5-15所示，蓼科牧草PA（%CP）在18.63%～33.71%，平均值为26.51%；PB_1（%CP）在12.46%～13.34%，平均值为12.85%；PB_3（%CP）在8.39%～13.06%，平均值为10.85%；PC（%CP）在9.04%～12.75%，平均值为10.99%；PB_2（%CP）在27.74%～51.09%，平均值为38.81%。

表 5-15　蓼科牧草 CNCPS 含氮化合物组分

名称	PA（%CP）	PB_1（%CP）	PB_3（%CP）	PC（%CP）	PB_2（%CP）
尼泊尔蓼	21.98	12.46	9.31	9.77	46.47
首乌藤	18.63	12.85	8.39	9.04	51.09
酸模	33.71	12.74	13.06	12.75	27.74
金荞麦	31.71	13.34	12.63	12.40	29.93

四、菊科 CNCPS 含氮化合物组分分析

如表5-16所示，菊科牧草PA（%CP）在22.84%～61.65%，平均值为38.21%；PB_1（%CP）在4.45%～15.39%，平均值为11.27%；PB_3（%CP）在0.50%～14.99%，平均值为9.65%；PC（%CP）在10.71%～17.62%，平均值为13.50%；PB_2（%CP）在4.49%～50.55%，平均值为27.33%。

表 5-16　菊科牧草 CNCPS 含氮化合物组分

名称	PA（%CP）	PB_1（%CP）	PB_3（%CP）	PC（%CP）	PB_2（%CP）
马兰	28.62	14.18	11.92	11.84	33.44
千里光	43.26	9.36	14.99	14.28	18.12
一年蓬	40.18	10.53	4.39	13.80	31.09
紫茎泽兰	61.65	4.45	11.80	17.62	4.49
苍耳	58.09	6.50	11.27	17.25	6.89
黄鹌菜	25.48	14.90	11.17	11.24	37.21
豨莶	22.84	15.39	0.50	10.71	50.55
白蒿	25.59	14.88	11.20	11.27	37.07

五、蔷薇科 CNCPS 含氮化合物组分分析

如表5-17所示，蔷薇科牧草PA（%CP）在20.35%～51.30%，平均值为39.90%；PB_1（%CP）在6.00%～15.74%，平均值为10.28%；PB_3（%CP）在9.83%～16.45%，平均值为14.23%；PC（%CP）在10.18%～15.44%，平均值为13.67%；PB_2（%CP）在10.81%～40.90%，平均值为21.93%。

表 5-17　蔷薇科牧草 CNCPS 含氮化合物组分

名称	PA（%CP）	PB_1（%CP）	PB_3（%CP）	PC（%CP）	PB_2（%CP）
缫丝花	47.32	7.71	15.74	14.88	14.35
白叶莓	45.78	8.35	15.46	14.65	15.76
野樱桃	42.34	9.71	14.81	14.14	18.99
小果蔷薇	20.35	15.74	9.83	10.18	43.90
火棘	40.69	10.34	14.49	13.88	20.59

（续表）

名称	PA（%CP）	PB_1（%CP）	PB_3（%CP）	PC（%CP）	PB_2（%CP）
野蔷薇	33.72	12.74	13.06	12.75	27.73
红泡刺藤	48.14	7.37	15.89	14.99	13.61
野蔷薇	51.30	6.00	16.45	15.44	10.81
栽秧藨	38.97	10.97	14.15	13.61	22.29
黑刺苞	36.67	11.77	13.69	13.24	24.62
野大豆	26.97	14.58	11.53	11.53	35.39
倒钩刺	46.52	8.04	15.60	14.76	15.08

六、其他科 CNCPS 含氮化合物组分分析

如表5-18所示，其他科属牧草PA（%CP）在15.55%～63.26%，平均值为44.12%；PB_1（%CP）在2.08%～15.64%，平均值为8.53%；PB_3（%CP）在1.69%～19.78%，平均值为13.40%；PC（%CP）在7.63%～18.08%，平均值为14.28%；PB_2（%CP）在2.09%～59.97%，平均值为21.68%。

表 5-18　其他科牧草 CNCPS 含氮化合物组分

名称	科属	PA（%CP）	PB_1（%CP）	PB_3（%CP）	PC（%CP）	PB_2（%CP）
枫香树	乔木	43.23	9.37	14.98	14.27	18.14
洋芋叶	茄科	23.05	12.59	2.69	10.07	51.61
金银花	忍冬科	58.35	2.76	17.64	16.38	4.87
糯米果	忍冬科	56.97	3.41	17.41	16.20	6.00
南方荚蒾	忍冬科	52.94	5.27	16.73	15.66	9.40
竹叶柴胡	伞形科	19.29	12.79	8.58	9.19	50.15
楮	桑科	21.19	15.64	10.06	10.36	42.75
地果	桑科	45.93	8.29	15.49	14.67	15.62
焯菜	十字花科	23.48	15.29	10.66	10.84	39.73
豆瓣菜	十字花科	15.55	10.24	6.61	7.63	59.97
繁缕	石竹科	15.64	10.24	6.64	7.65	59.83

（续表）

名称	科属	PA（%CP）	PB_1（%CP）	PB_3（%CP）	PC（%CP）	PB_2（%CP）
竹节草	石竹科	33.36	12.85	12.99	12.69	28.12
异叶鼠李	鼠李科	29.46	13.96	12.12	12.00	32.47
马尾松	松科	56.62	6.86	18.38	16.97	11.17
贵州金丝桃	藤黄科	57.50	6.45	18.53	17.08	11.44
红泡刺藤	五福花科	56.23	3.76	17.29	16.10	6.62
烟管荚蒾	五福花科	40.84	10.29	14.52	13.91	20.45
白簕	五加科	59.77	2.08	17.87	16.56	3.72
刺楸	五加科	46.19	8.18	15.54	14.71	15.39
莲子草	苋科	21.14	15.64	10.05	10.35	42.82
灰藜	苋科	22.37	12.40	9.42	9.86	45.95
牵牛花	旋花科	40.86	10.28	14.53	13.91	20.43
葛藤	旋花科	63.01	3.77	19.41	17.79	13.99
空心菜	旋花科	22.66	15.42	10.45	10.68	40.79
长叶水麻	荨麻科	58.61	9.37	19.78	18.08	15.85
苎麻叶	荨麻科	28.21	14.28	11.83	11.77	33.91
水柳	杨柳科	54.15	8.00	1.96	16.64	19.25
榆树	榆科	39.56	10.76	14.27	13.71	21.70
野花椒	芸香豆科	42.69	9.58	7.88	14.19	25.66
山花椒	芸香科	43.21	9.38	14.98	14.27	18.17
香叶子	樟科	53.19	5.16	6.78	15.70	19.18
芭蕉	芭蕉科	33.74	12.73	13.07	12.75	27.71
金刚藤	百合科	51.76	5.80	16.53	15.50	10.42
过路黄	报春花科	63.26	3.65	19.45	17.82	14.18
平车前	车前科	23.17	12.27	9.63	10.02	44.91
荨麻	大戟科	56.91	3.44	17.40	16.19	6.05
黄花木	蝶形花科	44.11	9.02	15.15	14.40	17.31

（续表）

名称	科属	PA（%CP）	PB_1（%CP）	PB_3（%CP）	PC（%CP）	PB_2（%CP）
冬青	冬青科	49.32	6.86	12.10	15.16	16.55
小叶杜鹃	杜鹃花科	60.58	4.97	19.03	17.48	12.06
小果南烛	杜鹃花科	46.96	7.86	15.68	14.82	14.67
杜仲叶	杜仲科	55.92	3.90	17.24	16.06	6.87
合欢树	含羞草科	53.28	8.40	17.82	16.52	3.98
白栎	壳斗科	55.41	4.14	17.15	16.00	7.30
藤三七	落葵科	20.82	12.62	9.00	9.53	48.03
黄荆	马鞭草科	30.68	13.63	12.39	12.22	31.08
密蒙花	马钱科	39.42	10.81	14.24	13.69	21.84
马桑	马桑科	57.93	6.24	18.60	17.14	2.09
小木通	毛茛科	61.56	4.49	19.18	17.60	12.84
多花木兰	木兰科	52.54	8.74	1.69	16.42	20.61
小叶女贞	木犀科	57.90	6.26	8.59	17.14	10.11
木贼	木贼科	54.16	4.72	16.94	15.83	8.36
野葡萄	葡萄科	47.38	7.69	7.75	14.88	22.30
盐肤木	漆树科	54.56	7.82	8.04	16.70	12.89
化香	胡桃科	54.74	4.45	17.04	15.91	7.87
小叶黄杨	黄杨科	55.24	4.22	17.13	15.97	7.44

第五节　不同科属野生牧草CNCPS组分比较

一、碳水化合物组分比较

如表5-19所示，CHO（%DM）平均值从小到大依序为：蓼科（65.60）<菊科（68.81）<豆科（71.31）<其他科属（72.39）<蔷薇科（77.22）<禾本科（80.07）。

CC（%CHO）平均值从小到大依序为菊科（17.54）<蓼科（18.54）<豆科（18.92）<其他科属（18.99）<蔷薇科（21.49）<禾本科（25.80）。

CB_2（%CHO）平均值从小到大依序为：蔷薇科（30.73）<菊科（30.96）<豆科（32.71）<其他科属（32.83）<蓼科（34.20）<禾本科（52.47）。

NSC（%CHO）平均值从小到大依序为：禾本科（21.73）<蔷薇科（47.78）<其他科属（48.18）<豆科（48.37）<菊科（51.50）。

CB_1（%CHO）平均值从小到大依序为：禾本科（3.32）<蔷薇科（3.51）<其他科属（3.93）<菊科（4.16）<豆科（4.65）<蓼科（4.66）。

CA（%CHO）平均值从小到大依序为：禾本科（8.41）<其他科属（21.21）<豆科（23.05）<蔷薇科（24.19）<蓼科（24.60）<菊科（24.61）。

表 5-19　不同科属野生牧草 CNCPS 碳水化合物组分平均值

科属	CHO（%DM）	CC（%CHO）	CB_2（%CHO）	NSC（%CHO）	CB_1（%CHO）	CA（%CHO）
禾本科牧草	80.07	25.80	52.47	21.73	3.32	8.41
豆科牧草	71.31	18.92	32.71	48.37	4.65	23.05
蓼科牧草	65.60	18.54	34.20	47.26	4.66	24.60
菊科牧草	68.81	17.54	30.96	51.50	4.16	24.61
蔷薇科牧草	77.22	21.49	30.73	47.78	3.51	24.19
其他科属牧草	72.39	18.99	32.83	48.18	3.93	21.21

二、不同科属野生牧草 CNCPS 含氮化合物组分比较

如表5-20所示，PA（%CP）平均值从小到大依序为：蓼科（26.51）<豆科（33.41）<菊科（36.64）<蔷薇科（38.21）<禾本科（42.93）<其他科属（44.12）。

PB_1（%CP）平均值从小到大依序为：其他科属（8.53）<禾本科（8.28）<蔷薇科（11.27）<菊科（11.42）<豆科（11.77）<蓼科（12.85）。

PB_3（%CP）平均值从小到大依序为：蔷薇科（9.65）<蓼科（10.85）<豆科（12.24）<菊科（12.82）<禾本科（13.23）<其他科（13.40）。

PC（%CP）平均值从小到大依序为：蓼科（10.99）<豆科（12.43）<菊科（13.15）<蔷薇科（13.50）<禾本科（14.06）<其他科属（14.28）。

PB_2（%CP）平均值从小到大依序为：其他科属（21.68）<禾本科

（22.81）<菊科（27.33）<蔷薇科（27.36）<豆科（30.15）<蓼科（38.81）。

表 5-20　不同科属野生牧草 CNCPS 含氮化合物组分平均值

科属	PA（%CP）	PB_1（%CP）	PB_3（%CP）	PC（%CP）	PB_2（%CP）
禾本科牧草	42.93	8.82	13.23	14.06	22.81
豆科牧草	33.41	11.77	12.24	12.43	30.15
蓼科	26.51	12.85	10.85	10.99	38.81
菊科牧草	36.64	11.42	12.82	13.15	27.33
蔷薇科牧草	38.21	11.27	9.65	13.50	27.36
其他科属牧草	44.12	8.53	13.40	14.28	21.68

第六章　瘤胃降解特性评定

第一节　试验方法

根据放牧贵州黑山羊采食情况，选择有代表性的81种，其中：禾本科牧草11种、豆科12种、蓼科3种、菊科5种、蔷薇科7种、其他科属43种，测定牧草营养成分在贵州黑山羊瘤胃中的降解率。

挑选体重为40千克以上的成年贵州黑山羊健康公羊8只，参照《山羊瘤胃瘘管安装方法的改进及安装技巧》（邹知明等，2008）进行瘘管安装和护理，试验羊创口恢复后，按CRD试验设计随机分成2组，每组4只，每组选择体况较好的3只作为试验动物，另1只作为备用。两组试验动物同时开展试验，每次同时进行2个样品的瘤胃降解率测定。

全部试验动物单笼饲养，自由饮水，自由采食青饲料，精料补充料喂量为300克/（只·天），分早晚两次饲喂。青饲料来源于贵州省畜牧兽医研究所花溪麦坪肉羊原种场，牧草品种为多年生黑麦草和白三叶。试验用精料配方及营养成分含量见表6-1。

表 6-1　精料补充量配方及营养水平

原料	配比（%）
玉米	33.7
小麦麸	19.5
油糠	28.6
大豆粕	8.4
菜籽饼	5.7
磷酸氢钙	2.3
预混料	1.2

（续表）

原料	配比（%）
食盐	0.6
合计	100
营养成分	
粗蛋白	15.50%
代谢能	7.80 兆焦 / 千克
钙	1.2 克
磷	1.1 克

牧草样品主要测定DM、CP、NDF、ADF、GE，尼龙袋样品测定DM、CP、NDF，其中NDF、ADF全部采用滤袋技术测定，能量采用氧弹式测热计测定，各指标测定和推算参照《饲料分析及饲料质量检测技术》（张丽英，2010）中相关方法进行，具体方法步骤略。

第二节　瘤胃降解率测定

每个样本测定前，将70℃烘干48小时的72个尼龙袋准确称重后，分别准确称取2.0000克左右样本，放入各尼龙袋中。将72个样本袋分为3份，每份24个样本袋。每份取30厘米长的尼龙线2根，将各份样本袋按3个1组，用橡皮筋分别系在尼龙线上，每线系4组（共12个样本袋）。于清晨7:30喂料前，分别将准备好的样本袋随机放入任意一个试验组3只试验羊瘤胃内，将尼龙绳上端系在瘘管塞上。

样本取样时间见表6-2，样本袋取出后，用清水边冲边用手轻轻摇动袋子，直至水清为止。将洗净样本袋置于60～65℃烘箱中烘至恒重（72小时），用于进一步的分析。

表 6-2　取样时间点

项目	第一次	第二次	第三次	第四次	第五次	第六次	第七次	第八次
取样时间（小时）	0	4	8	16	24	48	72	96
取样数（袋）	3	3	3	3	3	3	3	3

相关指标计算：

半纤维素(HC)=NDF－ADF；

中性洗涤可溶物(NDS)= 100－NDF

$$0h养分降解率=样品养分洗涤流失率(\%)=\frac{洗前养分量-洗后养分量}{洗前养分量}\times 100$$

$$样本养分降解率(\%)=100-\frac{洗前养分量-降解后养分量}{降解前养分}\times 100$$

微生物蛋白（MCP）=瘤胃降解蛋白（RDP）×0.9

其中：RDP=蛋白质瘤胃降解率×样品CP%（Hvelplund，1985）

瘤胃降解参数：利用fit curve软件，根据φrskov和McDonald（1979）提出的公式计算：

$$dp(\%)=a+b(1-e^{-ct})$$

其中：dp（%）为t时间点营养物质降解率；a为快速降解部分（%）；b为慢速降解部分（%）；$a+b$为潜在降解率（%）；c为b的降解速率，t为培养时间小时（本研究中为：0小时、2小时、4小时、8小时、16小时、24小时、48小时、72小时和96小时）。

有效降解率：

$$ED=a+b[c/(c+k)]$$

其中：k为瘤胃外流速率。本研究中k取值为0.0253/小时（刁其玉等，2005）。

数据处理：

用Excel 2007作图拟合瘤胃降解动力学参数，制作本文中所有图和表。用Fitcurve 6软件计算饲料牧草样本在瘤胃内各个培养时间点的养分降解率。利用SPSS 19.0进行数据的差异显著性检验、相关性分析及回归分析。

第三节　DM降解率及降解参数

一、禾本科DM降解率及降解参数

如表6-3所示，禾本科牧草0小时DM瘤胃降解率在4.30%～12.70%，平均值为7.44%；4小时DM瘤胃降解率在6.56%～25.40%，平均值为13.79%；8小时DM瘤胃降解率在10.85%～30.35%，平均值为17.95%；16小时DM瘤胃降解率在15.35%～37.29%，平均值为23.95%；24小时DM瘤胃降解率在19.43%～47.87%，平均值为30.12%；48小时DM瘤胃降解率在24.26%～60.88%，平均值为40.57%；72小时DM瘤胃降解率在28.83%～68.37%，平均值为45.74%；96小时DM瘤胃降解率在30.32%～71.06%，平均值为48.09%。DM瘤胃降解参数*a*在3.00%～20.05%，平均值为9.26%；*b*在24.67%～63.06%，平均值为38.83%；*c*在0.0388～0.1140/小时，平均值为0.06/小时。有效降解率ED在23.51%～61.65%，平均值为38.61%。

表 6-3　禾本科不同时段 DM 降解率及降解参数

饲料名称	不同时段 DM 降解率（%）								降解参数及有效降解率			
	0 小时	4 小时	8 小时	16 小时	24 小时	48 小时	72小时	96 小时	*a*（%）	*b*（%）	*c*（/小时）	ED（%）
野古草	6.42	9.20	10.85	15.35	19.43	25.54	28.83	30.67	6.00	24.67	0.0491	23.53
棕叶狗尾草	4.30	14.92	20.36	23.12	29.17	40.85	43.61	45.43	8.00	37.43	0.0521	35.05
类芦	9.23	10.85	13.99	17.75	19.89	24.26	29.61	30.32	3.00	27.32	0.0602	23.51
芒	4.99	7.41	11.15	18.10	24.50	30.24	34.85	36.61	8.00	28.61	0.0537	28.85
皇竹草	7.64	22.38	30.35	37.29	47.87	55.58	59.25	61.95	12.00	49.95	0.0791	51.87
旱茅	4.83	8.38	13.39	17.61	22.71	34.17	38.45	41.72	4.80	36.92	0.0415	29.71
甘蔗	4.94	6.56	11.78	19.37	26.46	32.18	35.82	38.39	3.00	35.39	0.0388	26.35
喀斯特早熟禾	7.40	21.38	25.88	29.76	34.63	50.24	59.59	61.71	17.00	44.71	0.0850	53.19
早熟禾	8.15	11.10	15.82	33.33	42.55	60.88	68.37	71.06	8.00	63.06	0.1140	61.65
鹅白茅	11.27	14.16	15.46	19.45	23.86	40.78	48.66	51.07	12.00	39.07	0.0834	43.51
黑麦草	12.70	25.40	28.42	32.33	40.25	51.60	56.06	60.01	20.05	39.96	0.0440	47.52

二、豆科 DM 降解率及降解参数

如表6-4所示，豆科牧草0小时DM瘤胃降解率在4.59%～13.17%，平均值为8.89%；4小时DM瘤胃降解率在8.21%～47.31%，平均值为26.07%；8小时DM瘤胃降解率在13.49%～56.74%，平均值为32.10%；16小时DM瘤胃降解率在16.85%～62.21%，平均值为38.63%；24小时DM瘤胃降解率在22.86%～67.35%，平均值为44.78%；48小时DM瘤胃降解率在28.41%～80.87%，平均值为56.39%；72小时DM瘤胃降解率在32.53%～86.01%，平均值为62.56%；96小时DM瘤胃降解率在34.21%～88.01%，平均值为65.70%。DM瘤胃降解参数*a*在2.00%～33.00%，平均值为17.52%；*b*在25.21%～61.98%，平均值为48.18%；*c*在0.0262～0.1039/小时，平均值为0.05/小时。有效降解率ED在25.89%～71.60%，平均值为50.67%。

表 6-4　豆科不同时段 DM 降解率及降解参数

饲料名称	不同时段 DM 降解率（%）								降解参数及有效降解率			
	0小时	4小时	8小时	16小时	24小时	48小时	72小时	96小时	*a*(%)	*b*(%)	*c*（/小时）	ED（%）
白三叶	9.06	39.04	43.96	51.31	58.33	77.51	81.02	85.40	33.00	52.40	0.0413	68.30
紫穗槐	5.84	14.39	17.77	24.34	33.55	53.61	66.65	71.98	10.00	61.98	0.0299	47.14
杭子梢	9.16	12.28	16.06	21.04	22.86	28.41	32.53	34.21	9.00	25.21	0.0406	25.89
截叶铁扫帚	8.76	13.12	22.60	27.13	33.13	60.99	65.23	67.80	6.00	61.80	0.0262	41.05
白刺花	11.29	32.27	38.00	43.82	53.48	60.91	64.22	66.35	26.00	40.35	0.0714	57.52
红三叶	13.42	33.68	38.88	43.11	49.64	64.11	71.71	76.91	24.00	52.91	0.0414	59.68
胡枝子	4.23	8.20	13.55	16.85	25.13	32.91	39.05	41.60	2.00	39.60	0.0548	31.01
绒毛崖豆	12.47	27.84	37.92	43.41	50.06	51.62	56.28	58.97	12.00	46.97	0.1039	51.39
紫花苜蓿	13.71	36.98	40.68	53.55	58.69	61.98	71.48	75.24	29.00	46.24	0.0473	61.50
老虎刺	5.90	47.31	56.74	62.21	67.35	80.87	86.01	88.01	30.00	58.01	0.0507	71.60
球子崖豆	5.41	35.21	39.97	45.66	49.85	63.84	70.88	74.65	24.00	50.65	0.0349	56.20
刺槐	7.43	12.52	19.07	31.07	35.31	39.96	45.68	47.28	5.20	42.08	0.0596	36.71

三、蓼科DM降解率及降解参数

如表6-5所示，蓼科牧草0小时DM瘤胃降解率在7.57%～13.57%，平均值为9.75%；4小时DM瘤胃降解率在12.83%～37.11%，平均值为21.91%；8小时DM瘤胃降解率在14.37%～40.31%，平均值为23.71%；16小时DM瘤胃降解率在17.98%～45.69%，平均值为29.31%；24小时DM瘤胃降解率在25.06%～47.40%，平均值为36.16%；48小时DM瘤胃降解率在38.14%～62.14%，平均值为48.27%；72小时DM瘤胃降解率在37.97%～67.71%，平均值为52.08%；96小时DM瘤胃降解率在39.69%～71.09%，平均值为55.55%。DM瘤胃降解参数*a*在8.00%～28.00%，平均值为15.00%；*b*在31.69%～46.78%，平均值为40.55%；*c*在0.0246～0.0483/小时，平均值为0.04/小时。有效降解率ED在30.41%～54.83%，平均值为40.03%。

表 6-5　蓼科不同时段 DM 降解率及降解参数

饲料名称	不同时段 DM 降解率（%）								降解参数及有效降解率			
	0小时	4小时	8小时	16小时	24小时	48小时	72小时	96小时	*a*（%）	*b*（%）	*c*（/小时）	ED（%）
酸模	7.57	12.83	14.37	17.98	25.06	38.14	37.97	39.69	8.00	31.69	0.0483	30.41
首乌藤	13.57	15.80	16.45	24.27	36.01	44.54	50.55	55.87	9.00	46.87	0.0246	34.85
尼泊尔蓼	8.12	37.11	40.31	45.69	47.40	62.14	67.71	71.09	28.00	43.09	0.0330	54.83

四、菊科 DM 降解率及降解参数

如表6-6所示，菊科牧草0小时DM瘤胃降解率在4.96%～10.97%，平均值为7.69%；4小时DM瘤胃降解率在8.68%～37.72%，平均值为20.83%；8小时DM瘤胃降解率在13.18%～39.07%，平均值为26.17%；16小时DM瘤胃降解率在20.03%～45.87%，平均值为35.00%；24小时DM瘤胃降解率在27.98%～51.93%，平均值为42.68%；48小时DM瘤胃降解率在39.16%～60.81%，平均值为53.79%；72小时DM瘤胃降解率在47.34%～76.51%，平均值为63.32%；96小时DM瘤胃降解率在50.43%～82.85%，平均值为66.53%。DM瘤胃降解参数*a*在4.00%～34.00%，平均值为14.96%；*b*在41.03%～78.85%，平均值为51.57%；*c*在0.0381～0.0577/小时，平均值为0.05/小时。有效降解率ED在36.23%～65.51%，平均值为51.13%。

表 6-6　菊科不同时段 DM 降解率及降解参数

饲料名称	不同时段 DM 降解率（%）								降解参数及有效降解率			
	0小时	4小时	8小时	16小时	24小时	48小时	72小时	96小时	*a*（%）	*b*（%）	*c*（/小时）	ED（%）
苍耳	5.11	10.88	13.18	25.68	37.59	49.12	55.08	57.10	8.00	49.10	0.0577	44.46

（续表）

饲料名称	不同时段DM降解率（%）								降解参数及有效降解率			
	0小时	4小时	8小时	16小时	24小时	48小时	72小时	96小时	a(%)	b(%)	c（/小时）	ED（%）
紫茎泽兰	4.96	8.65	14.57	20.03	27.98	39.16	47.34	50.43	4.00	46.43	0.0454	36.23
一年蓬	10.97	14.10	28.20	39.98	46.00	60.79	76.51	82.85	4.00	78.85	0.0381	55.71
千里光	8.38	37.72	39.07	43.42	49.65	60.81	71.93	75.03	34.00	41.03	0.0662	65.51
马兰	9.05	32.80	35.83	45.87	51.93	59.05	65.72	67.22	24.80	42.42	0.0429	53.73

五、蔷薇科DM降解率及降解参数

如表6-7所示，野生蔷薇科牧草0小时DM瘤胃降解率在6.64%～12.76%，平均值为9.16%；4小时DM瘤胃降解率在12.76%～37.71%，平均值为20.19%；8小时DM瘤胃降解率在15.12%～40.31%，平均值为25.82%；16小时DM瘤胃降解率在18.59%～45.69%，平均值为30.73%；24小时DM瘤胃降解率在23.61%～52.68%，平均值为36.91%；48小时DM瘤胃降解率在28.32%～74.41%，平均值为47.01%；72小时DM瘤胃降解率在31.85%～79.01%，平均值为52.80%；96小时DM瘤胃降解率在33.34%～82.18%，平均值为55.10%。DM瘤胃降解参数*a*在5.00%～28.00%，平均值为13.29%；*b*在25.34%～64.72%，平均值为41.82%；*c*在0.0282～0.1213/小时，平均值为0.05/小时。有效降解率ED在26.99%～55.55%，平均值为41.63%。

表6-7　蔷薇科不同时段DM降解率及降解参数

饲料名称	不同时段DM降解率（%）								降解参数及有效降解率			
	0小时	4小时	8小时	16小时	24小时	48小时	72小时	96小时	a(%)	b(%)	c（/小时）	ED（%）
小果蔷薇	8.12	37.11	40.31	45.69	47.40	62.14	67.71	71.09	28.00	43.09	0.0330	54.83
野樱桃	6.64	14.89	18.68	20.02	23.61	28.32	31.85	33.34	8.00	25.34	0.0598	26.99
白叶莓	8.90	12.76	24.58	32.70	41.10	53.41	67.48	69.72	5.00	64.72	0.0349	46.14
缫丝花	11.22	24.58	31.44	41.28	52.68	74.41	79.01	82.18	18.00	64.18	0.0282	55.55
倒钩刺	7.64	13.13	15.12	18.59	25.99	29.17	34.58	35.64	10.00	25.64	0.0611	29.32
野大豆	12.76	19.14	24.16	26.63	31.79	35.25	38.85	41.59	12.00	29.59	0.0426	32.14
野蔷薇	8.87	19.75	26.48	30.20	35.77	46.39	50.14	52.15	12.00	40.15	0.1213	46.47

六、其他科DM降解率及降解参数

如表6-8所示，其他科属牧草野生牧草0小时DM瘤胃降解率在3.69%～15.38%，平均值为8.44%；4小时DM瘤胃降解率在5.97%～49.68%，平均值为21.66%；8小时DM瘤胃降解率在11.44%～53.26%，平均值为27.16%；16小时DM瘤胃降解率在14.62%～62.38%，平均值为34.58%；24小时DM瘤胃降解率在18.40%～74.12%，平均值为41.76%；48小时DM瘤胃降解率在22.41%～88.18%，平均值为54.34%；72小时DM瘤胃降解率在24.78%～90.32%，平均值为62.08%；96小时DM瘤胃降解率在25.66%～91.76%，平均值为65.52%。DM瘤胃降解参数*a*在3.00%～41.00%，平均值为14.36%；*b*在20.06%～80.16%，平均值为51.27%；*c*在0.024 2～0.090 5/小时，平均值为0.05/小时。有效降解率ED在20.86%～79.70%，平均值为49.78%。

表6-8　其他科不同时段DM降解率及降解参数

饲料名称	科属	不同时段DM降解率（%）								降解参数及有效降解率			
		0小时	4小时	8小时	16小时	24小时	48小时	72小时	96小时	*a*（%）	*b*（%）	*c*（/小时）	ED（%）
金银花	忍冬科	8.81	34.67	37.99	43.48	48.03	54.59	59.29	60.34	28.00	32.34	0.040 5	49.65
竹叶柴胡	伞形科	11.05	17.32	27.29	38.99	47.74	58.51	79.81	89.16	9.00	80.16	0.041 3	63.01
地果	桑科	7.10	23.49	26.87	28.69	32.70	47.08	61.70	65.84	17.00	48.84	0.024 2	43.74
楮	桑科	12.53	25.88	30.93	37.70	41.81	66.67	81.16	87.02	18.00	69.02	0.076 3	72.69
焊菜	十字花科	8.09	29.85	37.68	43.85	49.14	61.80	63.88	70.26	16.00	54.26	0.059 0	56.52
豆瓣菜	十字花科	14.88	32.73	45.51	51.84	61.52	74.73	83.04	87.51	19.00	68.51	0.040 8	64.97
竹节草	石竹科	3.69	5.97	14.79	23.35	29.99	47.30	55.39	57.67	3.00	54.67	0.090 5	47.77
繁缕	石竹科	7.39	38.37	43.03	46.52	51.56	57.61	64.54	68.06	29.20	38.86	0.053 5	57.49
异叶鼠李	鼠李科	7.52	10.65	13.39	20.88	29.45	40.36	42.75	45.21	6.00	39.12	0.057 0	35.03
马尾松	松科	10.54	10.98	13.01	14.62	18.40	22.41	24.78	25.66	5.60	20.06	0.063 5	20.86
过路黄	藤黄科	7.39	23.59	28.53	35.34	39.50	44.68	53.43	55.79	14.00	41.79	0.044 7	42.87
烟管荚蒾	五福花科	5.74	9.82	15.01	26.67	35.44	45.84	53.63	56.25	4.00	52.25	0.057 5	42.77
红泡刺藤	五福花科	5.22	22.94	26.77	32.91	43.09	57.27	60.65	63.81	18.00	45.81	0.049 6	50.65

（续表）

饲料名称	科属	不同时段DM降解率（%）								降解参数及有效降解率			
		0小时	4小时	8小时	16小时	24小时	48小时	72小时	96小时	*a*（%）	*b*（%）	*c*（/小时）	ED（%）
刺楸	五加科	6.75	23.92	26.87	39.27	44.67	60.02	71.65	80.13	19.00	61.13	0.025 2	53.08
白栎	五加科	7.70	8.38	11.44	16.76	19.66	26.11	31.48	34.35	4.00	30.35	0.034 1	23.13
灰藜	苋科	11.95	49.68	53.26	59.26	71.11	88.18	90.32	91.68	41.00	50.68	0.056 4	78.41
莲子草	苋科	11.21	14.64	20.64	23.88	29.96	56.34	69.12	73.00	5.00	68.00	0.087 9	60.40
牵牛花	旋花科	8.44	21.52	29.73	36.82	49.85	65.07	68.21	70.75	9.00	61.75	0.037 4	49.23
长叶水麻	荨麻科	11.38	18.35	22.39	35.36	48.63	64.32	76.54	80.47	14.00	66.47	0.024 2	50.39
水柳	杨柳科	7.76	10.77	13.89	24.90	41.35	58.16	70.67	73.09	8.00	65.09	0.044 9	53.03
榆树	榆科	4.10	8.15	11.69	16.56	26.25	37.21	53.91	55.20	4.00	51.20	0.065 4	43.21
野花椒	芸香科	7.88	24.14	28.48	43.86	48.80	63.28	78.79	85.28	14.00	71.28	0.033 9	58.83
贵州金丝桃	藤黄科	6.03	19.66	25.34	27.64	31.13	37.34	44.30	43.77	16.00	27.77	0.049 2	35.74
木贼	木贼科	6.58	27.71	33.70	36.58	43.76	52.99	58.90	62.56	19.00	43.56	0.052 5	50.54
糯米果	忍冬科	9.59	36.75	39.16	45.35	48.87	62.65	67.15	71.58	29.00	42.58	0.030 3	54.65
枫香树	乔木	12.18	38.80	42.60	62.38	72.10	83.86	86.49	88.12	29.00	59.12	0.081 6	76.48
金刚藤	百合科	9.40	21.01	24.80	37.30	39.75	49.28	55.76	58.93	18.00	40.93	0.039 9	45.26
平车前	车前科	6.06	13.36	23.12	33.06	42.92	59.56	64.44	66.61	8.00	58.61	0.056 6	51.31
荨麻	大戟科	7.31	30.24	35.22	47.22	54.74	71.70	80.35	83.86	21.00	62.86	0.033 7	60.45
黄花木	蝶形花科	6.67	11.11	14.45	22.65	27.89	32.37	36.42	38.29	5.10	33.19	0.047 0	28.38
小叶杜鹃	杜鹃花科	6.01	11.19	17.13	23.09	31.76	39.51	48.22	51.24	4.80	51.24	0.054 3	42.25
杜仲叶	杜仲科	15.38	22.45	28.07	30.78	36.40	40.03	43.42	46.95	16.00	30.95	0.040 6	36.74
合欢树	含羞草科	5.17	15.73	33.45	41.42	50.89	58.17	67.64	69.79	8.00	61.79	0.074 0	56.64
化香	胡桃科	5.29	8.47	11.50	15.77	22.15	34.44	40.89	45.54	5.20	40.34	0.034 1	30.63
小叶黄杨	黄杨科	6.88	18.58	24.32	29.21	33.56	43.31	46.58	48.11	12.00	36.11	0.040 5	36.17
藤三七	落葵科	7.68	12.83	16.65	20.66	25.88	46.42	58.05	60.00	8.50	51.50	0.025 7	37.46
黄荆	马鞭草科	8.56	39.55	42.92	50.32	51.70	67.05	75.00	79.41	30.00	49.41	0.033 1	60.80

（续表）

饲料名称	科属	不同时段 DM 降解率（%）								降解参数及有效降解率			
		0小时	4小时	8小时	16小时	24小时	48小时	72小时	96小时	a（%）	b（%）	c（/小时）	ED（%）
密蒙花	马钱科	8.01	22.06	28.11	34.30	51.42	73.74	77.30	80.60	9.00	71.60	0.056 1	61.78
马桑	马桑科	7.43	11.55	15.52	31.37	38.15	49.62	56.60	61.55	4.60	56.95	0.039 7	42.47
小木通	毛茛科	9.85	14.49	19.22	26.41	29.54	41.05	48.96	50.93	9.50	41.43	0.032 8	35.24
小叶女贞	木犀科	13.13	24.87	37.80	44.83	48.46	60.30	69.27	78.31	11.00	67.31	0.043 7	57.18
盐肤木	漆树科	5.34	17.39	22.81	25.14	31.74	50.71	59.57	62.78	12.00	50.78	0.030 8	42.79
马铃薯叶	茄科	13.31	47.73	52.88	60.15	74.12	84.97	89.54	91.76	37.00	54.76	0.070 8	79.70

如表6-9所示，0小时DM瘤胃降解率平均值从小到大依序为：禾本科（7.44）<菊科（7.69）<其他科属（8.44）<豆科（8.92）<蔷薇科（9.16）<蓼科（9.75）。禾本科、豆科、蓼科、菊科、蔷薇科和其他科野生牧草4～96小时各时间段DM瘤胃降解率平均值从小到大依序均为：禾本科<蓼科<蔷薇科<其他科属<菊科<豆科。

DM瘤胃降解参数c平均值从小到大依序为：蓼科（0.035 3）<其他科属（0.048 3）<菊科（0.050 1）<豆科（0.050 2）<蔷薇科（0.054 4）<禾本科（0.063 7）。DM瘤胃降解参数a、b及有效降解率ED平均值从小到大依序均为：禾本科<蓼科<蔷薇科<其他科属<豆科<菊科。

表 6-9　不同时段各科属牧草 DM 降解率及降解参数平均值

科属	不同时段 DM 降解率（%）								DM 瘤胃降解参数及有效降解率			
	0小时	4小时	8小时	16小时	24小时	48小时	72小时	96小时	a（%）	b（%）	c（/小时）	ED（%）
禾本科	7.44	13.79	17.95	23.95	30.12	40.57	45.74	48.09	9.26	38.83	0.063 7	38.61
豆科	8.92	26.07	32.10	38.63	44.78	56.39	62.56	65.70	17.52	48.18	0.050 2	50.67
蓼科	9.75	21.91	23.71	29.31	36.16	48.27	52.08	55.55	15.00	40.55	0.035 3	40.03
菊科	7.69	20.83	26.17	35.00	42.63	53.79	63.32	66.53	14.96	51.57	0.050 1	51.13
蔷薇科	9.16	20.19	25.82	30.73	36.91	47.01	52.80	55.10	13.29	41.82	0.054 4	41.63
其他科	8.44	21.66	27.16	34.58	41.76	54.34	62.08	65.52	14.36	51.27	0.048 3	49.78

如图6-1所示，随着在瘤胃培养时间的延长，DM瘤胃降解率显著增加，其中，0～48小时增加较快，48～72小时增加较慢，72～96小时增加不明显。

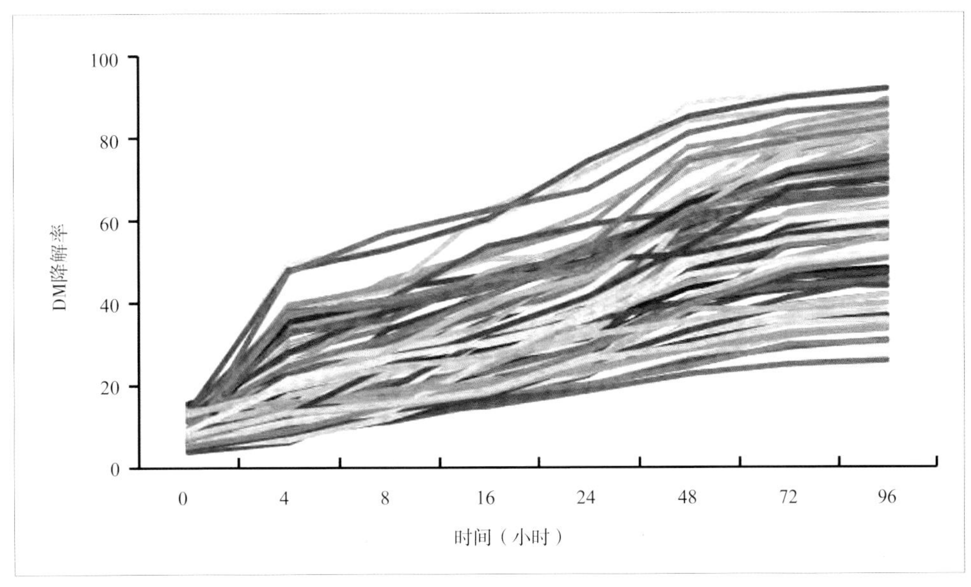

图 6-1　不同时间段牧草 DM 瘤胃降解趋势

第四节　CP 降解率及降解参数

如表6-10所示，禾本科牧草0小时CP瘤胃降解率在8.70%～20.28%，平均值为16.35%；4小时CP瘤胃降解率在12.39%～34.18%，平均值为21.94%；8小时CP瘤胃降解率在16.09%～44.35%，平均值为30.07%；16小时CP瘤胃降解率在27.32%～54.02%，平均值为40.38%；24小时CP瘤胃降解率在36.34%～65.62%，平均值为51.16%；48小时CP瘤胃降解率在45.47%～73.41%，平均值为60.72%；72小时CP瘤胃降解率在49.43%～79.66%，平均值为66.07%；96小时CP瘤胃降解率在53.77%～82.01%，平均值为69.35%。CP瘤胃降解参数a在10.00%～32.00%，平均值为19.45%；b在42.42%～59.01%，平均值为49.45%；c在0.044 8～0.085 3/小时，平均值为0.064 6/小时。有效降解率ED在49.50%～71.39%，平均值为59.20%。

表 6-10 禾本科不同时段 CP 降解率及降解参数

饲料名称	不同时段 CP 降解率（%）								降解参数及有效降解率			
	0 小时	4 小时	8 小时	16 小时	24 小时	48 小时	72 小时	96 小时	*a*（%）	*b*（%）	*c*（/小时）	ED（%）
野古草	14.87	20.58	27.89	35.06	43.56	52.06	57.37	60.42	18.00	42.42	0.057 7	63.05
棕叶狗尾草	9.83	12.39	16.09	27.33	38.70	45.47	49.43	53.77	10.00	43.77	0.066 6	55.11
类芦	12.33	13.95	20.02	27.32	36.34	48.86	56.17	60.53	11.00	49.53	0.044 8	57.79
芒	22.20	28.21	34.32	42.92	51.99	64.57	66.98	71.14	26.00	45.14	0.053 6	49.50
皇竹草	8.70	13.59	24.18	38.32	54.62	60.87	66.58	69.57	11.00	58.57	0.085 3	53.82
旱茅	15.84	26.05	32.33	45.42	54.84	64.01	71.34	73.30	24.00	49.30	0.061 4	55.76
甘蔗	19.78	25.92	39.44	52.51	64.25	73.41	79.66	82.01	23.00	59.01	0.075 0	64.70
喀斯特旱熟禾	23.82	27.31	38.30	46.10	55.13	66.12	74.33	75.98	25.00	50.98	0.055 9	59.14
旱熟禾	13.91	19.54	24.82	36.97	50.88	60.56	64.61	68.31	17.00	51.31	0.067 5	62.54
鹅白茅	10.27	19.64	29.02	38.17	46.88	60.71	66.96	69.64	17.00	47.64	0.061 7	71.39
黑麦草	28.28	34.18	44.35	54.02	65.62	71.31	73.35	78.23	32.00	46.23	0.081 2	58.41

如表6-11所示，豆科牧草0小时CP瘤胃降解率在11.47%～32.56%，平均值为19.14%；4小时CP瘤胃降解率在15.81%～38.71%，平均值为28.27%；8小时CP瘤胃降解率在19.98%～45.45%，平均值为35.57%；16小时CP瘤胃降解率在33.01%～56.71%，平均值为46.06%；24小时CP瘤胃降解率在44.08%～67.70%，平均值为55.46%；48小时CP瘤胃降解率在52.35%～74.20%，平均值为62.88%；72小时CP瘤胃降解率在56.88%～82.99%，平均值为68.50%；96小时CP瘤胃降解率在60.80%～85.46%，平均值为71.90%。CP瘤胃降解参数*a*在13.00%～36.01%，平均值为25.75%；*b*在36.01%～55.70%，平均值为46.32%；*c*在0.053 6～0.082 7/小时，平均值为0.065 6/小时。有效降解率ED在37.48%～73.21%，平均值为55.70%。

表 6-11　豆科不同时段 CP 降解率及降解参数

饲料名称	不同时段 CP 降解率（%）								降解参数及有效降解率			
	0 小时	4 小时	8 小时	16 小时	24 小时	48 小时	72 小时	96 小时	a（%）	b（%）	c（/小时）	ED（%）
白三叶	11.75	15.81	19.98	33.01	45.51	54.59	63.89	68.70	13.00	55.70	0.054 8	50.94
紫穗槐	26.61	37.29	43.68	54.95	63.19	66.59	67.54	71.42	35.00	38.42	0.082 7	58.80
杭子梢	23.99	34.87	42.96	51.19	54.67	63.32	68.62	71.41	32.00	39.41	0.053 6	60.23
截叶铁扫帚	19.36	29.04	38.64	50.74	58.39	69.24	72.13	76.97	27.00	49.97	0.061 8	45.18
白刺花	32.56	38.71	42.80	52.00	61.76	67.02	70.17	72.01	36.00	36.01	0.078 5	52.48
红三叶	15.00	25.00	34.00	40.80	52.53	58.81	64.15	68.48	22.00	46.48	0.067 0	45.24
胡枝子	16.08	20.91	26.48	34.23	44.08	52.35	56.88	60.80	18.00	42.80	0.058 7	57.07
绒毛崖豆	11.47	17.48	24.62	35.15	46.43	53.38	58.27	60.90	15.00	45.90	0.072 1	59.49
紫花苜蓿	12.19	19.15	28.18	36.34	45.48	53.65	61.81	63.87	17.00	46.87	0.062 3	60.69
老虎刺	20.40	36.22	45.45	56.25	67.70	73.17	78.20	82.48	34.00	48.48	0.074 2	73.21
球子崖豆	17.19	29.14	34.60	51.35	61.08	68.24	77.36	80.32	27.00	53.32	0.063 7	37.48
刺槐	23.08	35.62	45.45	56.71	64.70	74.20	82.99	85.46	33.00	52.46	0.057 9	67.58

如表6-12所示，蓼科牧草0小时CP瘤胃降解率在18.35%～23.45%，平均值为18.82%；4小时CP瘤胃降解率在23.78%～28.12%，平均值为25.62%；8小时CP瘤胃降解率在31.13%～38.72%，平均值为34.39%；16小时CP瘤胃降解率在39.55%～48.91%，平均值为43.56%；24小时CP瘤胃降解率在47.37%～56.52%，平均值为51.82%；48小时CP瘤胃降解率在55.06%～65.49%，平均值为59.43%；72小时CP瘤胃降解率在57.26%～71.60%，平均值为64.81%；96小时CP瘤胃降解率在60.75%～76.49%，平均值为68.60%。CP瘤胃降解参数a在21.00%～26.00%，平均值为23.00%；b在34.75%～55.49%，平均值为45.60%；c在0.049 2～0.083 2/小时，平均值为0.065 4/小时。有效降解率ED在47.41%～63.87%，平均值为56.37%。

表 6-12　蓼科不同时段 CP 降解率及降解参数

饲料名称	不同时段 CP 降解率（%）								降解参数及有效降解率			
	0 小时	4 小时	8 小时	16 小时	24 小时	48 小时	72 小时	96 小时	a（%）	b（%）	c（/小时）	ED（%）
酸模	23.45	28.12	33.31	42.23	51.57	55.06	57.26	60.75	26.00	34.75	0.083 2	47.41
首乌藤	18.35	24.96	31.13	39.55	47.37	57.74	65.56	68.57	22.00	46.57	0.049 2	63.87
尼泊尔蓼	14.67	23.78	38.72	48.91	56.52	65.49	71.60	76.49	21.00	55.49	0.063 9	57.82

如表6-13所示，菊科牧草0小时CP瘤胃降解率在9.80%～18.10%，平均值为13.38%；4小时CP瘤胃降解率在15.54%～27.34%，平均值为20.48%；8小时CP瘤胃降解率在19.80%～33.24%，平均值为27.93%；16小时CP瘤胃降解率在24.84%～42.16%，平均值为36.30%；24小时CP瘤胃降解率在28.45%～51.21%，平均值为43.70%；48小时CP瘤胃降解率在47.75%～60.26%，平均值为52.30%；72小时CP瘤胃降解率在38.73%～66.42%，平均值为56.40%；96小时CP瘤胃降解率在40.59%～70.73%，平均值为59.89%。CP瘤胃降解参数a在13.00%～25.00%，平均值为18.00%；b在27.59%～54.73%，平均值为41.89%；c在0.051 3～0.073 4/小时，平均值为0.060 3/小时。有效降解率ED在48.46%～62.24%，平均值为55.96%。

表 6-13　菊科不同时段 CP 降解率及降解参数

饲料名称	不同时段 CP 降解率（%）								降解参数及有效降解率			
	0 小时	4 小时	8 小时	16 小时	24 小时	48 小时	72 小时	96 小时	a（%）	b（%）	c（/小时）	ED（%）
苍耳	9.80	16.84	27.22	35.06	41.64	47.75	51.44	56.06	14.00	42.06	0.066 9	53.63
紫茎泽兰	18.10	24.63	33.02	42.16	51.21	60.26	66.42	70.06	22.00	48.06	0.058 5	62.24
一年蓬	15.07	27.34	32.24	40.77	50.58	58.41	60.16	62.03	25.00	37.03	0.0734	54.30
千里光	10.27	18.04	27.35	38.68	46.64	58.54	65.26	70.73	16.00	54.73	0.051 3	61.19
马兰	13.68	15.54	19.80	24.84	28.45	36.54	38.73	40.59	13.00	27.59	0.051 3	48.46

如表6-14所示，蔷薇科牧草0小时CP瘤胃降解率在14.01%～31.03%，平均值为21.04%；4小时CP瘤胃降解率在17.31%～39.38%，平均值为27.92%；

8小时CP瘤胃降解率在24.83%～46.08%，平均值为36.62%；16小时CP瘤胃降解率在32.46%～55.29%，平均值为45.76%；24小时CP瘤胃降解率在40.32%～64.43%，平均值为54.55%；48小时CP瘤胃降解率在48.41%～71.27%，平均值为62.80%；72小时CP瘤胃降解率在55.24%～75.95%，平均值为67.96%；96小时CP瘤胃降解率在59.91%～79.87%，平均值为71.73%。CP瘤胃降解参数*a*在15.00%～37.00%，平均值为25.43%；*b*在40.21%～57.87%，平均值为45.96%；*c*在0.045 6～0.089 5/小时，平均值为0.065 6/小时。有效降解率ED在43.41%～70.07%，平均值为60.29%。

表 6-14　蔷薇科不同时段 CP 降解率及降解参数

饲料名称	不同时段 CP 降解率（%）								降解参数及有效降解率			
	0 小时	4 小时	8 小时	16 小时	24 小时	48 小时	72 小时	96 小时	*a*（%）	*b*（%）	*c*（/小时）	ED（%）
小果蔷薇	28.41	34.21	42.34	52.71	61.61	66.33	69.74	71.21	31.00	40.21	0.089 5	70.07
野樱桃	18.69	24.89	33.08	42.37	51.99	65.49	75.44	79.87	22.00	57.87	0.045 6	51.12
白叶莓	15.86	27.03	38.76	47.45	54.34	60.97	63.86	66.48	25.00	41.48	0.076 8	69.09
缫丝花	31.03	39.38	46.08	55.29	64.43	71.27	75.95	77.90	37.00	40.90	0.069 4	69.59
倒钩刺	20.32	29.16	38.92	47.76	55.45	64.41	69.00	72.68	27.00	45.68	0.060 9	58.87
野大豆	14.01	17.31	24.83	32.46	40.32	48.41	55.24	59.91	15.00	44.91	0.051 9	59.90
野蔷薇	18.94	23.49	32.31	42.29	53.74	62.70	66.52	71.66	21.00	50.66	0.065 0	43.41

如表6-15所示，其他科属牧草野生牧草0小时CP瘤胃降解率在9.20%～28.25%，平均值为17.32%；4小时CP瘤胃降解率在14.07%～41.86%，平均值为24.74%；8小时CP瘤胃降解率在18.52%～55.61%，平均值为32.60%；16小时CP瘤胃降解率在24.84%～63.16%，平均值为42.48%；24小时CP瘤胃降解率在32.98%～70.51%，平均值为51.34%；48小时CP瘤胃降解率在43.91%～77.16%，平均值为60.30%；72小时CP瘤胃降解率在49.38%～79.79%，平均值为65.15%；96小时CP瘤胃降解率在51.87%～83.70%，平均值为68.28%。CP瘤胃降解参数*a*在12.00%～39.00%，平均值为22.05%；*b*在37.03%～61.91%，平均值为46.21%；*c*在0.031 3～0.089 3/小时，平均值为0.064 1/小时。有效降解率ED在32.85%～72.19%，平均值为57.09%。

表 6-15 其他科不同时段 CP 降解率及降解参数

饲料名称	科属	不同时段 CP 降解率（%）								降解参数及有效降解率			
		0 小时	4 小时	8 小时	16 小时	24 小时	48 小时	72 小时	96 小时	*a*（%）	*b*（%）	*c*（/小时）	ED（%）
金银花	忍冬科	18.39	23.71	28.88	39.24	48.50	56.40	62.53	65.40	20.00	45.40	0.061 8	51.44
类荚蒾	忍冬科	11.95	21.32	28.13	37.13	45.96	53.68	58.82	61.95	19.00	42.95	0.061 8	64.76
竹叶柴胡	伞形科	22.53	29.52	35.74	46.73	57.05	64.71	70.14	72.25	22.00	50.25	0.074 7	51.80
地果	桑科	15.94	21.56	30.92	40.08	51.62	60.97	65.65	68.32	19.00	49.32	0.067 7	55.67
楮	桑科	9.28	17.07	24.65	33.23	43.81	57.09	61.28	65.77	14.00	51.77	0.053 6	56.58
蔊菜	十字花科	18.09	22.46	32.03	45.15	58.04	69.74	77.66	79.91	18.00	61.91	0.065 0	68.75
豆瓣菜	十字花科	18.22	23.87	30.05	37.80	45.13	58.43	65.97	68.27	20.00	48.27	0.046 0	72.00
竹节草	石竹科	16.84	22.58	34.31	45.92	53.32	62.24	67.98	72.58	20.00	52.58	0.062 8	65.55
繁缕	石竹科	19.68	23.70	28.89	43.17	53.97	62.01	66.35	71.11	21.00	49.11	0.069 5	56.78
异叶鼠李	鼠李科	25.22	40.22	55.61	63.16	70.51	77.16	79.34	81.33	38.00	43.33	0.086 7	54.10
马尾松	松科	17.55	22.03	29.78	38.26	43.58	52.91	57.51	62.47	20.00	42.47	0.050 6	43.67
过路黄	藤黄科	19.05	41.86	44.19	49.73	57.78	65.03	75.13	80.05	39.00	41.05	0.038 2	52.28
烟管荚蒾	五福花科	19.67	24.04	31.69	42.81	54.10	65.85	68.67	71.58	22.00	49.58	0.065 2	61.63
红泡刺藤	五福花科	9.20	16.38	24.02	32.29	41.19	50.23	56.94	59.75	14.00	45.75	0.056 4	61.39
白栎	五加科	17.70	27.97	33.11	42.16	52.97	67.84	70.95	72.43	25.00	47.43	0.055 7	52.97
灰藜	苋科	11.87	18.49	25.63	31.09	40.34	43.91	49.58	54.52	16.00	38.52	0.062 5	65.94
莲子草	苋科	17.88	24.94	30.57	38.85	46.47	55.19	59.16	62.91	22.00	40.91	0.057 0	58.45
牵牛花	旋花科	17.63	21.13	38.36	48.99	55.85	62.31	67.56	72.54	19.00	53.54	0.072 8	32.85
长叶水麻	荨麻科	13.45	22.37	27.34	38.19	44.97	53.79	58.42	62.26	20.00	42.26	0.055 9	46.38
水柳	杨柳科	15.73	22.47	28.93	38.20	48.13	55.06	57.77	60.30	20.00	40.30	0.074 8	49.71
榆树	榆科	21.45	24.26	32.93	42.01	52.13	62.73	68.35	70.36	22.00	48.36	0.061 0	59.73
野花椒	芸香科	17.84	28.71	36.41	48.37	56.88	69.25	73.01	74.95	26.00	48.95	0.062 3	44.07
贵州金丝桃	藤黄科	17.77	27.33	35.78	47.79	52.57	58.09	62.01	65.81	25.00	40.81	0.070 4	57.91
木贼	木贼科	21.05	37.26	43.73	53.07	62.33	74.61	78.95	83.70	35.00	48.70	0.051 5	45.15

（续表）

饲料名称	科属	不同时段CP降解率（%）								降解参数及有效降解率			
		0小时	4小时	8小时	16小时	24小时	48小时	72小时	96小时	*a*（%）	*b*（%）	*c*（/小时）	ED（%）
糯米果	忍冬科	18.36	30.51	35.31	43.22	48.16	58.19	65.25	68.79	28.00	40.79	0.042 6	47.77
枫香树	乔木	22.17	35.57	46.07	56.24	67.32	74.13	79.79	81.29	33.00	48.29	0.077 5	71.39
金刚藤	百合科	25.49	32.35	39.61	47.94	56.08	64.22	66.08	67.16	30.00	37.16	0.076 9	55.37
平车前	车前科	19.58	21.07	29.42	38.87	49.11	58.15	60.14	63.82	19.00	44.82	0.069 6	65.95
荨麻	大戟科	12.53	16.27	18.52	24.84	32.98	48.29	58.14	62.21	14.00	48.21	0.031 3	42.38
黄花木	蝶形花科	28.25	34.79	40.65	52.14	59.95	69.05	74.76	78.51	32.00	46.51	0.057 4	72.19
小叶杜鹃	杜鹃花科	15.47	20.40	33.86	44.84	56.05	66.48	75.22	79.60	18.00	61.60	0.060 1	54.01
杜仲叶	杜仲科	9.30	15.21	21.11	30.95	40.61	46.15	51.16	52.24	13.00	39.24	0.076 0	62.25
合欢树	含羞草科	19.35	34.93	42.60	54.84	62.96	68.74	70.63	73.30	32.00	41.30	0.086 5	64.22
化香	胡桃科	17.57	24.15	29.33	37.29	45.76	50.95	53.86	58.03	21.00	37.03	0.069 0	53.80
小叶黄杨	黄杨科	11.75	15.80	26.30	39.50	54.47	65.38	67.67	69.96	14.00	55.96	0.080 3	61.22
藤三七	落葵科	9.45	14.30	22.01	30.85	37.56	45.27	49.38	51.87	12.00	39.87	0.064 0	59.93
黄荆	马鞭草科	11.14	20.22	36.65	47.24	53.41	65.62	71.24	73.73	18.00	55.73	0.062 6	61.64
密蒙花	马钱科	20.22	26.68	34.49	44.18	51.57	58.20	62.45	64.57	24.00	40.57	0.071 1	65.35
马桑	马桑科	19.62	28.39	37.50	48.35	57.38	64.32	68.58	70.40	26.00	44.40	0.076 7	50.44
小木通	毛茛科	10.23	14.07	22.51	31.97	39.90	46.55	52.30	55.50	12.00	43.50	0.064 1	59.87
小叶女贞	木犀科	18.72	22.09	31.50	46.30	58.74	66.14	68.39	70.96	20.00	50.96	0.089 3	49.93
盐肤木	漆树科	17.14	21.34	25.77	35.64	41.43	52.67	56.64	60.73	18.00	42.73	0.049 7	61.01
马铃薯叶	茄科	24.45	30.44	36.93	48.10	57.09	65.27	70.06	72.65	28.00	44.65	0.065 9	66.49

如表6-16所示，各科属野生牧草0～8小时各时间段CP瘤胃降解率平均值从小到大依序均为：禾本科<其他科属<菊科<蔷薇科<蓼科<豆科；16～48小时各时间段CP瘤胃降解率平均值从小到大依序均为：禾本科<其他科属<蓼科<蔷薇科<菊科<豆科；72～96小时各时间段CP瘤胃降解率平均值从小到大依序均为：蓼科<其他科属<禾本科<蔷薇科<菊科<豆科。

CP瘤胃降解参数a平均值从小到大依序为：禾本科<其他科属<菊科<蔷薇

科<蓼科<豆科；CP瘤胃降解参数b平均值从小到大依序为：蓼科<其他科属<豆科<蔷薇科<菊科<禾本科；CP瘤胃降解参数c平均值从小到大依序为：其他科属<禾本科<菊科<蔷薇科<蓼科<豆科；CP瘤胃有效降解率ED平均值从小到大依序为：豆科<蓼科<其他科属<蔷薇科<菊科<禾本科。

表 6-16 不同时段各科属牧草 CP 降解率及降解参数平均值

科属	不同时段 CP 降解率（%）								CP 瘤胃降解参数及有效降解率			
	0 小时	4 小时	8 小时	16 小时	24 小时	48 小时	72 小时	96 小时	a(%)	b(%)	c（/小时）	ED(%)
禾本科	16.35	21.94	30.07	40.38	51.16	60.72	66.07	69.35	19.45	49.45	0.0646	59.200
豆科	19.14	28.27	35.57	46.06	55.46	62.88	68.50	71.90	25.75	46.32	0.0656	55.699
蓼科	18.82	25.62	34.39	43.56	51.82	59.43	64.81	68.60	23.00	45.60	0.0654	56.367
菊科	17.75	25.11	32.82	43.22	53.31	61.80	67.29	70.63	22.60	47.89	0.0651	57.450
蔷薇科	18.10	25.28	33.34	43.33	52.81	61.01	66.46	69.95	22.73	47.12	0.0652	57.089
其他科	17.32	24.74	32.60	42.48	51.34	60.30	65.15	68.28	22.05	46.21	0.0641	57.088

如图6-2所示，随着在瘤胃培养时间的延长，野生牧草CP瘤胃降解率显著增加，其中，0～48小时增加较快，48～72小时增加较慢，72～96小时增加不明显。

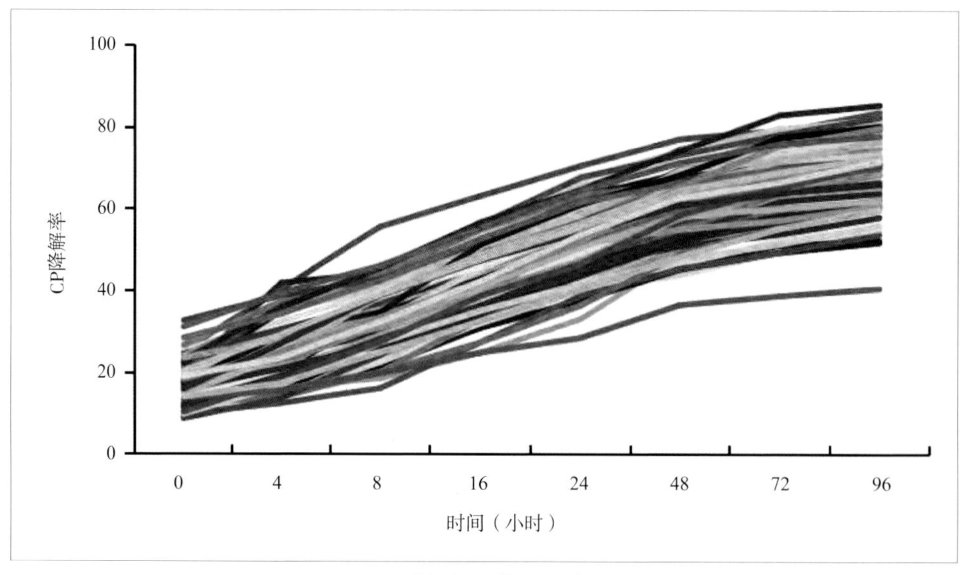

图 6–2 不同时间段牧草 CP 瘤胃降解趋势

第五节　NDF 降解率及降解参数

如表6-17所示，禾本科牧草0小时NDF瘤胃降解率在7.22%～14.52%，平均值为10.31%；4小时NDF瘤胃降解率在12.94%～21.96%，平均值为16.63%；8小时NDF瘤胃降解率在18.01%～29.44%，平均值为22.90%；16小时NDF瘤胃降解率在24.73%～37.80%，平均值为30.18%；24小时NDF瘤胃降解率在30.75%～45.27%，平均值为36.64%；48小时NDF瘤胃降解率在41.73%～60.60%，平均值为48.54%；72小时NDF瘤胃降解率在45.00%～65.95%，平均值为52.33%；96小时NDF瘤胃降解率在47.35%～68.62%，平均值为54.80%。NDF瘤胃降解参数*a*在10.00%～19.00%，平均值为14.00%；*b*在30.30%～50.62%，平均值为48.80%；*c*在0.101 2～0.136 63/小时，平均值为0.119 1/小时。有效降解率ED在42.58%～61.13%，平均值为48.85%。

表 6-17　禾本科不同时段 NDF 降解率及降解参数

饲料名称	不同时段 NDF 降解率（%）								NDF 瘤胃降解参数及有效降解率			
	0 小时	4 小时	8 小时	16 小时	24 小时	48 小时	72 小时	96 小时	*a*（%）	*b*（%）	*c*（/小时）	ED（%）
白茅	9.41	13.66	19.93	29.17	35.62	48.46	52.66	54.81	11.00	43.81	0.120 7	48.58
甘蔗	9.90	16.72	23.72	30.55	34.47	44.53	46.54	48.40	14.00	34.40	0.136 6	44.01
黑麦草	14.52	21.96	26.33	35.21	41.92	57.51	62.46	66.39	19.00	47.39	0.104 7	58.79
皇竹草	10.97	15.74	20.26	25.50	30.75	42.62	45.62	47.35	13.00	34.35	0.123 9	42.58
旱茅	8.98	15.47	22.72	28.63	34.89	43.67	45.34	47.93	13.00	34.93	0.131 5	43.32
喀斯特早熟禾	9.78	17.16	23.77	30.79	35.29	42.51	45.00	47.30	15.00	32.30	0.119 3	42.66
类芦	9.69	14.34	20.73	27.67	35.00	48.97	54.86	58.11	12.00	46.11	0.101 2	50.50
早熟禾	12.14	20.61	29.44	37.80	45.27	60.60	65.95	68.62	18.00	50.62	0.115 2	61.13
芒	7.22	12.94	18.01	24.73	30.80	41.73	45.47	48.77	10.00	38.77	0.106 6	42.65
野古草	8.61	15.31	21.02	27.74	34.04	44.50	47.65	49.01	13.00	36.01	0.129 9	44.20
棕叶狗尾草	12.19	18.99	26.01	34.23	44.98	58.86	64.13	66.08	16.00	50.08	0.121 0	58.98

如表6-18所示，豆科牧草0小时NDF瘤胃降解率在11.05%~27.81%，平均值为19.42%；4小时NDF瘤胃降解率在18.54%~38.67%，平均值为27.21%；8小时NDF瘤胃降解率在23.50%~47.85%，平均值为33.67%；16小时NDF瘤胃降解率在33.52%~58.21%，平均值为42.59%；24小时NDF瘤胃降解率在40.20%~65.47%，平均值为49.01%；48小时NDF瘤胃降解率在50.61%~75.27%，平均值为60.48%；72小时NDF瘤胃降解率在54.20%~79.94%，平均值为65.19%；96小时NDF瘤胃降解率在55.93%~82.10%，平均值为68.10%。NDF瘤胃降解参数*a*在16.00%~36.00%，平均值为24.17%；*b*在37.43%~55.10%，平均值为43.93%；*c*在0.0863~0.1260/小时，平均值为0.1107/小时。有效降解率ED在50.46%~75.11%，平均值为61.33%。

表6-18　豆科不同时段NDF降解率及降解参数

饲料名称	不同时段NDF降解率（%）								NDF瘤胃降解参数及有效降解率			
	0小时	4小时	8小时	16小时	24小时	48小时	72小时	96小时	*a*（%）	*b*（%）	*c*（/小时）	ED（%）
白刺花	19.68	26.56	33.35	41.08	47.60	58.11	61.34	63.80	24.00	39.80	0.1247	58.30
白三叶	26.19	34.93	39.28	49.06	56.82	68.54	74.78	76.59	32.00	44.59	0.1070	69.57
刺槐	14.40	21.81	30.34	42.27	49.78	63.79	68.55	73.16	19.00	54.16	0.1097	64.81
杭子梢	17.34	23.75	28.41	35.24	42.18	52.55	56.23	58.43	21.00	37.43	0.1157	52.91
红三叶	26.00	34.77	40.82	50.10	57.57	68.22	73.15	77.21	32.00	45.21	0.1009	69.73
胡枝子	12.88	18.54	26.39	34.62	40.57	50.61	54.20	55.93	16.00	39.93	0.1260	50.46
紫花苜蓿	17.77	24.57	30.09	36.16	41.17	51.15	57.16	60.96	22.04	38.92	0.0865	53.66
老虎刺	13.22	20.48	25.47	36.17	40.98	53.07	58.20	60.68	18.00	42.68	0.1078	54.00
球子崖豆	11.05	19.51	23.50	33.52	40.20	55.56	59.54	62.39	17.00	45.39	0.1184	55.83
绒毛崖豆	27.81	38.67	47.85	58.21	65.47	75.27	78.63	81.32	36.00	45.32	0.1259	75.11
紫花苜蓿	27.22	34.38	43.73	52.80	58.60	72.51	79.94	82.10	27.00	55.10	0.1093	73.58
紫穗槐	19.48	28.55	34.81	41.85	47.18	56.38	60.56	64.63	26.00	38.63	0.0965	58.00

如表6-19所示，蓼科牧草0小时NDF瘤胃降解率在13.02%～21.59%，平均值为17.37%；4小时NDF瘤胃降解率在19.45%～25.61%，平均值为22.14%；8小时NDF瘤胃降解率在26.20%～31.88%，平均值为29.07%；16小时NDF瘤胃降解率在33.56%～37.95%，平均值为35.56%；24小时NDF瘤胃降解率在37.52%～42.75%，平均值为40.52%；48小时NDF瘤胃降解率在48.26%～56.00%，平均值为52.09%；72小时NDF瘤胃降解率在51.81%～61.60%，平均值为56.65%；96小时NDF瘤胃降解率在55.73%～65.51%，平均值为60.28%。NDF瘤胃降解参数*a*在17.00%～23.00%，平均值为19.67%；*b*在38.73%～42.51%，平均值为40.62%；*c*在0.093 6～0.104 7/小时，平均值为0.100 4/小时。有效降解率ED在49.43%～58.03%，平均值为53.52%。

表 6-19　蓼科不同时段 NDF 降解率及降解参数

饲料名称	不同时段 NDF 降解率（%）								NDF 瘤胃降解参数及有效降解率			
	0 小时	4 小时	8 小时	16 小时	24 小时	48 小时	72 小时	96 小时	*a*（%）	*b*（%）	*c*（/ 小时）	ED（%）
尼泊尔蓼	17.49	21.35	29.12	35.17	41.30	52.00	56.55	59.61	19.00	40.61	0.104 7	53.09
首乌藤	13.02	19.45	26.20	33.56	37.52	48.26	51.81	55.73	17.00	38.73	0.102 9	49.43
酸模	21.59	25.61	31.88	37.95	42.75	56.00	61.60	65.51	23.00	42.51	0.093 6	58.03

如表6-20所示，菊科牧草0小时NDF瘤胃降解率在7.46%～24.48%，平均值为18.36%；4小时NDF瘤胃降解率在9.35%～31.56%，平均值为22.45%；8小时NDF瘤胃降解率在13.67%～37.14%，平均值为28.26%；16小时NDF瘤胃降解率在18.62%～43.86%，平均值为35.38%；24小时NDF瘤胃降解率在21.89%～49.49%，平均值为41.03%；48小时NDF瘤胃降解率在33.26%～62.96%，平均值为53.81%；72小时NDF瘤胃降解率在37.24%～67.69%，平均值为58.69%；96小时NDF瘤胃降解率在39.36%～71.22%，平均值为61.72%。NDF瘤胃降解参数*a*在7.00%～29.00%，平均值为20.00%；*b*在22.36%～47.10%，平均值为41.72%；*c*在0.096 4～0.120 0/小时，平均值为0.104 8/小时。有效降解率ED在34.15%～64.30%，平均值为54.99%。

表 6-20 菊科不同时段 NDF 降解率及降解参数

饲料名称	不同时段 NDF 降解率（%）								NDF 瘤胃降解参数及有效降解率			
	0 小时	4 小时	8 小时	16 小时	24 小时	48 小时	72 小时	96 小时	*a*（%）	*b*（%）	*c*（/小时）	ED（%）
苍耳	17.63	21.56	28.12	35.30	42.73	56.03	61.76	66.10	19.00	47.10	0.096 4	58.01
千里光	24.48	31.56	37.14	43.86	49.49	62.96	67.69	71.22	29.00	42.22	0.102 0	64.30
一年蓬	21.53	25.12	32.02	40.60	46.89	59.49	65.17	68.51	23.00	45.51	0.101 2	61.00
马兰	20.69	24.67	30.33	38.53	44.16	57.33	61.57	63.40	22.00	41.40	0.120 0	57.49
紫茎泽兰	7.46	9.35	13.67	18.62	21.89	33.26	37.24	39.36	7.00	22.36	0.104 3	34.15

如表6-21所示，蔷薇科牧草0小时NDF瘤胃降解率在8.78%～25.72%，平均值为17.34%；4小时NDF瘤胃降解率在16.87%～36.84%，平均值为26.46%；8小时NDF瘤胃降解率在21.68%～39.90%，平均值为31.17%；16小时NDF瘤胃降解率在27.04%～48.00%，平均值为38.16%；24小时NDF瘤胃降解率在32.93%～54.01%，平均值为44.51%；48小时NDF瘤胃降解率在40.66%～66.49%，平均值为56.39%；72小时NDF瘤胃降解率在43.86%～70.11%，平均值为60.92%；96小时NDF瘤胃降解率在46.54%～72.06%，平均值为63.60%。NDF瘤胃降解参数*a*在14.00%～34.00%，平均值为23.86%；*b*在32.54%～47.35%，平均值为39.75%；*c*在0.089 5～0.113 0/小时，平均值为0.103 2/小时。有效降解率ED在41.41%～65.32%，平均值为57.11%。

表 6-21 蔷薇科不同时段 NDF 降解率及降解参数

饲料名称	不同时段 NDF 降解率（%）								NDF 瘤胃降解参数及有效降解率			
	0 小时	4 小时	8 小时	16 小时	24 小时	48 小时	72 小时	96 小时	*a*（%）	*b*（%）	*c*（/小时）	ED（%）
白叶莓	25.72	36.84	39.90	48.00	54.01	66.49	70.11	72.06	34.00	38.06	0.089 5	65.11
缫丝花	16.11	29.42	33.70	40.52	46.14	58.60	63.04	65.00	27.00	38.00	0.111 3	59.21
倒钩刺	13.18	20.63	24.36	33.22	39.37	52.55	58.57	63.15	18.00	45.15	0.090 6	54.98
野大豆	11.35	21.74	27.16	33.23	38.83	49.24	53.90	56.90	19.00	37.90	0.099 9	50.58

（续表）

饲料名称	不同时段 NDF 降解率（%）								NDF 瘤胃降解参数及有效降解率			
	0 小时	4 小时	8 小时	16 小时	24 小时	48 小时	72 小时	96 小时	*a*（%）	*b*（%）	*c*（/小时）	ED（%）
小果蔷薇	8.78	16.87	21.68	27.04	32.93	40.66	43.86	46.54	14.00	32.54	0.106 9	41.41
野樱桃	21.85	25.55	22.36	39.81	47.62	62.40	67.74	70.35	23.00	47.35	0.111 5	63.15
野蔷薇	24.39	34.17	39	45.33	52.68	64.79	69.2	71.22	32.00	39.22	0.113 0	65.32

如表6-22所示，其他科属野生牧草0小时NDF瘤胃降解率在9.54%～27.49%，平均值为17.42%；4小时NDF瘤胃降解率在14.12%～34.25%，平均值为23.67%；8小时NDF瘤胃降解率在14.12%～41.07%，平均值为29.93%；16小时NDF瘤胃降解率在23.92%～49.88%，平均值为37.72%；24小时NDF瘤胃降解率在27.64%～56.93%，平均值为44.19%；48小时NDF瘤胃降解率在37.92%～69.91%，平均值为56.71%；72小时NDF瘤胃降解率在39.37%～75.90%，平均值为58.81%；96小时NDF瘤胃降解率在45.01%～80.24%，平均值为64.39%。NDF瘤胃降解参数*a*在12.00%～32.00%，平均值为21.14%；*b*在26.01%～55.19%，平均值为43.13%；*c*在0.040 6～0.141 9/小时，平均值为0.108 3/小时。有效降解率ED在37.61%～71.21%，平均值为57.42%。

表 6-22　其他科属野生牧草不同时段 NDF 降解率及降解参数

饲料名称	科属	不同时段 NDF 降解率（%）								NDF 瘤胃降解参数及有效降解率			
		0 小时	4 小时	8 小时	16 小时	24 小时	48 小时	72 小时	96 小时	*a*（%）	*b*（%）	*c*（/小时）	ED（%）
金银花	忍冬科	19.54	22.51	30.78	39.14	48.96	67.29	72.23	74.96	20.00	54.96	0.123 1	67.28
糯米果	忍冬科	21.46	29.80	36.77	41.06	47.07	57.07	61.44	65.87	27.00	38.87	0.092 8	58.98
类荚蒾	忍冬科	18.25	23.63	29.35	38.84	43.95	53.42	57.61	61.36	21.00	40.36	0.101 6	54.72
竹叶柴胡	伞形科	21.87	29.40	35.83	44.16	51.88	64.89	69.03	72.30	27.00	45.30	0.113 1	65.50
地果	桑科	12.14	20.29	26.06	34.40	40.86	54.95	59.55	61.52	18.00	43.52	0.118 2	55.22
楮	桑科	21.33	26.60	33.94	42.65	48.42	64.15	68.70	72.05	24.00	48.05	0.112 8	64.82

（续表）

饲料名称	科属	不同时段 NDF 降解率（%）								NDF 瘤胃降解参数及有效降解率			
		0 小时	4 小时	8 小时	16 小时	24 小时	48 小时	72 小时	96 小时	*a*（%）	*b*（%）	*c*（/ 小时）	ED（%）
焯菜	十字花科	25.74	34.25	41.07	49.88	55.89	68.23	75.21	80.24	32.00	48.24	0.0869	71.21
豆瓣菜	十字花科	21.29	29.03	35.40	45.20	53.90	65.19	69.05	72.85	27.00	45.85	0.1118	65.89
繁缕	石竹科	11.02	17.52	23.59	31.23	38.89	54.43	58.33	62.36	15.00	47.36	0.1117	55.17
竹节草	石竹科	10.20	17.63	24.62	32.77	40.23	51.44	53.74	55.64	15.00	40.64	0.1419	50.62
异叶鼠李	鼠李科	10.31	14.12	22.77	31.03	38.26	51.63	58.47	61.65	12.00	49.65	0.1000	53.38
马尾松	松科	11.82	14.12	18.21	26.58	32.82	42.59	46.84	51.71	12.00	38.71	0.0976	44.13
过路黄	藤黄科	14.20	20.25	29.75	35.07	42.48	53.88	58.88	60.60	18.00	42.60	0.1154	54.31
红泡刺藤	五福花科	10.77	15.99	21.65	28.47	36.02	48.68	54.64	57.96	13.00	44.96	0.0986	50.38
烟管荚蒾	五福花科	9.82	14.66	20.74	28.34	36.04	49.76	55.04	57.49	12.00	45.49	0.1108	50.53
白栎	五加科	17.21	24.15	30.19	36.85	43.14	54.78	59.77	62.26	22.00	40.26	0.1052	55.83
刺楸	五加科	20.17	24.25	31.85	39.51	45.58	58.68	64.36	66.58	22.00	44.58	0.1065	59.53
灰藜	苋科	27.49	31.94	38.46	47.34	53.65	67.63	73.11	76.66	29.00	47.66	0.1040	68.97
莲子草	苋科	16.21	24.98	31.54	42.41	50.94	63.65	66.58	68.65	22.00	46.65	0.1396	62.80
牵牛花	旋花科	18.43	25.90	31.81	37.40	42.16	55.40	60.53	63.11	23.00	40.11	0.0406	49.87
长叶水麻	荨麻科	19.58	26.07	32.55	40.91	45.99	58.98	62.26	64.30	24.00	40.30	0.1266	58.80
水柳	杨柳科	25.76	31.80	36.58	43.66	50.31	61.56	67.70	70.12	29.00	41.12	0.0981	63.16
榆树	榆科	27.09	33.80	39.79	48.54	53.97	67.10	72.67	75.27	31.00	44.27	0.1056	68.22
野花椒	芸香科	9.75	15.68	19.90	23.92	27.64	44.52	46.51	52.82	13.00	39.82	0.0980	46.07
金刚藤	百合科	12.79	19.41	27.50	34.60	39.36	49.25	53.14	55.56	17.00	38.56	0.1131	49.77
平车前	车前科	19.49	31.55	36.50	41.83	46.43	57.39	62.07	64.96	29.00	35.96	0.0974	58.83
荨麻	大戟科	18.60	25.30	34.88	46.22	55.49	69.44	73.22	78.19	23.00	55.19	0.1151	70.02
黄花木	蝶形花科	9.54	14.79	20.40	24.38	30.76	40.42	45.50	48.76	12.00	36.76	0.0927	42.24

（续表）

饲料名称	科属	不同时段NDF降解率（%）								NDF瘤胃降解参数及有效降解率			
		0小时	4小时	8小时	16小时	24小时	48小时	72小时	96小时	*a*（%）	*b*（%）	*c*（/小时）	ED（%）
小叶杜鹃	杜鹃花科	13.00	15.39	22.81	31.54	38.64	52.30	56.86	59.57	13.00	46.57	0.1161	52.73
杜仲叶	杜仲科	19.23	24.97	30.95	38.39	44.97	58.44	63.40	65.82	22.00	43.82	0.1113	59.15
合欢树	含羞草科	18.21	27.59	31.69	37.08	43.03	53.24	56.19	58.31	25.00	33.31	0.1177	53.47
化香	胡桃科	24.44	32.56	38.39	44.34	48.38	57.84	60.97	62.84	30.00	32.84	0.1176	58.07
小叶黄杨	黄杨科	15.95	21.88	26.76	31.50	36.26	47.81	53.65	56.20	19.00	37.20	0.0931	49.62
藤三七	落葵科	15.04	21.09	27.02	33.03	38.09	46.29	50.29	52.56	19.00	33.56	0.1049	47.18
黄荆	马鞭草科	10.45	15.23	19.64	29.67	35.32	48.34	52.18	55.95	13.00	42.95	0.1082	49.25
密蒙花	马钱科	19.17	30.05	37.98	48.88	55.68	69.91	74.47	79.20	28.00	51.20	0.1067	71.12
马桑	马桑科	12.22	17.13	20.14	26.31	29.26	37.92	39.37	45.01	15.00	26.01	0.1331	37.61
小木通	毛茛科	17.49	21.11	28.89	36.43	43.67	55.45	59.41	62.84	19.00	43.84	0.1113	56.16
小叶女贞	木犀科	21.75	25.57	32.61	45.13	53.68	65.45	69.40	72.67	23.00	49.67	0.1205	65.60
木贼	木贼科	10.72	15.75	21.60	30.14	38.18	51.24	55.66	60.22	12.00	48.22	0.1051	52.51
盐肤木	漆树科	20.23	25.75	31.18	39.37	44.58	59.95	65.36	68.08	23.00	45.08	0.1071	60.98
枫香树	乔木	23.11	31.61	38.28	48.15	56.93	69.19	73.16	75.71	29.00	46.71	0.1231	69.18
马铃薯叶	茄科	25.99	32.74	36.57	45.72	52.34	68.62	75.90	77.94	30.00	47.94	0.1024	70.10

如表6-23所示，0小时NDF瘤胃降解率平均值从小到大依序为：禾本科（10.31%）<蔷薇科（17.34%）<蓼科（17.37%）<其他科属（17.42%）<菊科（18.36%）<豆科（19.42%）；4～96小时各时间段NDF瘤胃降解率平均值从小到大依序均为：禾本科（39.28）<蓼科（42.33）<菊科（43.05）<其他科属（45.06）<蔷薇科（45.89）<豆科（49.46）。

NDF瘤胃降解参数a和有效降解率ED平均值从小到大依序为：禾本科（31.43）<蓼科（36.60）<菊科（37.50）<其他科属（39.28）<蔷薇科（40.49）<豆科（42.75）；参数*b*平均值从小到大依序为：蔷薇科（39.75）<

蓼科（40.62）<禾本科（40.80）<菊科（41.72）<其他科属（43.13）<豆科（43.93）；参数c平均值从小到大依序为：蓼科（0.1004）<蔷薇科（0.1032）<菊科（0.1048）<其他科属（0.1083）<豆科（0.1107）<禾本科（0.1191）。

表 6-23　不同时段各科属牧草 NDF 降解率及降解参数平均值

科属	不同时段 NDF 瘤胃降解率（%）								NDF 瘤胃降解参数及有效降解率			
	0 小时	4 小时	8 小时	16 小时	24 小时	48 小时	72 小时	96 小时	a（%）	b（%）	c（/小时）	ED（%）
禾本科	10.31	16.63	22.90	30.18	36.64	48.54	52.33	54.80	14.00	40.80	0.1191	48.85
豆科	19.42	27.21	33.67	42.59	49.01	60.48	65.19	68.1	24.17	43.93	0.1107	61.33
蓼科	17.37	22.14	29.07	35.56	40.52	52.09	56.65	60.28	19.67	40.62	0.1004	53.52
菊科	18.36	22.45	28.26	35.38	41.03	53.81	58.69	61.72	20.00	41.72	0.1048	54.99
蔷薇科	17.34	26.46	31.17	38.16	44.51	56.39	60.92	63.60	23.86	39.75	0.1032	57.11
其他科	17.42	23.67	29.93	37.72	44.19	56.71	61.22	64.39	21.14	43.13	0.1083	57.42

如图6-3所示，随着在瘤胃培养时间的延长，野生牧草NDF瘤胃降解率显著增加，其中，0～24小时增加较快，24～48小时增加较慢，48～72小时增加减慢，72～96小时增加不明显。

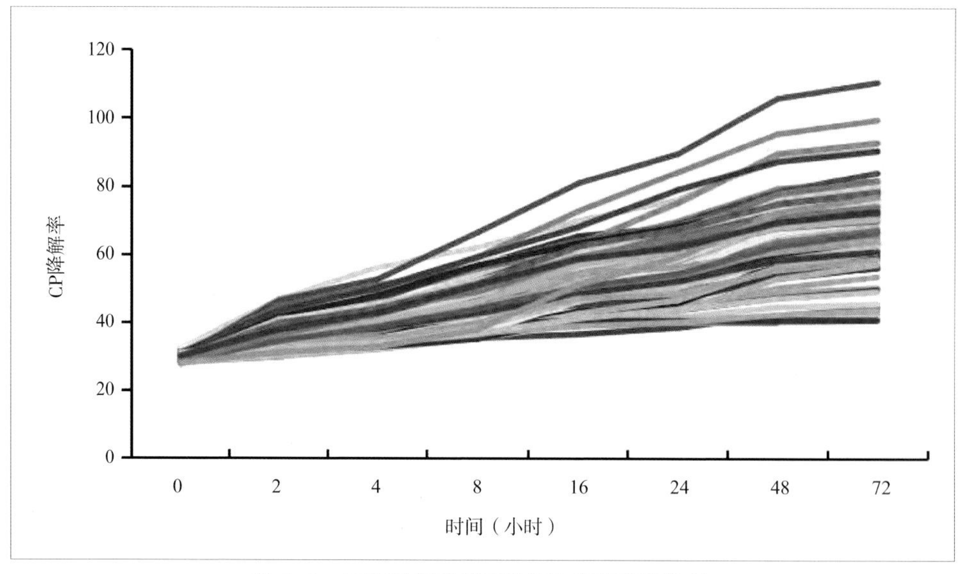

图 6–3　不同时间段牧草 NDF 瘤胃降解趋势

第七章　体外产气评定

第一节　禾本科牧草体外产气评定

如表7-1所示，禾本科牧草0小时产气量为27.83～32.67，平均值为29.86；2小时产气量为32.03～44.90，平均值为35.04；4小时产气量为33.67～49.60，平均值为37.94；8小时产气量为36.90～59.17，平均值为43.71；16小时产气量为46.30～72.67，平均值为55.40；24小时产气量为54.43～84.23，平均值为63.90；48小时产气量为66.17～95.50，平均值为75.52；72小时产气量为70.17～99.53，平均值为79.58。

表 7-1　禾本科牧草不同时间产气量

名称	产气量 / 毫升							
	0 小时	2 小时	4 小时	8 小时	16 小时	24 小时	48 小时	72 小时
棕叶狗尾草	30.53	32.50	34.40	39.07	50.50	58.67	69.80	74.33
甘蔗	29.33	33.03	35.13	40.43	52.23	60.03	72.37	77.57
野古草	32.67	36.27	38.43	41.70	49.80	56.23	66.17	70.17
旱茅	29.37	32.03	33.67	36.90	46.30	54.43	67.33	72.37
白茅	27.83	32.33	34.83	39.33	52.50	61.17	72.20	74.10
早熟禾	28.43	35.00	40.37	48.27	56.17	61.33	71.10	75.67
黑麦草	30.07	44.90	49.60	59.17	72.67	84.23	95.50	99.53
皇竹草	30.67	34.27	37.07	44.83	63.00	75.13	89.67	92.90

第二节　豆科牧草体外产气评定

如表7-2所示，豆科牧草0小时产气量为27.90～31.03，平均值为30.05；2小时产气量为30.04～46.33，平均值为38.90；4小时产气量为33.23～52.57，平均值为43.51；8小时产气量为36.83～66.37，平均值为49.89；16小时产气量为38.87～80.87，平均值为57.50；24小时产气量为40.00～89.83，平均值为62.65；48小时产气量为42.33～105.87，平均值为70.20；72小时产气量为43.67～110.53，平均值为73.08。

表 7-2　豆科牧草不同时间产气量

名称	产气量 / 毫升							
	0 小时	2 小时	4 小时	8 小时	16 小时	24 小时	48 小时	72 小时
野毛豆	31.03	33.77	35.33	36.83	38.87	40.00	42.33	43.67
刺槐	27.90	30.40	33.23	38.60	46.27	50.40	58.23	62.63
杭子梢	30.83	39.67	44.93	50.13	59.00	63.67	69.70	72.07
胡枝子	28.73	34.70	38.07	42.23	48.70	53.73	61.33	64.17
红三叶	30.40	39.03	44.27	49.83	57.77	61.27	67.83	70.00
岩豆	30.67	35.67	38.10	42.63	48.37	52.13	58.33	60.90
老虎刺	29.40	46.33	52.57	66.37	80.87	89.63	105.87	110.53
白三叶	30.10	44.73	50.73	56.47	64.00	68.67	75.90	78.40
白刺花	30.53	41.40	47.83	56.67	63.17	68.03	75.10	78.00
紫花苜蓿	30.90	43.33	50.00	59.17	68.03	79.00	87.37	90.43

第三节　蓼科牧草体外产气评定

如表7-3所示，蓼科牧草0小时产气量为29.73～31.70，平均值为30.60；2小时产气量为35.63～38.33，平均值为37.19；4小时产气量为37.10～43.77，平均值为40.64；8小时产气量为39.50～51.83，平均值为46.37；16小时产气量为

40.50 ~ 59.47，平均值为51.99；24小时产气量为40.50 ~ 63.43，平均值为55.11；48小时产气量为40.73 ~ 70.50，平均值为60.47；72小时产气量为40.83 ~ 73.27，平均值为62.00。

表 7-3 蓼科牧草不同时间产气量

名称	产气量 / 毫升							
	0 小时	2 小时	4 小时	8 小时	16 小时	24 小时	48 小时	72 小时
首乌藤	29.73	38.33	43.77	51.83	59.47	63.43	70.50	73.27
尼泊尔蓼	30.37	35.63	37.10	39.50	40.50	40.50	40.73	40.83
酸模	31.70	37.60	41.07	47.77	56.00	61.40	70.17	71.90

第四节 菊科牧草体外产气评定

如表7-4所示，菊科牧草0小时产气量为27.77 ~ 30.00，平均值为28.62；2小时产气量为31.03 ~ 39.33，平均值为35.68；4小时产气量为32.67 ~ 44.17，平均值为40.14；8小时产气量为37.80 ~ 51.40，平均值为46.89；16小时产气量为50.40 ~ 62.33，平均值为56.47；24小时产气量为54.33 ~ 67.40，平均值为61.38；48小时产气量为62.50 ~ 74.73，平均值为69.63；72小时产气量为66.43 ~ 78.43，平均值为73.14。

表 7-4 菊科牧草不同时间产气量

名称	产气量 / 毫升							
	0 小时	2 小时	4 小时	8 小时	16 小时	24 小时	48 小时	72 小时
飞蓬	28.40	35.50	40.33	46.07	57.17	60.80	67.93	70.33
千里光	28.33	34.33	38.63	44.00	50.40	54.33	62.50	66.43
紫茎泽兰	29.00	39.33	44.17	51.40	62.33	67.40	74.73	78.43
苍耳	28.20	36.20	42.40	51.07	59.23	64.57	71.13	74.07
一年蓬	27.77	31.03	32.67	37.80	51.13	59.17	72.17	76.93
马兰	30.00	37.67	42.67	51.00	58.57	62.00	69.33	72.67

第五节　蔷薇科牧草体外产气评定

如表7-5所示，蔷薇科牧草0小时产气量为27.50～30.87，平均值为29.11；2小时产气量为30.73～40.60，平均值为36.71；4小时产气量为33.83～45.67，平均值为40.64；8小时产气量为36.77～52.23，平均值为45.71；16小时产气量为31.13～59.93，平均值为52.15；24小时产气量为43.93～67.10，平均值为56.43；48小时产气量为47.10～77.73，平均值为63.57；72小时产气量为49.13～81.67，平均值为66.76。

表 7-5　蔷薇科牧草不同时间产气量

名称	产气量 / 毫升							
	0 小时	2 小时	4 小时	8 小时	16 小时	24 小时	48 小时	72 小时
白叶莓	27.50	40.00	45.67	50.80	54.33	56.33	60.87	64.10
缫丝花	28.50	30.73	34.77	39.80	47.10	48.47	55.47	58.67
小果蔷薇	30.87	32.47	33.83	36.77	31.13	43.93	47.10	49.13
紫穗槐	29.00	40.60	45.20	52.23	59.93	67.10	76.67	80.23
野蔷薇	29.70	39.73	43.73	48.93	58.27	66.33	77.73	81.67

第六节　其他科牧草体外产气评定

如表7-6所示，其他科牧草0小时产气量为27.93～32.37，平均值为29.54；2小时产气量为29.70～46.73，平均值为36.04；4小时产气量为31.87～56.03，平均值为29.91；8小时产气量为35.07～62.00，平均值为45.61；16小时产气量为36.47～69.87，平均值为52.70；24小时产气量为38.50～76.17，平均值为56.60；48小时产气量为40.23～88.23，平均值为63.59；72小时产气量为40.67～90.97，平均值为66.47。

表 7-6　其他科牧草不同时间产气量

名称	科属	产气量 / 毫升							
		0 小时	2 小时	4 小时	8 小时	16 小时	24 小时	48 小时	72 小时
盐肤木	漆树科	28.10	29.70	33.23	37.33	41.33	43.83	48.17	49.50
竹节草	石竹科	29.00	34.67	38.70	48.30	62.30	69.73	79.27	81.70
杜仲叶	杜仲科	28.67	36.73	40.73	45.70	51.20	54.77	59.27	59.43
野花椒	芸香科	28.53	39.80	44.70	50.27	54.60	50.10	61.70	64.27
马尾松	松科	30.00	35.73	38.73	43.17	46.77	49.33	54.07	56.17
类荚蒾	忍冬科	29.83	41.43	47.73	55.13	61.50	65.07	72.40	76.10
豆瓣菜	十字花科	31.83	41.40	44.17	47.43	51.73	53.17	58.03	60.40
蔊菜	十字花科	28.03	31.67	33.47	35.30	36.47	38.50	42.17	44.33
马铃薯叶	茄科	28.33	32.47	35.77	41.07	46.17	48.77	53.97	56.93
刺楸	五加科	28.43	35.50	40.70	49.13	56.67	59.90	69.23	72.60
小木通	毛茛科	29.37	34.73	38.60	43.73	49.57	52.10	57.40	59.50
烟管荚蒾	五福花科	28.27	33.83	37.77	42.07	45.20	47.33	53.00	56.27
贵州金丝桃	藤黄科	28.37	30.70	33.23	37.20	42.33	44.93	50.23	53.50
小叶杜鹃	杜鹃花科	28.27	29.80	31.87	35.47	41.33	44.77	48.80	50.33
海桐	灌木科	28.93	38.10	44.07	50.30	55.57	59.23	66.03	68.33
柴胡	伞形科	30.00	39.27	43.17	54.53	63.33	68.33	77.33	80.33
异叶鼠李	鼠李科	31.67	42.10	48.47	55.67	62.00	68.20	76.33	79.67
白栎	五加科	31.17	37.77	41.60	46.70	53.50	57.87	64.17	67.13
糯米果	忍冬科	29.33	39.30	43.77	49.00	60.83	65.07	71.13	75.47
金刚藤	百合科	30.43	39.43	43.37	49.10	58.50	64.23	73.33	78.67
莲子草	苋科	29.87	35.70	39.37	46.37	57.60	62.00	67.80	71.13
灰藜	苋科	27.93	32.17	35.37	43.00	52.33	56.93	62.33	64.97

（续表）

名称	科属	产气量 / 毫升							
		0 小时	2 小时	4 小时	8 小时	16 小时	24 小时	48 小时	72 小时
楮	桑科	30.17	39.73	46.73	56.67	65.33	68.00	73.00	76.00
地果	桑科	29.77	34.33	37.00	41.27	48.50	54.90	63.57	67.17
繁缕	石竹科	28.50	36.33	41.67	49.50	60.50	66.37	74.27	77.53
地肤	藜科	28.33	36.00	40.73	51.50	62.13	66.03	73.13	76.30
柳树叶	杨柳科	28.80	40.17	44.37	51.63	61.40	65.43	72.47	76.00
小叶女贞	木犀科	29.33	40.63	44.67	50.73	59.20	64.60	74.10	77.67
黄花木	蝶形花科	28.80	35.00	37.73	42.87	53.53	62.33	76.03	80.20
藤三七	落葵科	28.13	30.67	32.13	35.20	39.67	41.60	44.60	45.60
小叶黄杨	黄杨科	29.33	31.50	32.67	35.07	40.93	43.70	47.33	49.70
过路黄	报春花科	28.67	32.87	35.03	39.67	49.40	54.07	60.10	62.67
水禾麻	荨麻科	29.23	31.70	33.40	35.77	42.33	46.57	53.67	56.13
牵牛花	旋花科	29.67	36.67	41.03	49.37	59.60	63.43	70.40	72.43
马桑	马桑科	28.67	31.53	34.27	37.47	43.33	45.67	57.17	63.33
平车前	车前科	30.83	37.33	42.33	49.33	60.33	65.33	73.33	76.33
密蒙花	马钱科	29.37	32.07	33.67	36.43	41.00	43.33	52.87	57.17
长叶水麻	荨麻科	31.73	33.03	34.10	36.73	42.67	46.67	56.33	60.80
合欢树	含羞草科	32.23	46.73	56.03	62.00	69.87	76.17	88.23	90.97
枫香树	乔木	30.07	41.03	48.53	57.73	61.57	64.90	73.70	75.67
榆树	榆科	32.37	37.57	38.83	39.10	39.43	39.93	40.23	40.67
红泡刺藤	五福花科	30.10	33.63	35.83	38.07	40.83	41.33	41.83	42.53
金银花	忍冬科	30.07	37.77	43.60	51.07	58.47	68.97	78.33	81.00
黄荆	马鞭草科	30.17	38.13	43.83	52.33	62.33	68.10	78.37	84.03
化香	胡桃科	30.40	35.37	39.23	47.00	58.10	65.23	72.13	74.67

如表7-7所示，0小时体外产气平均值大小顺序为：菊科<蔷薇科<其他科<禾本科<豆科<蓼科；2～72小时体外产气平均值大小顺序为：蓼科<其他科<蔷薇科<菊科<禾本科<豆科。

表 7-7 各科牧草不同时间产气量

科属	产气量 / 毫升							
	0 小时	2 小时	4 小时	8 小时	16 小时	24 小时	48 小时	72 小时
禾本科	29.86	35.04	37.94	43.71	55.40	63.90	75.52	79.58
豆科	30.05	38.90	43.51	49.89	57.50	62.65	70.20	73.08
蓼科	30.60	37.19	40.64	46.37	51.99	55.11	60.47	62.00
菊科	28.62	35.68	40.14	46.89	56.47	61.38	69.63	73.14
蔷薇科	29.11	36.71	40.64	45.71	52.15	56.43	63.57	66.76
其他科	29.54	36.04	29.91	45.61	52.70	56.60	63.59	66.47

如图7-1所示，随着时间的延长，体外产气量显著增加，其中，0～8小时增加较快，8～24小时增加较慢，24～72小时增加不明显。

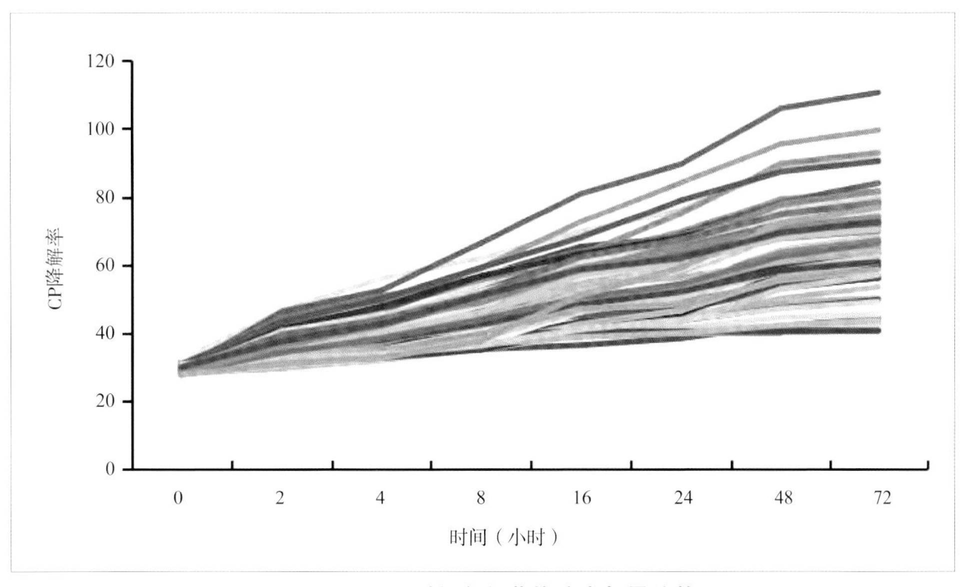

图 7-1 不同时间段牧草体外产气量趋势

第八章　饲用价值指数评定及贵州黑山羊日增重预测

第一节　饲用价值指数评定方法建立

一、构建思路及方法

反刍动物是将人类不能直接食用的粗饲料转变成为肉、奶等优质蛋白食品的生物加工厂，其日粮组成中，粗饲料通常占60%～70%，是主要的营养来源（赵中旺，2010）。粗饲料的品质通过影响动物的适口性、采食量及消化率，进而影响动物的生产力水平，粗饲料饲用价值的评定，需全面系统地来自饲料本身和来自动物的因素。本研究根据《多目标决策方法的理论与方法》（徐玖平等，2005）、《灰色关联度的多目标决策模型》（李秀红等，2007）相关方法及析因设计原理，将牧草饲用价值影响因素划分为牧草成分因素、动物消化相关因素、动物生产力因素三方面，并结合现行牧草营养价值评价相关方法，确定各影响因素的分析指标。同时，以活体重为10千克、中等运动量、日增重为50克的山羊作为假定动物，根据干物质采食量、代谢能量采食量等推算理论日增重，以理论日增重作为权重变量，按三方面因素分板块计算各指标权重系数，最后综合得出牧草饲用价值指数，根据饲用价值指数评定牧草饲用价值。

牧草成分因素指标包括DM、CP、无氮浸出物（NFE）、中性洗涤纤维（NDF）、酸性洗涤纤维（ADF）、总能（GE）、CNCPS碳水化合物指数、CNCPS含氮化合物指数，其中：CNCPS碳水化合物和含氮化合物指数以NDF和CP瘤胃有效降解率作为权重变量进行权重值计算（不可利用组分系数取负值，其他组分系数值取绝对值，系统自动排出的变量不用于指数计算）；动物消化相关因素指标包括干物质瘤胃有效降解率（DDM）、粗蛋白瘤胃有效降解率（DCP）、中性洗涤纤维瘤胃有效降解率（DNDF）、干物质采食量（DMI）、代谢能采食量（MEI）、粗蛋白采食量（CPI）、采食干物质中瘤胃可降解蛋白量（DCPI）、微生物蛋白理论合成量（MCP）；动物生产力因素指标为10千克活体重山羊在中等活动量下的理论日增重，每个理论单位体增重需要的ME和DM 分别按0.0072（兆卡）和0.0030（千克）计算。

根据概略养分分析法、VanSoest洗涤纤维分析法、牧草相对值（RFV）评定法、瘤胃尼龙袋法综合推导，粗饲料饲养价值的定义为“牧草中所含的营养物质和能量被动物采食及消化的程度和动物的潜在生产力表现”，采用SPSS 19.0自动线性回归模型构建及分层析因回归方法，粗饲料饲养价值指数评定具体方法如下。

FVI=2.341+0.011NFE(%)+0.0161NDF(%)+0.0433CPI(g/d)+0.025DCP(%) +0.015TADG (g/d)

NFE(DM%)=100-CF(DM%)－CP(DM%)－EE(DM%)－ASH(DM%)

NDF(DM%)=VanSoest洗涤纤维分析法实测值

DCP(CP%)=瘤胃尼龙袋法实测有效降解率

CP(DM%)=凯氏定氮法实测值

CPI(g/d)=DMI × CP(DM%)

TADG=[0.0072 × MEI(Mcal/d)+0.0030 × DMI(g/d)]/2

MEI（Mcal/d）= GE × DMI × 0.76 × 0.62

MCP=瘤胃降解蛋白(RDP) × 0.9

其中：RDP=蛋白质瘤胃降解率 × 样品CP%

二、牧草饲养价值评定指数构建

1. 参数及指标（表8-1）

表 8-1　牧草饲养价值评定指数构建涉及参数指标

饲料名称	科属	DM（%）	CP（%）	NFE（%）	NDF（%）	ADF（%）	GE（兆卡/千克）	CNCPST	CNCPSN	DDM（%）	DCP（%）	DNDF（%）	MeI（兆卡/天）	CPI（克/天）	DCPI（克/天）	MCP（克/天）
白刺花	豆科	88.26	19.36	39.82	48.21	37.50	3.82	3.93	10.51	57.52	50.94	58.30	0.448 5	48.19	24.55	22.09
白三叶	豆科	89.24	26.76	42.58	35.86	27.53	3.66	3.31	10.33	68.30	58.80	69.57	0.577 5	89.55	52.65	47.39
刺槐	豆科	89.89	27.17	44.91	41.16	32.13	3.87	4.11	10.76	36.71	60.23	64.81	0.531 5	79.21	47.71	42.94
红三叶	豆科	89.88	19.04	50.11	34.84	28.12	3.72	1.87	10.66	59.68	52.48	69.73	0.603 8	65.58	34.42	30.97
胡枝子	豆科	89.19	9.93	43.55	54.39	33.28	3.68	4.59	9.61	31.01	45.24	50.46	0.382 4	21.91	9.91	8.92
截叶铁扫帚	豆科	88.16	19.48	37.66	45.27	34.57	3.10	7.57	10.45	41.05	57.07	53.61	0.387 6	51.64	29.47	26.52
老虎刺	豆科	89.55	15.32	56.71	28.75	14.32	3.89	0.35	7.73	71.60	59.49	54.00	0.764 4	63.94	38.04	34.24
球子崖豆	豆科	89.58	13.19	53.43	39.20	30.76	3.68	1.40	10.80	56.20	60.69	55.83	0.530 4	40.38	24.51	22.05
绒毛崖豆	豆科	89.27	13.53	50.11	44.69	34.71	3.61	2.27	10.82	51.39	73.21	75.11	0.456 6	36.33	26.60	23.94
紫花苜蓿	豆科	89.34	22.92	43.07	33.43	22.36	3.60	0.78	10.82	61.50	37.48	73.58	0.608 7	82.27	30.84	27.75
紫穗槐	豆科	89.17	18.52	56.98	41.52	28.87	3.90	2.89	10.80	47.14	67.58	58.00	0.530 6	53.53	36.17	32.56
甘蔗	禾本科	89.29	7.83	44.40	65.33	42.45	3.54	7.73	10.34	43.51	63.05	48.58	0.306 6	14.38	9.07	8.16
黑麦草	禾本科	89.64	10.54	48.29	56.36	34.05	3.83	4.06	10.74	26.35	55.11	44.01	0.383 9	22.44	12.37	11.13
皇竹草	禾本科	89.46	10.81	42.75	64.41	42.50	3.47	6.05	10.80	47.52	57.79	58.79	0.304 6	20.14	11.64	10.47
旱茅	禾本科	89.14	3.68	42.31	63.79	38.68	3.59	8.27	9.88	51.87	49.50	42.58	0.317 9	6.92	3.43	3.08
扁穗雀麦	禾本科	89.12	10.64	41.56	61.38	38.41	3.87	7.32	10.77	29.71	53.82	43.32	0.356 4	20.80	11.20	10.08

（续表）

饲料名称	科属	DM（%）	CP（%）	NFE（%）	NDF（%）	ADF（%）	GE（兆卡/千克）	CNCPST	CNCPSN	DDM（%）	DCP（%）	DNDF（%）	MeI（兆卡/天）	CPI（克/天）	DCPI（克/天）	MCP（克/天）
类芦	禾本科	88.06	8.95	38.85	51.26	42.64	3.54	8.94	11.34	53.19	55.76	42.66	0.390 5	20.95	11.68	10.51
白茅	禾本科	89.24	14.53	44.23	60.51	42.09	3.82	5.51	6.66	23.51	64.70	50.50	0.357	28.82	18.64	16.78
早熟禾	禾本科	90.84	22.74	33.77	48.24	37.01	3.54	2.96	10.81	61.65	59.14	61.13	0.414 4	56.57	33.45	30.11
芒	禾本科	89.21	5.68	42.56	62.89	47.94	3.61	8.14	10.70	28.85	62.54	42.65	0.324 8	10.84	6.78	6.10
野古草	禾本科	89.04	4.48	44.49	61.66	37.02	3.64	6.25	10.77	23.53	71.39	44.20	0.334 2	8.72	6.22	5.60
棕叶狗尾草	禾本科	88.16	9.83	39.22	64.24	41.14	3.22	4.04	7.03	35.05	58.41	58.98	0.283 8	18.36	10.73	9.65
苍耳	菊科	89.08	18.67	49.67	27.29	22.14	3.13	2.25	7.05	44.46	53.63	58.01	0.649 4	82.10	44.03	39.63
千里光	菊科	89.77	14.72	50.41	38.17	29.06	3.50	1.64	10.47	65.51	62.24	64.30	0.518	46.28	28.80	25.92
一年蓬	菊科	89.64	21.56	49.09	29.20	28.04	3.20	1.67	5.54	55.71	54.30	61.00	0.619 6	88.60	48.11	43.30
马兰	菊科	89.26	13.42	53.63	34.77	33.18	3.46	1.29	10.82	53.73	61.19	57.49	0.562 1	46.32	28.34	25.51
紫茎泽兰	菊科	89.28	14.14	51.80	26.14	21.05	3.65	0.77	6.69	36.23	48.46	34.15	0.788 6	64.91	31.46	28.31
尼泊尔蓼	蓼科	89.07	21.77	45.56	42.38	32.27	3.11	3.23	9.61	54.83	47.41	53.09	0.415 3	61.64	29.22	26.30
首乌藤	蓼科	89.03	16.65	46.26	38.00	41.77	3.71	0.10	9.44	34.85	63.87	49.43	0.551 9	52.58	33.58	30.22
酸模	蓼科	89.52	23.36	49.53	41.01	35.33	3.54	2.46	10.78	30.41	57.82	58.03	0.487 7	68.35	39.52	35.57
白叶莓	蔷薇科	89.07	14.92	57.77	37.58	25.20	3.58	0.92	10.34	55.55	70.07	65.11	0.538 2	47.64	33.38	30.04
缫丝花	蔷薇科	89.1	15.04	49.86	41.30	32.06	3.65	0.55	10.26	47.79	51.12	59.21	0.499	43.70	22.34	20.11
野蔷薇	蔷薇科	89.15	15.34	53.19	38.63	30.40	3.59	3.26	10.02	29.32	69.09	54.98	0.524 8	47.65	32.92	29.63

（续表）

饲料名称	科属	DM（%）	CP（%）	NFE（%）	NDF（%）	ADF（%）	GE（兆卡/千克）	CNCPST	CNCPSN	DDM（%）	DCP（%）	DNDF（%）	MeI（兆卡/天）	CPI（克/天）	DCPI（克/天）	MCP（克/天）
小果蔷薇	蔷薇科	88.09	5.44	37.62	64.55	39.09	3.74	11.10	10.61	32.14	69.59	50.58	0.3272	10.11	7.04	6.33
野樱桃	蔷薇科	89.78	17.01	57.88	28.55	22.43	3.57	1.68	10.51	46.47	51.44	65.32	0.7061	71.50	36.78	33.10
倒钩刺	蔷薇目	88.11	10.25	57.36	35.00	30.28	3.80	1.29	10.30	26.99	64.76	41.41	0.6136	35.14	22.76	20.48
野大豆	蔷薇目	88.61	10.89	46.64	57.14	40.97	3.85	7.18	10.81	46.14	51.80	63.15	0.3811	22.87	11.85	10.66
金银花	忍冬科	89.06	13.48	46.08	42.01	37.42	3.65	1.92	9.53	49.65	55.67	67.28	0.4912	38.51	21.44	19.29
糯米果	忍冬科	89.92	11.02	53.84	41.78	37.54	3.69	0.23	9.63	54.65	56.58	58.98	0.4988	31.65	17.91	16.12
南方荚蒾	忍冬科	89.34	15.46	51.41	46.16	44.14	3.84	2.89	9.92	53.83	68.75	54.72	0.47	40.19	27.63	24.87
竹叶柴胡	伞形科	89.61	28.55	44.35	38.30	27.20	3.33	1.98	9.48	63.01	72.00	65.50	0.4909	89.45	64.41	57.96
地果	桑科	89.07	7.84	43.92	45.71	42.54	3.27	4.15	10.33	43.74	65.55	55.22	0.4042	20.58	13.49	12.14
楮	桑科	89.21	24.45	47.22	36.21	26.79	3.40	1.82	10.65	72.69	56.78	64.82	0.7178	109.52	62.18	55.97
蔊菜	十字花科	89.52	27.07	36.06	38.88	19.99	2.78	1.66	10.74	56.52	54.10	71.21	0.4042	83.55	45.20	40.68
豆瓣菜	十字花科	88.07	18.26	45.51	23.87	20.26	2.47	2.33	8.25	64.97	43.67	65.89	0.5856	91.80	40.09	36.08
繁缕	石竹科	89.78	11.18	42.41	40.17	29.11	2.84	4.89	8.26	57.49	52.28	55.17	0.3996	33.40	17.46	15.71
竹节草	石竹科	89.15	11.98	44.41	60.65	37.72	3.39	10.77	10.78	47.77	61.63	50.62	0.3156	23.70	14.61	13.15
异叶鼠李	鼠李科	89.69	6.41	46.41	49.87	41.29	3.71	3.41	10.82	35.03	61.39	53.38	0.4209	15.42	9.47	8.52
马尾松	松科	89.25	11.43	48.75	61.66	47.54	4.01	13.60	11.22	20.86	63.26	44.13	0.3681	22.24	14.07	12.66
贵州金丝桃	藤黄科	88.04	4.40	37.51	47.86	35.27	3.88	8.55	11.20	35.74	52.97	58.41	0.4586	11.03	5.84	5.26

（续表）

饲料名称	科属	DM（%）	CP（%）	NFE（%）	NDF（%）	ADF（%）	GE（兆卡/千克）	CNCPST	CNCPSN	DDM（%）	DCP（%）	DNDF（%）	MeI（兆卡/天）	CPI（克/天）	DCPI（克/天）	MCP（克/天）
红泡刺藤	五福花科	89.42	18.06	46.38	46.31	39.63	3.93	4.56	9.69	42.87	65.94	54.31	0.48	46.80	30.86	27.77
烟管荚蒾	五福花科	89.07	7.43	49.15	52.84	38.40	3.67	3.76	10.57	50.65	58.45	50.38	0.392 8	16.87	9.86	8.88
白栎	五加科	89.35	8.85	56.63	43.60	40.75	3.54	0.67	9.42	42.77	32.85	50.53	0.459 6	24.36	8.00	7.20
刺楸	五加科	89.62	19.68	50.47	35.80	30.93	3.62	0.96	10.32	23.13	46.38	55.83	0.571 3	65.97	30.60	27.54
灰藜	苋科	90.17	19.45	42.83	34.45	26.18	2.82	0.92	9.63	53.08	49.71	59.53	0.462 5	67.75	33.68	30.31
莲子草	苋科	90.31	22.08	35.63	38.08	29.41	2.83	0.71	10.65	78.41	59.73	68.97	0.420 2	69.58	41.56	37.40
牵牛花	旋花科	89.05	12.16	47.97	42.72	40.33	3.32	0.68	10.57	60.40	44.07	62.80	0.439 5	34.16	15.05	13.55
长叶水麻	荨麻科	89.88	26.21	48.44	41.78	37.40	3.43	2.42	12.76	49.23	57.91	49.87	0.464 8	75.28	43.59	39.24
水柳	杨柳科	88.36	20.71	51.97	28.26	24.38	3.74	4.59	2.90	50.39	45.15	58.80	0.748 4	87.94	39.71	35.73
榆树	榆科	89.08	16.78	64.81	33.70	28.63	3.82	5.94	10.62	53.03	58.87	63.16	0.641 3	59.75	35.18	31.66
野花椒	芸香豆科	89.26	12.31	59.03	28.04	21.89	3.63	0.60	6.96	43.21	59.90	68.22	0.732 6	52.69	31.56	28.41
金刚藤	百合科	88.98	10.66	56.63	50.05	44.77	3.86	1.83	9.99	58.83	47.77	46.07	0.436 3	25.56	12.21	10.99
过路黄	报春花科	89.72	9.52	58.78	41.55	29.91	3.83	1.64	11.04	45.26	71.39	49.77	0.521 3	27.49	19.63	17.67
平车前	车前科	89.06	14.81	50.29	37.02	34.74	3.02	3.00	9.65	51.31	43.41	58.83	0.460 6	48.01	20.84	18.76
荨麻	大戟科	89.29	25.20	42.19	45.88	42.00	2.87	3.31	9.64	60.45	55.37	70.02	0.353 5	65.91	36.49	32.85
黄花木	蝶形花科	89.15	10.06	46.92	59.12	41.51	3.93	9.38	10.43	28.38	65.95	42.24	0.376 2	20.42	13.47	12.12
小叶杜鹃	杜鹃花科	89.1	9.34	53.97	54.43	50.61	3.78	5.43	11.09	42.25	42.38	52.73	0.392 3	20.59	8.73	7.85

（续表）

饲料名称	科属	DM（%）	CP（%）	NFE（%）	NDF（%）	ADF（%）	GE（兆卡/千克）	CNCPST	CNCPSN	DDM（%）	DCP（%）	DNDF（%）	MeI（兆卡/天）	CPI（克/天）	DCPI（克/天）	MCP（克/天）
杜仲叶	杜仲科	88.62	13.31	59.38	40.23	38.80	3.53	0.60	9.71	36.74	72.19	59.15	0.495 8	39.70	28.66	25.79
合欢树	含羞草科	89.72	15.92	49.18	45.50	28.54	3.71	0.47	11.04	56.64	54.01	53.47	0.461 3	41.99	22.68	20.41
化香	胡桃科	88.26	15.59	61.06	34.93	30.87	3.67	0.10	9.79	30.63	62.25	58.07	0.593 6	53.56	33.34	30.01
小叶黄杨	黄杨科	88.97	17.99	45.82	48.16	36.64	3.65	6.10	9.76	36.17	64.22	49.62	0.429	44.83	28.79	25.91
藤三七	落葵科	87.1	16.91	39.80	53.43	33.85	2.91	0.54	9.56	37.46	53.80	47.18	0.308 1	37.98	20.43	18.39
黄荆	马鞭草科	89.52	13.62	52.78	42.85	35.93	3.81	0.92	10.82	60.80	61.22	49.25	0.502 4	38.14	23.35	21.02
密蒙花	马钱科	89.79	12.04	53.04	41.63	33.94	3.78	1.14	10.62	61.78	59.93	71.12	0.513 1	34.71	20.80	18.72
马桑	马桑科	90.71	16.25	61.41	30.47	22.58	3.86	4.00	10.71	42.47	61.64	37.61	0.716 6	64.00	39.45	35.50
小木通	毛茛科	87.95	11.77	48.62	42.48	31.13	3.54	1.67	11.07	35.24	65.35	56.16	0.471 4	33.25	21.73	19.56
小叶女贞	木犀科	89.13	11.52	55.53	27.66	25.78	3.67	1.05	5.66	57.18	50.44	65.60	0.750 8	49.98	25.21	22.69
木贼	木贼科	89.88	10.82	42.46	42.07	37.85	2.34	5.33	9.83	50.54	59.87	52.51	0.314 4	30.86	18.48	16.63
盐肤木	漆树科	89.71	8.92	31.15	33.70	32.33	3.43	9.31	5.91	42.79	49.93	60.98	0.575 4	31.76	15.86	14.27
枫香树	乔木	89.27	21.81	50.77	34.67	28.12	3.38	0.97	10.47	76.48	61.01	69.18	0.551 1	75.49	46.06	41.45
洋芋叶	茄科	89.16	29.02	40.03	32.19	22.59	3.25	3.89	6.22	79.70	66.49	70.10	0.570 9	108.18	71.93	64.74

2. 饲用价值指数构建

如表8-2所示，采用描述统计量分析方法，求得各指标及参数的极小值、极大值、均值和标准差。

表 8-2　指标及参数极小值、极大值、均值和标准差

指标及参数	N	极小值	极大值	均值	标准差
DM（%）	81	87.10	90.84	89.21	0.63
CP（%）	81	3.68	29.02	15.04	6.09
NFE（%）	81	31.15	64.81	47.88	6.94
NDF（%）	81	23.87	65.33	43.39	10.90
ADF（%）	81	14.32	50.61	34.18	7.49
GE（兆卡 / 千克）	81	2.34	4.01	3.53	0.34
CNCPST	81	0.10	13.60	3.54	2.99
CNCPSN	81	2.90	12.76	9.81	1.63
DDM（%）	81	20.86	79.70	47.67	13.74
DCP（%）	81	32.85	73.21	57.57	8.37
DNDF（%）	81	34.15	75.11	56.58	9.02
MEI（兆卡 / 天）	81	0.28	0.79	0.49	0.12
CPI（克 / 天）	81	6.92	109.52	46.36	24.87
DCPI（克 / 天）	81	3.43	71.93	26.44	14.38
MCP（克 / 天）	81	3.08	64.74	23.80	12.94

根据各指标及参数的极小值、极大值、均值和标准差，采用公式（Xi－x¯）/SD对数据进行无量纲化处理，其中：Xi为各指标及参数值，x¯为表2-2对应均值，SD为标准差。无量纲化处理结果如表8-3所示。

表 8-3 指标及参数无量纲化处理结果

饲料名称	科属	DM（%）	CP	NFE	NDF	ADF	GE	CNCPST	CNCPSN	DDM	DCP	DNDF	MeI（兆卡/天）	CPI（克/天）	DCPI（克/天）	MCP（克/天）
白刺花	豆科	−1.51	0.71	−1.16	0.44	0.44	0.85	0.13	0.43	0.72	−0.79	0.19	−0.308 6	0.07	−0.13	−0.13
白三叶	豆科	0.05	1.92	−0.76	−0.69	−0.89	0.39	−0.08	0.32	1.50	0.15	1.44	0.737 4	1.74	1.82	1.82
刺槐	豆科	1.09	1.99	−0.43	−0.20	−0.27	1.00	0.19	0.58	−0.80	0.32	0.91	0.364 4	1.32	1.48	1.48
红三叶	豆科	1.08	0.66	0.32	−0.78	−0.81	0.56	−0.56	0.52	0.87	−0.61	1.46	0.950 7	0.77	0.55	0.55
胡枝子	豆科	−0.03	−0.84	−0.62	1.01	−0.12	0.44	0.35	−0.12	−1.21	−1.47	−0.68	−0.844 6	−0.98	−1.15	−1.15
截叶铁扫帚	豆科	−1.67	0.73	−1.47	0.17	1.39	−1.24	1.35	0.39	−0.48	−0.06	−0.33	−0.802 4	0.21	0.21	0.21
老虎刺	豆科	0.55	0.05	1.27	−1.34	−2.65	1.05	−1.07	−1.27	1.74	0.23	−0.29	2.252 9	0.71	0.81	0.81
球子崖豆	豆科	0.60	−0.30	0.80	−0.38	−0.46	0.44	−0.71	0.61	0.62	0.37	−0.08	0.355 5	−0.24	−0.13	−0.14
绒毛崖豆	豆科	0.10	−0.25	0.32	0.12	0.07	0.24	−0.42	0.62	0.27	1.87	2.05	−0.242 9	−0.40	0.01	0.01
紫花苜蓿	豆科	0.21	1.29	−0.69	−0.91	−0.24	0.21	−0.92	0.62	1.01	−2.40	1.88	0.990 4	1.44	0.31	0.31
紫穗槐	豆科	−0.06	0.57	1.31	−0.17	0.63	1.08	−0.22	0.61	−0.04	1.20	0.16	0.357 1	0.29	0.68	0.68
甘蔗	禾本科	0.13	−1.18	−0.50	2.01	1.10	0.04	1.40	0.33	−0.30	0.65	−0.89	−1.459 2	−1.29	−1.21	−1.21
黑麦草	禾本科	0.69	−0.74	0.06	1.19	−0.02	0.88	0.18	0.57	−1.55	−0.29	−1.39	−0.832 4	−0.96	−0.98	−0.98
皇竹草	禾本科	0.41	−0.69	−0.74	1.93	1.11	−0.17	0.84	0.61	−0.01	0.03	0.24	−1.475 5	−1.05	−1.03	−1.03

（续表）

饲料名称	科属	DM（%）	CP	NFE	NDF	ADF	GE	CNCPST	CNCPSN	DDM	DCP	DNDF	MeI（兆卡/天）	CPI（克/天）	DCPI（克/天）	MCP（克/天）
旱茅	禾本科	−0.10	−1.86	−0.80	1.87	0.60	0.18	1.58	0.05	0.31	−0.96	−1.55	−1.3676	−1.59	−1.60	−1.60
扁穗雀麦早熟禾	禾本科	−0.14	−0.72	−0.91	1.65	0.56	1.00	1.27	0.59	−1.31	−0.45	−1.47	−1.0554	−1.03	−1.06	−1.06
类芦	禾本科	−1.83	−1.00	−1.30	0.72	1.13	0.04	1.81	0.94	0.40	−0.22	−1.54	−0.7789	−1.02	−1.03	−1.03
白茅	禾本科	0.05	−0.08	−0.53	1.57	1.06	0.85	0.66	−1.93	−1.76	0.85	−0.67	−1.0506	−0.71	−0.54	−0.54
早熟禾	禾本科	2.61	1.26	−2.03	0.45	0.38	0.04	−0.19	0.61	1.02	0.19	0.50	−0.5851	0.41	0.49	0.49
芒	禾本科	0.01	−1.54	−0.77	1.79	1.84	0.24	1.54	0.55	−1.37	0.59	−1.54	−1.3117	−1.43	−1.37	−1.37
野古草	禾本科	−0.26	−1.73	−0.49	1.68	0.38	0.33	0.91	0.59	−1.76	1.65	−1.37	−1.2354	−1.51	−1.41	−1.41
棕叶狗尾草	禾本科	−1.67	−0.86	−1.25	1.91	0.93	−0.89	0.17	−1.70	−0.92	0.10	0.27	−1.6441	−1.13	−1.09	−1.09
苍耳	菊科	−0.20	0.60	0.26	−1.48	−1.61	−1.15	−0.43	−1.69	−0.23	−0.47	0.16	1.3204	1.44	1.22	1.22
千里光	菊科	0.90	−0.05	0.36	−0.48	−0.68	−0.08	−0.63	0.41	1.30	0.56	0.86	0.2549	0.00	0.16	0.16
一年蓬	菊科	0.69	1.07	0.17	−1.30	−0.82	−0.95	−0.62	−2.61	0.59	−0.39	0.49	1.0788	1.70	1.51	1.51
马兰	菊科	0.09	−0.27	0.83	−0.79	−0.13	−0.20	−0.75	0.62	0.44	0.43	0.10	0.6125	0.00	0.13	0.13
紫茎泽兰	菊科	0.12	−0.15	0.56	−1.58	−1.75	0.36	−0.93	−1.91	−0.83	−1.09	−2.49	2.4492	0.75	0.35	0.35
尼泊尔蓼	蓼科	−0.22	1.10	−0.33	−0.09	−0.26	−1.21	−0.10	−0.12	0.52	−1.21	−0.39	−0.5778	0.61	0.19	0.19

（续表）

饲料名称	科属	DM（%）	CP	NFE	NDF	ADF	GE	CNCPST	CNCPSN	DDM	DCP	DNDF	MeI（兆卡/天）	CPI（克/天）	DCPI（克/天）	MCP（克/天）
首乌藤	蓼科	−0.28	0.26	−0.23	−0.49	1.01	0.53	−1.15	−0.22	−0.93	0.75	−0.79	0.5298	0.25	0.50	0.50
酸模	蓼科	0.50	1.36	0.24	−0.22	0.15	0.04	−0.36	0.60	−1.26	0.03	0.16	0.0092	0.88	0.91	0.91
白叶莓	蔷薇科	−0.22	−0.02	1.42	−0.53	−1.20	0.15	−0.88	0.33	0.57	1.49	0.95	0.4187	0.05	0.48	0.48
缫丝花	蔷薇科	−0.17	0.00	0.28	−0.19	−0.28	0.36	−1.00	0.28	0.01	−0.77	0.29	0.1009	−0.11	−0.29	−0.28
野蔷薇	蔷薇科	−0.09	0.05	0.76	−0.44	−0.50	0.18	−0.09	0.13	−1.34	1.38	−0.18	0.3101	0.05	0.45	0.45
小果蔷薇	蔷薇科	−1.78	−1.58	−1.48	1.94	0.66	0.62	2.53	0.49	−1.13	1.44	−0.66	−1.2922	−1.46	−1.35	−1.35
野樱桃	蔷薇科	0.92	0.32	1.44	−1.36	−1.57	0.12	−0.62	0.43	−0.09	−0.73	0.97	1.7802	1.01	0.72	0.72
倒钩刺	蔷薇目	−1.75	−0.79	1.37	−0.77	−0.52	0.79	−0.75	0.30	−1.50	0.86	−1.68	1.0301	−0.45	−0.26	−0.26
野大豆	蔷薇目	−0.95	−0.68	−0.18	1.26	0.91	0.94	1.22	0.61	−0.11	−0.69	0.73	−0.8551	−0.94	−1.02	−1.02
金银花	忍冬科	−0.23	−0.26	−0.26	−0.13	0.43	0.36	−0.54	−0.17	0.14	−0.23	1.19	0.0376	−0.32	−0.35	−0.35
糯米果	忍冬科	1.14	−0.66	0.86	−0.15	0.45	0.47	−1.11	−0.11	0.51	−0.12	0.27	0.0993	−0.59	−0.59	−0.59
南方荚蒾	忍冬科	0.21	0.07	0.51	0.25	1.33	0.91	−0.22	0.07	0.45	1.34	−0.21	−0.1343	−0.25	0.08	0.08
竹叶柴胡	伞形科	0.65	2.22	−0.51	−0.47	−0.93	−0.57	−0.52	−0.20	1.12	1.72	0.99	0.0352	1.73	2.64	2.64
地果	桑科	−0.22	−1.18	−0.57	0.21	1.12	−0.75	0.21	0.32	−0.29	0.95	−0.15	−0.6678	−1.04	−0.90	−0.90
楮	桑科	0.01	1.54	−0.10	−1.52	−0.99	−0.37	−0.57	0.52	1.82	−0.09	0.91	1.8751	2.54	2.49	2.49

（续表）

饲料名称	科属	DM（%）	CP	NFE	NDF	ADF	GE	CNCPST	CNCPSN	DDM	DCP	DNDF	MeI（兆卡/天）	CPI（克/天）	DCPI（克/天）	MCP（克/天）
蔊菜	十字花科	0.50	1.97	−1.70	−0.41	−1.90	−2.17	−0.63	0.57	0.64	−0.41	1.62	−0.667 8	1.50	1.30	1.30
豆瓣菜	十字花科	−1.81	0.53	−0.34	−1.79	−1.86	−3.07	−0.40	−0.95	1.26	−1.66	1.03	0.803 1	1.83	0.95	0.95
繁缕	石竹科	0.92	−0.63	−0.79	−0.30	−0.68	−2.00	0.45	−0.95	0.71	−0.63	−0.16	−0.705 1	−0.52	−0.62	−0.63
竹节草	石竹科	−0.09	−0.50	−0.50	1.58	0.47	−0.40	2.42	0.60	0.01	0.48	−0.66	−1.386 3	−0.91	−0.82	−0.82
异叶鼠李	鼠李科	0.77	−1.42	−0.21	0.59	0.95	0.53	−0.04	0.62	−0.92	0.46	−0.35	−0.532 4	−1.24	−1.18	−1.18
马尾松	松科	0.07	−0.59	0.12	1.68	1.78	1.40	3.37	0.87	−1.95	0.68	−1.38	−0.960 6	−0.97	−0.86	−0.86
贵州金丝桃	藤黄科	−1.86	−1.75	−1.49	0.41	0.15	1.02	1.68	0.85	−0.87	−0.55	0.20	−0.226 7	−1.42	−1.43	−1.43
红泡刺藤	五福花科	0.34	0.50	−0.22	0.27	0.73	1.17	0.34	−0.07	−0.35	1.00	−0.25	−0.053 2	0.02	0.31	0.31
烟管荚蒾	五福花科	−0.22	−1.25	0.18	0.87	0.56	0.41	0.07	0.47	0.22	0.10	−0.69	−0.760 3	−1.19	−1.15	−1.15
白栎	五加科	0.23	−1.02	1.26	0.02	0.88	0.04	−0.96	−0.24	−0.36	−2.95	−0.67	−0.218 6	−0.88	−1.28	−1.28
刺楸	五加科	0.66	0.76	0.37	−0.70	−0.43	0.27	−0.86	0.31	−1.79	−1.34	−0.08	0.687 1	0.79	0.29	0.29
灰藜	苋科	1.54	0.72	−0.73	−0.82	−1.07	−2.05	−0.88	−0.11	0.39	−0.94	0.33	−0.195 1	0.86	0.50	0.50
莲子草	苋科	1.76	1.15	−1.77	−0.49	−0.64	−2.03	−0.95	0.52	2.24	0.26	1.37	−0.538 1	0.93	1.05	1.05

（续表）

饲料名称	科属	DM（%）	CP	NFE	NDF	ADF	GE	CNCPST	CNCPSN	DDM	DCP	DNDF	MeI（兆卡/天）	CPI（克/天）	DCPI（克/天）	MCP（克/天）
牵牛花	旋花科	−0.25	−0.47	0.01	−0.06	0.82	−0.60	−0.96	0.47	0.93	−1.61	0.69	−0.381 6	−0.49	−0.79	−0.79
长叶水麻	荨麻科	1.08	1.83	0.08	−0.15	0.43	−0.28	−0.37	1.81	0.11	0.04	−0.74	−0.176 4	1.16	1.19	1.19
水柳	杨柳科	−1.35	0.93	0.59	−1.39	−1.31	0.62	0.35	−4.23	0.20	−1.48	0.25	2.123 2	1.67	0.92	0.92
榆树	榆科	−0.20	0.29	2.44	−0.89	−0.74	0.85	0.80	0.50	0.39	0.15	0.73	1.254 8	0.54	0.61	0.61
野花椒	芸香豆科	0.09	−0.45	1.61	−1.41	−1.64	0.30	−0.98	−1.74	−0.32	0.28	1.29	1.995 1	0.25	0.36	0.36
金刚藤	百合科	−0.36	−0.72	1.26	0.61	1.41	0.97	−0.57	0.11	0.81	−1.17	−1.16	−0.407 5	−0.84	−0.99	−0.99
过路黄	报春花科	0.82	−0.91	1.57	−0.17	0.77	0.88	−0.63	0.76	−0.18	1.65	−0.75	0.281 7	−0.76	−0.47	−0.47
平车前	车前科	−0.23	−0.04	0.35	−0.58	0.07	−1.47	−0.18	−0.10	0.26	−1.69	0.25	−0.210 5	0.07	−0.39	−0.39
荨麻	大戟科	0.13	1.67	−0.82	0.23	1.04	−1.91	−0.08	−0.10	0.93	−0.26	1.49	−1.078 9	0.79	0.70	0.70
黄花木	蝶形花科	−0.09	−0.82	−0.14	1.44	0.98	1.17	1.96	0.38	−1.40	1.00	−1.59	−0.894 9	−1.04	−0.90	−0.90
小叶杜鹃	杜鹃花科	−0.17	−0.94	0.88	1.01	2.19	0.73	0.63	0.79	−0.39	−1.82	−0.43	−0.764 3	−1.04	−1.23	−1.23
杜仲叶	杜仲科	−0.93	−0.28	1.66	−0.29	0.62	0.01	−0.98	−0.06	−0.80	1.75	0.28	0.074 9	−0.27	0.15	0.15

（续表）

饲料名称	科属	DM（%）	CP	NFE	NDF	ADF	GE	CNCPST	CNCPSN	DDM	DCP	DNDF	MeI（兆卡/天）	CPI（克/天）	DCPI（克/天）	MCP（克/天）
合欢树	含羞草科	0.82	0.14	0.19	0.19	−0.75	0.53	−1.03	0.76	0.65	−0.43	−0.34	−0.2048	−0.18	−0.26	−0.26
化香	胡桃科	−1.51	0.09	1.90	−0.78	−0.44	0.41	−1.15	−0.01	−1.24	0.56	0.17	0.8680	0.29	0.48	0.48
小叶黄杨	黄杨科	−0.38	0.48	−0.30	0.44	0.33	0.36	0.86	−0.03	−0.84	0.79	−0.77	−0.4667	−0.06	0.16	0.16
藤三七	落葵科	−3.36	0.31	−1.16	0.92	−0.04	−1.79	−1.00	−0.15	−0.74	−0.45	−1.04	−1.4471	−0.34	−0.42	−0.42
黄荆	马鞭草科	0.50	−0.23	0.71	−0.05	0.23	0.82	−0.88	0.62	0.96	0.44	−0.81	0.1284	−0.33	−0.22	−0.21
密蒙花	马钱科	0.93	−0.49	0.74	−0.16	−0.03	0.73	−0.80	0.50	1.03	0.28	1.61	0.2152	−0.47	−0.39	−0.39
马桑	马桑科	2.40	0.20	1.95	−1.19	−1.55	0.97	0.16	0.55	−0.38	0.49	−2.10	1.8653	0.71	0.90	0.90
小木通	毛茛科	−2.00	−0.54	0.11	−0.08	0.93	0.04	−0.62	0.77	−0.90	0.93	−0.05	−0.1229	−0.53	−0.33	−0.33
小叶女贞	木犀科	−0.12	−0.58	1.10	−1.44	−1.12	0.41	−0.83	−2.54	0.69	−0.85	1.00	2.1427	0.15	−0.09	−0.09
木贼	木贼科	1.08	−0.69	−0.78	−0.12	0.49	−3.45	0.60	0.01	0.21	0.27	−0.45	−1.3960	−0.62	−0.55	−0.55
盐肤木	漆树科	0.80	−1.00	−2.41	−0.89	−0.25	−0.28	1.93	−2.39	−0.36	−0.91	0.49	0.7204	−0.59	−0.74	−0.74
枫香树	乔木	0.10	1.11	0.42	−0.80	−0.81	−0.43	−0.86	0.41	2.10	0.41	1.40	0.5233	1.17	1.36	1.36
洋芋叶	茄科	−0.07	2.29	−1.13	−1.03	−1.55	−0.81	0.12	−2.20	2.33	1.07	1.50	0.6839	2.49	3.16	3.16

第二节　饲用价值指数评定

如表8-4所示，无量纲化后以ADG理论值为权重变量，通过SPSS 19.0线性回归分析，分别构建牧草成分因素分析指标和动物消化相关因素分析指标权重系数，其中ADF权重系数取负值，其余取正值。

表 8-4　饲用价值指数构建相关指标权重系数

牧草成分因素指标	权重系数	动物消化相关因素指标	权重系数
DM（%）	0.024	DMI（克 / 天）	0.606
CP（%）	0.097	CPI（克 / 天）	0.001
NDF（%）	1.004	MEI（兆卡 / 天）	0.417

根据公式FVI=∑xi × WEi计算牧草饲用价值指数，其中：FVI为牧草饲用价值指数，xi为各因素分析指标值，WEi为对应权重系数。

一、禾本科牧草饲用价值指数

如表8-5所示，禾本科牧草FVI在52.82 ~ 68.49，平均值为63.35。

表 8-5　禾本科牧草饲用价值指数

饲料名称	FVI
甘蔗	68.49
黑麦草	59.76
皇竹草	67.86
旱茅	66.54
扁穗雀麦早熟禾	64.80
类芦	54.45
白茅	64.30
早熟禾	52.82
芒	65.83

（续表）

饲料名称	FVI
野古草	64.48
棕叶狗尾草	67.57

二、豆科牧草饲用价值指数

如表8-6所示，豆科科牧草FVI在32.50～57.71，平均值为44.78。

表 8-6　豆科牧草饲用价值指数

饲料名称	FVI
白三叶	40.74
刺槐	46.12
红三叶	38.98
胡枝子	57.71
截叶铁扫帚	49.46
老虎刺	32.50
球子崖豆	42.79
绒毛崖豆	48.32
紫花苜蓿	37.93
紫穗槐	45.62

三、蓼科牧草饲用价值指数

如表8-7所示，蓼科牧草FVI在41.90～46.80，平均值为43.75。

表 8-7　蓼科牧草饲用价值指数

饲料名称	FVI
尼泊尔蓼	46.80
首乌藤	41.90
酸模	45.59

四、菊科牧草饲用价值指数

如表8-8所示，菊科牧草FVI在29.76～41.91，平均值为34.98。

表 8-8　菊科牧草饲用价值指数

饲料名称	FVI
苍耳	31.35
千里光	41.91
一年蓬	33.56
马兰	38.35
紫茎泽兰	29.76

五、蔷薇科牧草饲用价值指数

如表8-9所示，蔷薇科牧草FVI在32.47～67.45，平均值为46.79。

表 8-9　蔷薇科牧草饲用价值指数

饲料名称	FVI
白叶莓	41.32
缫丝花	45.06
野蔷薇	42.41
小果蔷薇	67.45
野樱桃	32.47
倒钩刺	38.25
野大豆	60.55

六、其他科牧草饲用价值指数

如表8-10所示，其他科牧草FVI在27.85～65.16，平均值为45.31。

表 8-10　其他科牧草饲用价值指数

饲料名称	科属	FVI
金银花	忍冬科	45.62
糯米果	忍冬科	45.17
南方荚蒾	忍冬科	49.99
竹叶柴胡	伞形科	43.37
地果	桑科	48.79
楮	桑科	31.41
蔊菜	十字花科	43.81
豆瓣菜	十字花科	27.85
繁缕	石竹科	43.57
竹节草	石竹科	64.19
异叶鼠李	鼠李科	52.84
马尾松	松科	65.16
贵州金丝桃	藤黄科	50.59
红泡刺藤	五福花科	50.39
烟管荚蒾	五福花科	55.91
白栎	五加科	46.78
刺楸	五加科	40.00
灰藜	苋科	38.64
莲子草	苋科	42.54
牵牛花	旋花科	46.21
长叶水麻	荨麻科	46.65
水柳	杨柳科	32.50
榆树	榆科	37.60
野花椒	芸香豆科	31.49
金刚藤	百合科	53.42
过路黄	报春花科	44.79
平车前	车前科	40.74

（续表）

饲料名称	科属	FVI
荨麻	大戟科	50.65
黄花木	蝶形花科	62.47
小叶杜鹃	杜鹃花科	57.69
杜仲叶	杜仲科	43.81
合欢树	含羞草科	49.38
化香	胡桃科	38.70
小叶黄杨	黄杨科	52.23
藤三七	落葵科	57.37
黄荆	马鞭草科	46.49
密蒙花	马钱科	45.12
马桑	马桑科	34.35
小木通	毛茛科	45.90
小叶女贞	木犀科	31.03
木贼	木贼科	45.44
盐肤木	漆树科	36.85
枫香树	乔木	39.07
洋芋叶	茄科	37.27

如表8-11所示，各科牧草饲用价值指数平均值大小顺序为：菊科<蓼科<豆科<其他科<蔷薇科<禾本科。

表 8-11　各科牧草饲用价值指数平均值

科属	FVI
禾本科	63.35
豆科	44.78
蓼科	43.75
菊科	34.98
蔷薇科	46.79
其他科	45.32

第三节　日采食量预测

日采食量预测计算公式：DMI（克/天）=120/NDF（DM%）/10×1 000（克/天）。

一、禾本科日采食量预测

如表8-12所示，禾本科DMI在183.68～234.10，平均值为201.81克/天。

表 8-12　禾本科 DMI 预测

名称	DMI（克 / 天）
甘蔗	183.68
黑麦草	212.92
皇竹草	186.31
旱茅	188.12
扁穗雀麦早熟禾	195.50
类芦	234.10
白茅	198.31
早熟禾	248.76
芒	190.81
野古草	194.62
棕叶狗尾草	186.8

二、豆科日采食量预测

如表8-13所示，豆科DMI在220.63～358.96，平均值为304.1克/天。

表 8-13　豆科 DMI 预测

名称	DMI（克 / 天）
白刺花	248.91
白三叶	334.63

（续表）

名称	DMI（克/天）
刺槐	291.55
红三叶	344.43
胡枝子	220.63
截叶铁扫帚	265.08
老虎刺	417.39
球子崖豆	306.12
绒毛崖豆	268.52
紫花苜蓿	358.96
紫穗槐	289.02

三、蓼科日采食量预测

如表8-14所示，蓼科DMI在283.15～315.79，平均值为297.18克/天。

表 8-14　蓼科 DMI 预测

名称	DMI（克/天）
尼泊尔蓼	283.15
首乌藤	315.79
酸模	292.61

四、菊科日采食量预测

如表8-15所示，菊科DMI在314.38～459.07，平均值为393.85克/天。

表 8-15　菊科 DMI 预测

名称	DMI（克/天）
苍耳	439.72
千里光	314.38
一年蓬	410.96
马兰	345.13
紫茎泽兰	459.07

五、蔷薇科日采食量预测

如表8-16所示，蔷薇科DMI在185.90～420.32，平均值为297.09克/天。

表 8-16　蔷薇科 DMI 预测

名称	DMI（克 / 天）
白叶莓	319.32
缫丝花	290.56
野蔷薇	310.64
小果蔷薇	185.90
野樱桃	420.32
倒钩刺	342.86
野大豆	210.01

六、其他科日采食量预测

如表8-17所示，其他科DMI在194.62～502.72，平均值为303.26克/天。

表 8-17　其他科 DMI 预测

名称	科属	DMI（克 / 天）
金银花	忍冬科	285.65
糯米果	忍冬科	287.22
南方荚蒾	忍冬科	259.97
竹叶柴胡	伞形科	313.32
地果	桑科	262.52
楮	桑科	447.93
焯菜	十字花科	308.64
豆瓣菜	十字花科	502.72
繁缕	石竹科	298.73
竹节草	石竹科	197.86
异叶鼠李	鼠李科	240.63
马尾松	松科	194.62

（续表）

名称	科属	DMI（克 / 天）
贵州金丝桃	藤黄科	250.73
红泡刺藤	五福花科	259.12
烟管荚蒾	五福花科	227.10
白栎	五加科	275.23
刺楸	五加科	335.20
灰藜	苋科	348.33
莲子草	苋科	315.13
牵牛花	旋花科	280.90
长叶水麻	荨麻科	287.22
水柳	杨柳科	424.63
榆树	榆科	356.08
野花椒	芸香豆科	428.04
金刚藤	百合科	239.76
过路黄	报春花科	288.81
平车前	车前科	324.15
荨麻	大戟科	261.55
黄花木	蝶形花科	202.98
小叶杜鹃	杜鹃花科	220.47
杜仲叶	杜仲科	298.28
合欢树	含羞草科	263.74
化香	胡桃科	343.54
小叶黄杨	黄杨科	249.17
藤三七	落葵科	224.59
黄荆	马鞭草科	280.05
密蒙花	马钱科	288.25
马桑	马桑科	393.83
小木通	毛茛科	282.49
小叶女贞	木犀科	433.84

（续表）

名称	科属	DMI（克/天）
木贼	木贼科	285.24
盐肤木	漆树科	356.08
枫香树	乔木	346.12
洋芋叶	茄科	372.79

如表8-18所示，DMI平均值大小顺序为：禾本科<菊科<蔷薇科<蓼科<其他科<豆科。

表 8-18　各科 DMI 平均值统计

科属	DMI（克/天）
禾本科	201.81
豆科	304.11
蓼科	297.18
菊科	293.85
蔷薇科	297.09
其他科	303.26

第四节　理论日增重预测

根据分层析因回归分析，牧草贵州黑山羊理论日增重与CP（%）、NDF（%）、ADF（%）、GE（兆卡/千克）间显著相关，相关方程为ADG=144.358−0.275CP（%）−1.659NDF（%）−0.541ADF（%）+9.378GE（兆卡/千克）（n=81，R^2=0.940，P<0.01）。

一、禾本科理论日增重预测

如表8-19所示，禾本科牧草理论日增重在50.84～70.23克/天，平均日增重为57.46克/天。

表 8-19　禾本科牧草理论日增重预测

饲料名称	CP（%）	NDF（%）	ADF（%）	GE（兆卡 / 千克）	理论日增重（克 / 天）
甘蔗	7.83	65.33	42.45	3.54	51.91
黑麦草	10.54	56.36	34.05	3.83	62.15
皇竹草	10.81	64.41	42.50	3.47	52.20
旱茅	3.68	63.79	38.68	3.59	53.43
扁穗雀麦早熟禾	10.64	61.38	38.41	3.87	57.33
类芦	8.95	51.26	42.64	3.54	66.13
白茅	14.53	60.51	42.09	3.82	57.84
早熟禾	22.74	48.24	37.01	3.54	70.23
芒	5.68	62.89	47.94	3.61	54.35
野古草	4.48	61.66	37.02	3.64	55.64
棕叶狗尾草	9.83	64.24	41.14	3.22	50.84

二、豆科理论日增重预测

如表8-20所示，豆科牧草理论日增重在63.33～122.65克/天，平均日增重为87.44克/天。

表 8-20　豆科牧草理论日增重预测

饲料名称	CP（%）	NDF（%）	ADF（%）	GE（兆卡 / 千克）	理论日增重（克 / 天）
白刺花	19.36	48.21	37.50	3.82	72.63
白三叶	26.76	35.86	27.53	3.66	95.88
刺槐	27.17	41.16	32.13	3.87	85.50
红三叶	19.04	34.84	28.12	3.72	99.34
胡枝子	9.93	54.39	33.28	3.68	63.33
截叶铁扫帚	19.48	45.27	34.57	3.10	71.10
老虎刺	15.32	28.75	14.32	3.89	122.65

（续表）

饲料名称	CP（%）	NDF（%）	ADF（%）	GE（兆卡 / 千克）	理论日增重（克 / 天）
球子崖豆	13.19	39.20	30.76	3.68	87.85
绒毛崖豆	13.53	44.69	34.71	3.61	76.46
紫花苜蓿	22.92	33.43	22.36	3.60	102.09
紫穗槐	18.52	41.52	38.87	3.90	85.02

三、蓼科理论日增重预测

如表8-21所示，蓼科牧草理论日增重在76.03～90.96克/天，平均日增重为83.21克/天。

表 8-21　蓼科牧草理论日增重预测

饲料名称	CP（%）	NDF（%）	ADF（%）	GE（兆卡 / 千克）	理论日增重（克 / 天）
尼泊尔蓼	21.77	42.38	32.27	3.11	76.03
首乌藤	16.65	38.00	41.77	3.71	90.96
酸模	23.36	41.01	35.33	3.54	82.64

四、菊科理论日增重预测

如表8-22所示，菊科牧草理论日增重在88.37～131.27克/天，平均日增重为109.22克/天。

表 8-22　菊科牧草理论日增重预测

饲料名称	CP（%）	NDF（%）	ADF（%）	GE（兆卡 / 千克）	理论日增重（克 / 天）
苍耳	18.67	27.29	22.14	3.13	118.38
千里光	14.72	38.17	29.06	3.50	88.37
一年蓬	21.56	29.20	28.04	3.20	111.52
马兰	13.42	34.77	33.18	3.46	96.56
紫茎泽兰	14.14	26.14	21.05	3.65	131.27

五、蔷薇科理论日增重预测

如表8-23所示，蔷薇科牧草理论日增重在53.71～119.09克/天，平均日增重为85.13克/天。

表 8-23　蔷薇科牧草理论日增重预测

饲料名称	CP（%）	NDF（%）	ADF（%）	GE（兆卡/千克）	理论日增重（克/天）
白叶莓	14.92	37.58	25.20	3.58	90.59
缫丝花	15.04	41.30	32.06	3.65	83.08
野蔷薇	15.34	38.63	30.40	3.59	88.22
小果蔷薇	5.44	64.55	39.09	3.74	53.71
野樱桃	17.01	28.55	22.43	3.57	119.09
倒钩刺	10.25	35.00	30.28	3.80	99.76
野大豆	10.89	57.14	40.97	3.85	61.47

六、其他科理论日增重预测

如表8-24所示，其他科牧草理论日增重在54.89～124.50克/天，平均日增重为84.68克/天。

表 8-24　其他科牧草理论日增重预测

饲料名称	科属	CP（%）	NDF（%）	ADF（%）	GE（兆卡/千克）	理论日增重（克/天）
金银花	忍冬科	13.48	42.01	37.42	3.65	81.72
糯米果	忍冬科	11.02	41.78	37.54	3.69	82.51
南方荚蒾	忍冬科	15.46	46.16	44.14	3.84	75.96
竹叶柴胡	伞形科	28.55	38.30	27.20	3.33	86.31
地果	桑科	7.84	45.71	42.54	3.27	71.82
楮	桑科	24.45	36.21	26.79	3.40	124.50
焯菜	十字花科	27.07	38.88	19.99	2.78	79.51
豆瓣菜	十字花科	18.26	23.87	20.26	2.47	124.46

（续表）

饲料名称	科属	CP（%）	NDF（%）	ADF（%）	GE（兆卡/千克）	理论日增重（克/天）
繁缕	石竹科	11.18	40.17	29.11	2.84	77.54
竹节草	石竹科	11.98	60.65	37.72	3.39	54.89
异叶鼠李	鼠李科	6.41	49.87	41.29	3.71	69.33
马尾松	松科	11.43	61.66	47.54	4.01	58.00
贵州金丝桃	藤黄科	4.40	47.86	35.27	3.88	73.63
红泡刺藤	五福花科	18.06	46.31	39.63	3.93	76.52
烟管荚蒾	五福花科	7.43	52.84	38.40	3.67	65.13
白栎	五加科	8.85	43.60	40.75	3.54	77.79
刺楸	五加科	19.68	35.80	30.93	3.62	95.54
灰藜	苋科	19.45	34.45	26.18	2.82	90.17
莲子草	苋科	22.08	38.08	29.41	2.83	81.70
牵牛花	旋花科	12.16	42.72	40.33	3.32	77.33
长叶水麻	荨麻科	26.21	41.78	37.40	3.43	80.15
水柳	杨柳科	20.71	28.26	24.38	3.74	122.74
榆树	榆科	16.78	33.70	28.63	3.82	103.88
野花椒	芸香豆科	12.31	28.04	21.89	3.63	122.21
金刚藤	百合科	10.66	50.05	44.77	3.86	70.26
过路黄	报春花科	9.52	41.55	29.91	3.83	84.33
平车前	车前科	14.81	37.02	34.74	3.02	86.01
荨麻	大戟科	25.20	45.88	42.00	2.87	68.14
黄花木	蝶形花科	10.06	59.12	41.51	3.93	59.95
小叶杜鹃	杜鹃花科	9.34	54.43	50.61	3.78	63.99
杜仲叶	杜仲科	13.31	40.23	38.80	3.53	84.14
合欢树	含羞草科	15.92	45.50	28.54	3.71	75.99
化香	胡桃科	15.59	34.93	30.87	3.67	98.48
小叶黄杨	黄杨科	17.99	48.16	36.64	3.65	71.32
藤三七	落葵科	16.91	53.43	33.85	2.91	58.83

（续表）

饲料名称	科属	CP（%）	NDF（%）	ADF（%）	GE（兆卡/千克）	理论日增重（克/天）
黄荆	马鞭草科	13.62	42.85	35.93	3.81	81.57
密蒙花	马钱科	12.04	41.63	33.94	3.78	83.68
马桑	马桑科	16.25	30.47	22.58	3.86	115.40
小木通	毛茛科	11.77	42.48	31.13	3.54	79.81
小叶女贞	木犀科	11.52	27.66	25.78	3.67	124.44
木贼	木贼科	10.82	42.07	37.85	2.34	69.37
盐肤木	漆树科	8.92	33.70	32.33	3.43	99.30
枫香树	乔木	21.81	34.67	28.12	3.38	95.96
洋芋叶	茄科	29.02	32.19	22.59	3.25	101.78

如表8-25所示，各科牧草理论日增重大小顺序为：禾本科<蓼科<其他科<蔷薇科<豆科<菊科。

表 8-25　各科牧草理论日增重平均值

科属	理论日增重（克/天）
禾本科	57.56
豆科	87.44
蓼科	83.21
菊科	109.22
蔷薇科	85.13
其他科	84.68

附录　拉丁名索引

禾本科

豆科

Trifolium pratense Linn. 红三叶　6,18,89,90,220,228,229,228,245,252,263,271,278,286,294,300,307,312,316

Trifolium repens Linn. 白三叶　6,16,18,79,90,91,219,220,228,238,245,252,259,263,271,278,286,294,300,307,311,316

Vicia sepium Linn. 野豌豆　7,18,91,219,220,229

蓼科

Fagopyrum dibotrys (D. Don) Hara 金荞麦　7,19,92,2203,203,29,246,252

Fagopyrum gracilipes (Hemsl.) Damm. ex Diels 细柄野荞麦　7,19,94,220,230

Fallopia multiflora (Thunb.) Harald. 何首乌（首乌藤）　7,19,95,220,230

Polygonum aviculare L. 萹蓄　7,19,96,2203,20

Polygonum hydropiper L. 水蓼　7,19,97,2203,230

Polygonum nepalense Meisn. 尼泊尔蓼　7,19,97,98,220,230,239,246,252,264,272,279,287,295,301,307,312,317

Polygonum perfoliatum L. 杠板归　7,19,99,220,230

Rumex acetosa L. 酸模　7,19,100,220,230,239,246,252,264,272,279,287,295,302,307,312,317

菊科

Anaphalis flavescens Hand. -Mazz. 清明菜　7,19,102,221,231

Artemisia sieversiana Ehrhart ex Willd. 大籽蒿　8,19,103,221,231

Erigeron annuus (L.) Pers. 一年蓬　8,19,104,2213,21,239,246,253,265,272,280,287,295,301,308,312,317

Galinsoga parviflora Cav. 牛膝菊　8,19,106,2213,231

Ixeridium sonchifolium (Maxim.) Shih 抱茎苦荬菜　8,19,107,221,231

Kalimeris indica (L.) 马兰　8,19,108,221,231,239,253,265,272,287,295,301,308,312,317

Senecio scandens Buch.-Ham. ex D. Don 千里光　8,19,110,221,231,,29,246,253,265,280,287,295,301,308,312,317

Siegesbeckia pubescens Makino 腺梗豨莶　8,19,111,221,231

Sonchus oleraceus L. 苦苣菜　8,19,112,221,231

Taraxacum mongolicum Hand.-Mazz. 蒲公英　8,19,114,221,231

Xanthium sibiricum Patrin ex Widder 苍耳　8,19,115,221,231,239,246,253264,272,280,287,295,301,308,312,317

Youngia japonica (L.) DC. 黄鹌菜　8,19,116,221,231,329,246,253

蔷薇科

Cotoneaster horizontalis Dcne. 平枝栒子　8,20,118,222,232

Duchesnea indica (Andr.) Focke 蛇莓　8,20,119,2223,232

Prinsepia utilis Royle 扁核木　9,20,120,222,232

Pyracantha fortuneana (Maxim.) Li 火棘　9,121,222,232,240,247,253

贵州常见毒害草

参考文献

《贵州植物志》编委会，1988.贵州植物志[M].成都:四川民族出版社.

中国科学院《中国植物志》编委会，2013.中国植物志全文电子版[M].北京:科学出版社.

贵州省畜牧兽医科学研究所，贵州省农业厅畜牧局，1986.贵州主要野生牧草图谱[M].贵阳:贵州人民出版社.

贵州省农业厅畜牧局，中国科学院，国家计划委员会，1987.贵州草地[M].贵阳:贵州人民出版社.

张丽英，2010.饲料分析及饲料质量检测技术[M].北京：中国农业大学出版社，48-150.

徐玖平，李军，2005.多目标决策方法的理论与方法[M].北京:清华大学出版社.

张文彤，2013.SPSS统计分析高级教程[M].北京：高等教育出版社.

宁开桂，1993.实用饲料分析手册[M].北京：中国农业科技出版社.

张震，2015.CNCPS 对饲料营养价值评定及瘤胃降解预测模型的建立[M].大庆：黑龙江八一农垦大学.

冯仰廉，2004.反刍动物营养学[M].北京：科学出版社.